数学思想与文化

张若军　编著

本教材获"中国海洋大学教材出版补贴基金"资助

科学出版社

北京

内 容 简 介

　　本书是针对通识类课程的要求及综合性高等院校的人才培养目标和学生特点编写而成的。主要内容包括:数学是什么、数学概观、数学思想与方法选讲、数学分支介绍、有限和无限问题、数学悖论与历史上的三次数学危机、数学美学、世界数学中心与数学国际、数学的新进展之一———分形与混沌。本书叙述有详有略,章节独立,但强调整体的和谐有序。

　　本书可作为高等院校各专业本科生的数学文化类教材,也可供对此感兴趣的相关老师和学生参考。

图书在版编目(CIP)数据

数学思想与文化/张若军编著. —北京:科学出版社,2015.6
ISBN 978-7-03-044969-6

Ⅰ.①数⋯　Ⅱ.①张⋯　Ⅲ.①数学-思想方法-教材②数学-文化-教材
Ⅳ.①O1-0

中国版本图书馆 CIP 数据核字(2015)第 129334 号

责任编辑:王　静/责任校对:邹慧卿
责任印制:赵　博/封面设计:陈　敬

斜 学 出 版 社 出版

北京东黄城根北街 16 号
邮政编码:100717
http://www.sciencep.com

保定市中画美凯印刷有限公司印刷
科学出版社发行　各地新华书店经销
*

2015 年 7 月第 一 版　　开本:720×1000　1/16
2025 年 1 月第十次印刷　　印张:15 1/4
字数:307 000

定价:45.00 元
(如有印装质量问题,我社负责调换)

前　　言

从多年前笔者开始讲授全校通识教育课程《数学思想与文化》的惶恐,经历几乎不间断的 10 余次授课(每学期 32 学时),到申请编写教材的惴惴不安,这期间的经历,笔者一言难尽。编写教材的过程更是甘苦自知。

数学的发展史如同人类的发展史一般,卷帙浩繁,在这古老而又生机盎然的百花园中如何撷取合适的一捧花束,呈现在大学的课堂之上,自然是仁者见仁、智者见智。笔者所采用的教材框架是基于多年的教学实践,兼有可能并不够深刻的个人思考。

在多年的教学生涯中,笔者十分高兴能与众多学生成为推心置腹、无话不谈的朋友,数学学习的终极目标是学生们经常困惑的问题。在这门通识课程的课程论文撰写中,很多学生表达了小学、中学时期数学学习带给他们的或者快乐或者艰辛的学习经历、数学的资质或者后天的努力换来的成功与荣耀,数学曾是他们喜爱的学科,而现在则流露了大学数学学习带来的困惑和无所适从的不安。

一方面,数学对现实生活的影响与日俱增,许多学科或早或晚都经历着一场数学化的进程,数学方法无孔不入、无处不在。另一方面,数学本身在一日千里地发展着,重要的数学论文数量以美国的《数学评论》摘要为准,每 8～10 年翻一番。文献数量的爆炸加上方法概念的迅速更新,使得不同研究方向的数学家找到共同的数学语言都有困难,更遑论让非数学专业的人了解数学了。如此,一个尖锐的矛盾形成了:公众需要数学,渴望了解数学,而现代数学发展的过于深刻、庞大、变得越来越不容易接近。因此,对于数学,尤其现代数学加以普及,使得数学和数学家的工作能对现实生活产生应有的积极影响,已成为人们日益重视的课题。在数学与文化的结合上,传播工作大有可为。尽管可能曲高和寡,但尽力阐释数学的本原,数学家如何提出问题、考虑问题和解决问题,使读者感到数学不是那么陌生,有所获益,应是数学通识类教材追求的境界。

笔者在编写教材的过程中,参考了大量的图书资料,每一本"数学文化"类的教材都强调数学通识教育的目的:弥补传统数学教材所没有包括的有血有肉的生动资料,让学生了解数学的历史和发展,数学的精神和思想方法,数学名家和数学名题,数学应用的广泛性……旨在使学生可以从中汲取数学文化的营养,激发学习数学的热情和兴趣。数学通识课程开设的目标原本就是明确的,这些当然无可厚非。问题是短短 32 学时的课程是否可以承载这么沉重的任务?! 20 世纪 40 年代末,朱自清先生在他的散文《大学的路》中就曾精辟地指出"教育学生确该重视通识,有了足够的通识再去专业化，那种专业化才是健全的……"，还说"现在大学的公共必修课程，用意在培养学生的通识，让他们能有比较远大的目光，且能看清楚自己的地位和任务，学生好像都不乐意这些课程，但是相信他们勉强学习，多少还是有益的……"这段话令笔者豁然开朗，也许我们不需要将目标定得多么高远，脚踏实地，循序渐进，无论是教师还是学生，大家都需要不断地学习和充实自己，理解数学的本质，理解我们生活的这个世界，深化我们的知识，开阔我们的视野。

本教材的编写原则是尽量针对通识类课程的要求及综合性高校的人才培养目标和学生特点，并尽量更像一本教材——叙述有详有略，章节独立，但强调整体的和谐有序，其中编排若干题目，供学生思考。一些加 * 号的过深内容，可作为选学。不去泛泛的叙述很多细节，则使得教师在授课过程中可以自如的增减内容，只要备课充分，将会在课堂上游刃有余。

曾经的几次经历使笔者对"数学文化"类通识课程有了非常多的感悟。第一次是 2008 年 11 月笔者参加了教育部人事司、教育部高等教育司联合举办的"高等学校科学素质教育骨干教师高级研修班"，明确了科学素质教育课程的理念。第二次是 2010 年 11 月笔者参加了由全国高等学校教学研究中心、全国高等学校教学研究会、《中国大学教学》杂志和湖北省教育厅联合举办的第三届"中国大学教学论坛"，并作了《"数学思想与文化"公选课教学模式的探索》的发言，得到了较好的反响。第三次是 2011 年 7 月笔者参加了在南开大学召开的第二届"数学文化"课程研讨会，了解到全国有一大批数学工作者在为数学通识课程教学做着积极的努力，感慨于他们所取得的成绩，更感动于他们为数学通识课程在大学的普及默默奉献的精神。

感谢中国海洋大学教务处对教材出版提供资助和大力支持，也感谢数学科学学院多年来对数学通识类课程教学的重视，尤其是院长方奇志教授多次和笔者就教材编写和课程的开设进行畅谈，主管教学工作的副院长王林山教授时时关心教材的进展情况，并提出许多中肯的意见和建议。还要感谢笔者的许多同事，和他们的一些讨论给笔者提供了清晰的思路。

编写教材对笔者来说更是一次难得的进一步学习和认识数学的过程。鉴于笔者的水平有限，本书中的不足和遗漏在所难免，希望得到读者的批评指正，以便及时修订。

张若军

2014 年 11 月于青岛

目　　录

前言
第1章　数学是什么 ·· 1
　1.1　数学的定义及品格 ································· 1
　1.2　数学与各学科的联系 ····························· 5
　1.3　数学的价值 ······································ 15
　　思考题 ·· 19
第2章　数学概观 ·· 20
　2.1　数学科学的内容 ································· 20
　2.2　数学进展的大致概况 ····························· 22
　2.3　数学科学的特点与数学的精神 ····················· 32
　　思考题 ·· 38
　　名人小撰 ·· 38
第3章　数学思想与方法选讲 ································· 41
　3.1　公理化方法 ······································ 42
　3.2　类比法 ·· 46
　3.3　归纳法与数学归纳法 ····························· 48
　3.4　数学构造法 ······································ 51
　3.5　化归法 ·· 54
　3.6　数学模型方法 ···································· 59
　　思考题 ·· 62
　　名人小撰 ·· 63
第4章　数学分支介绍 ······································ 66
　4.1　代数学 ·· 66
　4.2　几何学 ·· 79
　4.3　分析学 ·· 94
　4.4　概率论与数理统计 ······························· 112
　4.5　运筹学 ·· 129
第5章　有限和无限问题 ···································· 145
　5.1　无限的发展简史 ································· 145

5.2　两种无限观——潜无限和实无限 ································ 149

5.3　有限与无限的区别与联系 ································ 153

思考题 ································ 160

附录 ································ 160

第 6 章　数学悖论与历史上的三次数学危机 ································ 162

6.1　何谓悖论 ································ 162

6.2　第一次数学危机 ································ 164

6.3　第二次数学危机 ································ 168

6.4　第三次数学危机 ································ 171

6.5　数学的三大学派 ································ 174

思考题 ································ 177

名人小撰 ································ 177

第 7 章　数学美学 ································ 180

7.1　数学与美学 ································ 180

7.2　数学美的内容、地位和作用 ································ 184

思考题 ································ 197

名人小撰 ································ 197

第 8 章　世界数学中心与数学国际 ································ 200

8.1　世界数学中心及其变迁 ································ 200

8.2　国际数学组织与活动 ································ 203

8.3　国际数学大奖 ································ 206

8.4　国际数学竞赛 ································ 211

思考题 ································ 214

附录 1　著名的数学学派 ································ 214

附录 2　希尔伯特在 1900 年国际数学家大会上提出的 23 个数学问题 ······ 217

第 9 章　数学的新进展之一——分形与混沌 ································ 218

9.1　分形几何学 ································ 218

9.2　混沌动力学 ································ 227

9.3　分形与混沌的应用与价值 ································ 231

思考题 ································ 235

附录　蝴蝶效应 ································ 236

参考文献 ································ 237

第1章 数学是什么

数学是科学的大门和钥匙……忽视数学必将伤害所有的知识，因为忽视数学的人是无法了解任何其他科学乃至世界上任何其他事物的。更为严重的是，忽视数学的人不能理解他自己这一疏忽，最终将导致无法寻求任何补救的措施。

  ——培根(R. Bacon，约 1214～1293，英国哲学家、自然科学家)

由于大量的数学符号，往往使数学被认为是一门难懂而又神秘的科学。如果我们不了解符号的含义，那就什么都不知道。在数学中，只要细加分析，即可发现符号化给数学理论和论证带来极大的方便，甚至是必不可少的。

  ——怀特黑德(A. N. Whitehead，1861～1947，英国数学家、逻辑学家)

数学是我们时代中有势力的科学，它不声不响地扩大它所征服的领域。

  ——赫尔巴特(J. F. Herbart，1776～1841，德国教育心理学家)

人类生存和发展的历史就是不断认识自然、适应自然和改造自然的历史，在这一过程中，数学也随之产生和发展起来。数学是人类文明的一个重要组成部分，是几千年来人类智慧的结晶。

从远古时代的结绳记事到应用电子计算机进行计算、证明，从利用规、矩等工具进行的具体测量到公理化的抽象体系，从自然数、一维的直线、规则的图形……到群、无穷维空间、分形……数学的内容、思想和方法逐渐演变、发展，并渗透到人类生活的各个领域。今天，数学已经成为了衡量一个国家发展、科技进步的重要标准。但究竟"数学是什么"？人类对之经历了一个漫长而艰难的探究过程。

1.1 数学的定义及品格

1.1.1 数学的诸多定义

数学，起源于人类早期的生产活动，为中国古代六艺之一(六艺中称之为"数")，也被古希腊学者视为哲学的起点。数学的英语为 Mathematics，源自于古希腊语，意思是"学问的基础"。

早在 19 世纪，恩格斯(F. V. Engels，德，1820～1895)曾说过："数学是研究现实世界中的数量关系与空间形式的一门科学。"这是一个一度得到大家广泛共识的数学的定义。但是，随着现代科学技术和数学科学的发展，人类进入信息时代，"数量关系"和"空间形式"具备了更丰富的内涵和更广泛的外延。混沌(Chaos)、分形几何(Fractal Geometry)等新的数学分支出现,这些分支已经很难包含在上述定义之中,人们在寻找数学的新"定义"。但是,要给数学一个客观而全面的定义,并非易事。

如今的数学已经发展成了一个蔚为壮观、极为庞大的领域,对"什么是数学?"这个基本问题的回答却仍是众说纷纭。英国哲学家、数学家罗素(B. Russell,1872~1970)曾说过:"数学是我们永远不知道我们在说什么,也不知道我们说的是否对的一门学科。"而法国数学家博雷尔(E. Borel,1871~1956)则说:"数学是我们确切知道我们在说什么,并肯定我们说的是否对的唯一的一门科学。"两位大家给出了表面看似相悖的回答!

美国数学家、数学教育家柯朗(R. Courant,1888~1972)在其科普名著《数学是什么》一书的序言中说:"数学,作为人类智慧的一种表达形式,反映生动活泼的意念,深入细致的思考,以及完美和谐的愿望,它的基础是逻辑和直觉,分析和推进,共性和个性。"法国数学家庞加莱(H. Poincaré,1854~1912)则说:"数学是给予不同的东西以相同的名称的技术。"

南京大学的方延明教授(1951~)在其编著的《数学文化》一书中,搜集了 14 种数学的定义或者说是人们对数学的看法:万物皆数说、符号说、哲学说、科学说、逻辑说、集合说、结构说、模型说、工具说、直觉说、精神说、审美说、活动说、艺术说。

(1) 万物皆数说认为数的规律是世界的根本规律,一切都可以归结为整数与整数比。此说来源于古希腊的毕达哥拉斯(Pythagoras of Samos,约公元前 560~前 480)及其学派,毕达哥拉斯曾说:"数学统治着宇宙。"

(2) 符号说认为数学是一种高级语言,是符号的世界。德国数学家希尔伯特(D. Hilbert,1862~1943)曾说:"算术符号是文字化的图形,而几何图形则是图像化的公式,没有一个数学家能缺少这些图像化的公式。"

(3) 哲学说认为数学等同于哲学。古希腊的亚里士多德(Aristotle,公元前384~前 322)曾说:"新的思想家虽说是为了其他事物而研究数学,但他们却把数学和哲学看成是相同的。"

(4) 科学说认为数学是精密的科学。德国数学家、有"数学王子"之称的高斯(J. C. F. Gauss,1777~1855)曾说:"数学是科学的皇后,数论是数学的皇后。"

(5) 逻辑说认为数学推理依靠逻辑。持有"逻辑说"者强调数学是不需要任何特定概念的,只需要通过逻辑概念就可以导出其他数学概念。

(6) 集合说认为数学各个分支的内容都可以用集合论的语言表述。集合无处不在,每个数学问题都可以纳入到集合的范畴。集合说已经成为了现代数学的基础。

(7) 结构说(关系说)强调数学语言、符号的结构方面及联系方面,认为数学是一种关系学。此说来源于 20 世纪上半叶著名的法国布尔巴基学派所主张的"数学是研究抽象结构的理论"。

（8）模型说认为数学就是研究各种形式的模型，如微积分是物体运动的模型、概率论是偶然与必然现象的模型、欧氏几何是现实空间的模型、非欧几何是超维空间的模型。英国数学家，逻辑学家怀特黑德说过"数学的本质就是研究相关模式的最显著的实例"。

（9）工具说认为数学是所有其他知识工具的源泉。法国数学家笛卡儿（R. Descartes，1596～1650）说过："数学是一个知识工具，比任何其他由于人的作用而得来的知识工具更为有力，因为它是所有其他知识工具的源泉。"

（10）直觉说认为数学的来源是人的直觉，数学主要是由那些直觉能力强的人们推进的。荷兰数学家布劳威尔（L. Brouwer，1881～1966）说过"数学构造之所以称为构造，不仅与这种构造的性质本身无关，而且与数学构造是否独立于人的知识以及与人的哲学观点都无关，它是一种超然的先验直觉"。

（11）精神说认为数学不仅是一种技巧，更是一种精神，特别是理性的精神。此说来自于美国近代数学家和数学教育家克莱因（M. Kline，1908～1992），他曾说"数学是一种精神，特别是理性的精神，能够使人的思维得以运用到最完美的程度"。

（12）审美说认为数学家无论是选择题材还是判断能否成功的标准，主要是依据美学的原则。古希腊哲学家、数学家普洛克拉斯（Proclus，411～485）就曾说过"哪里有数，哪里就有美"。

（13）活动说认为数学是人类最重要的活动之一。20世纪奥地利著名的学术理论家、哲学家波普尔（K. Popper，1902～1994）曾说："数学是人类的一种活动。"

（14）艺术说认为数学是一门艺术。法国数学家博雷尔就坚信"数学是一门艺术，因为它主要是思维的创造，靠才智取得进展，很多进展出自人类脑海深处，只有美学标准才是最后的鉴定者"。

方延明教授的观点是：从数学学科的本身来讲，数学是一门科学，这门科学有它的相对独立性，既不属于自然科学，也不属于人文、社会或艺术类科学；从它的学科结构看，数学是模型；从它的过程看，数学是推理与计算；从它的表现形式看，数学是符号；从它对人的指导看，数学是方法论；从它的社会价值看，数学是工具……用一句话来概括：数学是研究现实世界中数与形之间各种模型的一门结构性科学。

1.1.2 数学的品格

数学有两种品格：工具品格和文化品格。因为数学在应用上的广泛性，因而在人类社会的发展中，特别在崇尚实用主义的今天，那种短期效益思维模式必然导致数学的工具品格越来越突出，越来越受到重视。

本小节主要论述一下数学的文化品格。所谓数学的文化品格是指数学训练在人们的思维方法和生活方式中潜在地起着根本性的作用，并受用终生的品格。

古希腊著名哲学家柏拉图（Plato，公元前 427～前 347）曾创办了一所哲学学校"柏拉图学园"，并在校门口张榜声明，不懂几何学的人，不要进入他的学校就读。这并不是因为学校设置的课程需要有几何知识的基础才能学习。相反地，柏拉图哲学学校里所设置的课程都是关于社会学、政治学和伦理学一类的课程，所探讨的问题也都是关于社会、政治和道德方面的问题。因此，诸如此类的课程和论题并不需要直接以几何知识或几何定理作为其学习或研究的工具。由此可见，柏拉图之所以要求他的学生先通晓几何学，绝非着眼于数学的工具品格，而是立足于数学的文化品格。因为柏拉图深知数学的文化理念和文化素养的重要性，他充分认识到立足于数学的文化品格的数学训练对于提升一个人的综合素质，起着举足轻重的作用。

当今社会，仍有许多有识之士，实践着柏拉图的主张，重视数学的文化品格远胜于数学的工具品格。例如，英国的律师在大学要修多门高等数学课程，不是因为英国的法律要以高深的数学知识为基础，而只是出于这样一种认识，那就是通过严格的数学训练，才能使学生具有坚定不移而又客观公正的品格，并形成一种严格而精确的思维习惯，从而对他们取得事业的成功大有助益。再例如，闻名世界的美国西点军校的教学计划中，规定学员除了要选修一些在实战中能发挥重要作用的数学课程，如运筹学、优化技术和可靠性方法等，还规定学员要必修多门与实战不能直接挂钩的高深的数学课程。因为他们充分认识到，只有经过严格的数学训练，才能使学员在军事行动中，把那种特殊的活力与高度的灵活性互相结合起来，才能使学员具有把握军事行动的能力和适应性，从而为他们驰骋疆场打下坚实的基础。

数学的文化品格的重要使命就是传递一种思想、方法和精神，数学教育在传授知识、培养能力的同时，还能提高受教育者的人文素养，促使其身心协调发展和素质的全面提高。

1. 培养规则意识

数学严谨、准确的特点，要求每一个问题的解决都必须遵守数学规则，每一个定理的推证、每一个计算结果的获取、每个结论的判断，都做到有理可依、有据可循。因此，数学习题的演练、数学问题的解决可以训练学生注重推理和说理，这种能力迁移至工作与生活中，内化成受教育者的素质，将表现出信守诺言、遵守规范等行为。这些规范包括社会公认的规则、公共道德的标准。简言之，数学学习中所要求的对规则的遵守能够迁移，使人们形成一种对社会公德、秩序、法律等内在的自我约束力。

2. 培养周密思维和创新能力

数学教育家波利亚（G. Pólya，匈-美，1887～1985）说："在数学家证明一个定理之前,必须猜想到这个定理;在他完成证明的细节之前,必须先猜想出证明的主导思想。"数学学习与研究数学使人变得聪明理智。数学学习中需对各种现象进行归纳、抽象,需要将纷繁复杂的各种问题转化成数学模型,这本身就是创新过程。数学能培养人的思维的周密性,在自然科学研究中,通过数学推理能发现一些暂时没被人们认识的规律。

除了上述重要的两方面,数学还可以培养勤奋的品质,因为学习数学是一种意志的锻炼,需要刻苦,需要静心,需要拼搏。在数学的学习和研究中还可以磨炼胜不骄、败不馁的优良品质。

总之,数学的文化品格不同于实用性的数学知识,但它对受教育者的影响却是更加深远和无可替代的。

1.2 数学与各学科的联系

1.2.1 数学与哲学

1. 数学与哲学的联系

有位哲学家曾说:"没有数学,我们无法看透哲学的深度;没有哲学,人们也无法看透数学的深度;若没有两者,人们就什么也看不透。"这句话精妙地阐释了数学与哲学的关系。

哲学是系统化的世界观和方法论,而数学是一门具体科学。数学与哲学二者联系密切,相辅相成。

在科学技术不发达的古代,人们对世界的认识是肤浅的和笼统的,未能形成分门别类的具体科学,哲学同各种具体科学之间没有明确的分工和严格的界限,数学、天文学、力学等常常包括在哲学之中。许多哲学家本身就是数学家,如亚里士多德、笛卡儿、莱布尼茨(G. W. Leibniz,德,1646~1716)、罗素等。牛顿(I. Newton,英,1642~1727)的《自然哲学的数学原理》是经典力学的划时代著作,从中可见哲学和数学之间不仅联系密切,而且彼此相互促进,共同推动着科学的发展。

数学和哲学都具有高度的抽象性和严密的逻辑性。数学是研究事物的量及其关系的具体规律,哲学则是研究自然、社会和思维的普遍规律,可以说哲学与数学是共性与个性、普遍与特殊的关系。

一方面,哲学以数学等具体科学为基础,依赖于各具体科学为其提供大量丰富的具体知识与具体规律,只有在此基础上加工改造,才能抽象、概括出整个世界最一般的本质和最普遍的规律。所以,具体科学能够解释并验证哲学思想,其不断的发展也必定促进着哲学的完善。例如,函数项级数的出现和发展就解释并验证了人们对客观世界的一般认识规律:从有限多个数的加法到无限多个数的加法——数项级数,再到以幂级数和傅里叶级数为代表的函数项级数,就验证了人们从低级到高级、从特殊到一般的认识规律。再例如,马克思主义哲学的诞生,其最主要的自然科学依据是达尔文的自然选择定律、物理学中的能量转化和守恒定律及生物学中的细胞学说,而这些又都离不开数学的研究和分析方法。

另一方面,哲学必然为数学等具体科学的发展提供正确的世界观和方法论上的指导。一位数学家不懂得哲学和辩证法,那么他在数学上很难取得进展——这已经成为人们的共识。在高等数学中,时时处处蕴涵着丰富的辩证法,蕴涵着直与曲、常量与变量、确定与随机、有限与无限的转化。例如,求定积分的过程就蕴涵着丰富的辩证法,以求曲边梯形的面积为例,在 $\lambda \to 0$(λ 是 n 个小矩形底边长度的最大值,用以刻画曲边梯形分割的精细程度)的条件下,n 个小矩形的面积之和转化为曲边梯形的面积,直线转化为曲线,近似值转化为精确值,这个过程蕴藏了矛盾的对立统一和量变质变的规律,其中哲学思想在数学研究中的指导作用是显而易见的。

2. 数学与哲学的区别

首先,数学与哲学的思维方式不同,数学是从量的角度去分析问题,而哲学是从质的角度去分析问题。从而它们二者之间具有了对立统一的关系。当我们分析不同事物之间具有的数量关系时,只能采用数学上的各种方法;一旦我们遇到了不同质之间具有的相互关系时,就需要采用哲学的方法。

其次,数学与哲学研究问题的着眼点和采用的研究方法不同。数学注重单纯的数量关系,使用的分析工具是各种运算法则,包括数学定理、公式等,运算的结果仍然是数量的多少;哲学注重不同质之间的关系,使用的工具是大脑的抽象能力,即分析与综合的能力,哲学分析的结果是形成了一个新的概念,使认识得到深化。例如,对于数学悖论,数学与哲学所关心的问题及所采取的视角是不同的。

最后,数学思维与哲学思维之间既有同一性又有对立性。例如,在如何看待哥德巴赫(C. Goldbach,1690~1764)猜想问题上,数学家与哲学家都认为哥德巴赫猜想提出的"大偶数可以分解为两素数之和"这一断言是客观存在的,这体现了二者的同一性。但是,在涉及决定猜想成立的条件上,数学家与哲学家表现出了对立,数学家认为,理论证明是决定这个猜想作为数学定理成立的前提条件;哲学家则认为,实践、分解和验算的结果决定着这个猜想的成立与否,它同理论证明之间没有任何关系。由此,数学与哲学的对立统一关系可见一斑。

3. 数学与哲学的发展

哲学曾将整个宇宙作为自己的研究对象,研究范围包罗万象。而数学最初的范畴只有算术和几何。到了 17 世纪,自然科学的发展使哲学退出了一系列研究领域,哲学的中心问题从"世界是什么样的"变成"人怎样认识世界";而数学凭借其独有的逻辑思维和对量的分析,不断扩大自己的领域,开始研究运动与变化——数学的影响力越来越大,而哲学的影响力越来越小。今天,数学在向一切学科渗透,包括人文科学、社会科学的大量领域,它的研究对象不断拓广;而西方现代哲学却只能将注意力限于意义的分析,把哲学的中心问题缩小到"人能说出些什么"。

我国著名数学家张景中院士(1936～)认为:在某种意义上来说哲学是望远镜。当旅行者到达一个地方时,他不再用望远镜观察这个地方了,而是把它用于观察前方。数学则相反,它是最容易进入成熟的科学,获得了足够丰富事实的科学,能够提出规律性的假设的科学。它好像是显微镜,只有把对象拿到手中,甚至切成薄片,经过处理,才能用显微镜观察它。事实上,哲学在很多具体学科领域无法与数学一争高下,但是它可以从事具体学科无法完成的工作,为其诞生准备条件。哲学应当是人类认识世界的先导,关心的应当是科学的未知领域。数学在具体学科领域则很可能出色地工作。因此,二者应取长补短,相辅相成,共同推动科学的进步!

1.2.2　数学与科学

早在 13 世纪,英国哲学家、自然科学家培根就曾指出"数学是打开科学大门的钥匙"。回顾科学的发展历史,凡具有划时代意义的科学理论与实践的成就,几乎无一例外地都借助了数学的力量。

例 1　麦克斯韦方程→电磁波理论→现代通信技术。

1863 年,英国物理学家麦克斯韦(J. C. Maxwell,1831～1879)系统总结了英国物理学家法拉第(M. Faraday,1791～1867)等由实验建立起来的电磁现象规律,把这些规律表述为"方程组的形式"——麦克斯韦方程,用纯粹数学的方法在理论上推导出可能存在着电磁波,并且这些电磁波应该以光速传播。据此,他提出了光的电磁理论。

20 多年后,德国物理学家赫兹(H. R. Hertz,1857～1894)在振荡放电实验中证实了电磁波的存在,在实践上证明了光就是一定频率范围内的电磁波,从而统一了光的波动理论与电磁理论。不久,意大利的无线电工程师马可尼(G. M. Marconi,1874～1937)和俄国科学家波波夫(A. C. Popov,1859～1906)又在此基础上各自独立地发明了无线电报。从此,电磁波走进了千家万户,人类也一步一步迈进信息化时代。

例 2　黎曼几何→广义相对论。

1854 年,德国数学家黎曼(B. Riemann,1826～1866)给出了一个不同于传统欧氏几何学的几何体系——黎曼几何,这在当时曾不被人接受和理解。

爱因斯坦(A. Einstein,德-美,1879～1955)在狭义相对论建立以后,力图把相对性原理推广到非惯性系。他曾花了数年时间试图推导出引力实际上只是空间的曲率这种可能性,而从数学上加以表述就借助了 60 年前黎曼关于弯曲空间的工作

（即黎曼几何），这才使爱因斯坦得以继续广义相对论的研究。爱因斯坦的广义相对论认为，由于有物质的存在，空间和时间会发生弯曲，而引力场实际上是一个弯曲的时空。

爱因斯坦于 1915～1916 年创立了广义相对论，随后，他用广义相对论的结果来研究整个宇宙的时空结构。1917 年发表论文《根据广义相对论对宇宙学所作的考查》，以科学论据推论宇宙在空间上是有限无界的，这是宇宙观的一次革命。

例 3　纳维-斯托克斯方程→流体力学→航空学。

纳维-斯托克斯（Navier-Stokes）方程是流体力学中描述黏性不可压缩流体的运动方程。这个方程因 1821 年由法国数学家纳维（L. Navier，1785～1836），1845 年由英国数学物理学家斯托克斯（G. G. Stokes，1819～1903）分别建立而得名。

流体力学是研究流体（包含气体及液体）现象以及相关力学行为的科学。理论流体力学的基本方程就是纳维-斯托克斯方程，它由一些微分方程组成，通常通过一些边界条件或者通过数值计算的方式来求解。

航空学作为人类从事航空活动的理论基础，其内容中的航空器的研究、设计、制造等都离不开流体力学的理论。借助于航空学，人类制造了宇宙飞船、航空母舰，创建了国际空间站，航空航天技术得以飞速发展，人类探索宇宙空间的愿望成为现实。

例 4　数理逻辑和量子力学→现代电子计算机。

作为 20 世纪最伟大的科技发明之一——现代电子计算机因为具有高速的数值计算、逻辑计算，以及存储记忆等功能，已经成为当今社会不可或缺的电子工具。计算机内部的运算是由数字逻辑电路组成，数理逻辑是计算机工作的基础。

量子计算机则是遵循量子力学规律进行高速数学和逻辑运算、存储和处理信息的一种全新概念的计算机。它以处于量子状态的原子作为中央处理器和内存，可用作各种大信息量数据的处理，如密码分析和破译等。由于量子 bit（量度信息的单位）比传统计算机中的"0"和"1"bit 可以存储更多的信息，所以量子计算机的运行效率和功能将远超传统计算机，据估计其运算速度可能比奔腾 4 芯片快 10 亿倍。

例 5　牛顿万有引力定律（含开普勒行星运动三大定律）→天文学、物理学和其他自然科学。

德国天文学家开普勒（J. Kepler，1571～1630）于 1609～1619 年提出行星运动的三大定律（开普勒定律）——开普勒第一定律：每一个行星都沿各自的椭圆轨道环绕太阳，而太阳则处在椭圆的一个焦点中；开普勒第二定律：在相等时间内，太阳和运动中的行星的连线所扫过的面积都是相等的；开普勒第三定律：绕以太阳为焦点的椭圆轨道运行的所有行星，其椭圆轨道长半轴的立方与周期的平方之比是一个常量。开普勒定律是哥白尼日心说提出以后的天文学的又一次革命，彻底摧毁了托勒密(C. Ptolemy,埃及,约 90～约 165)繁杂的本轮宇宙说,完善和简化了哥白尼(M. aj Kopernik,波兰,1473～1543)的日心宇宙说。

用数学公式表达的牛顿万有引力定律是 17 世纪自然科学最伟大的成果之一。牛顿认为万有引力是所有物质的基本特征,万有引力定律把地面上的物体运动的规律和天体运动的规律统一了起来,第一次揭示了自然界中一种基本相互作用的规律,是人类认识自然历史上的一座里程碑,对以后天文学、物理学和其他自然科学的发展具有深远的影响。开普勒定律可以由万有引力定律推导出来,所以可以看成万有引力定律的推论。

例 6 微积分学→天文学、力学和现代的科学技术。

16 世纪的欧洲处在资本主义萌芽时期,生产实践的发展向自然科学提出了许多新的课题,迫切要求天文学、力学等基础学科给予回答,而这些学科都深刻依赖于数学,因而也推动了数学的发展。17 世纪微积分学应运而生,并被广泛应用于解决天文学、力学中的各种实际问题,取得了巨大的成就,并逐渐在现代科学技术的发展中显示了非凡的威力。

有"现代电子计算机之父"之称的美籍匈牙利数学家、发明家冯·诺依曼(J. von Neumann,1903～1957)对微积分学有如下评价:微积分是现代数学的第一个成就,而且怎样评价它的重要性都不为过。我认为,微积分比其他任何事物都更清楚地表明了现代数学的发端,而且,作为其逻辑发展的数学分析体系仍然构成了精密思维中最伟大的技术进展。

1.2.3 数学与艺术

美国代数学家哈尔莫斯(P. R. Halmos,1916～2006)说:"数学是创造性艺术,因为数学家创造了美好的新概念;数学是创造性艺术,因为数学家像艺术家一样的生活,一样的思考;数学是创造性艺术,因为数学家这样对待它。"

数学能陶冶人的美感,增进理性的审美能力。一个人的数学造诣越深,越是拥有一种直觉力,这种直觉力就是理性的洞察力,也是由美感所驱动的选择力,这种能力有助于使数学成为人们探索宇宙奥秘和揭示规律的重要力量。

1. 数学与音乐

数学与音乐之间的联系源远流长,早在中世纪,算术、几何和音乐就都包括在教育课程之中。数学与音乐的最大共性是都使用符号,且都是一种抽象的过程。数学是对事物量的方面的抽象,并通过各种形式表达、揭示出客观世界的内在规律,以一种理性的方式来描述客观世界。音乐是以音符为基本符号,是对自然音响的抽象,并通过对它们排列组合,概括我们主观世界的各种活动,以一种感性的方式来描述客观世界。

毕达哥拉斯认为宇宙是由声音与数字组成的,他说:"音乐之所以神圣而崇高,就是因为它反映出作为宇宙本质的数的关系。"

例 7　乐谱的书写。

乐谱的书写是表现数学对音乐影响的一个显著标志。乐谱上的速度、节拍(4/4拍、3/4 拍等)、音符(全音符、二分音符、四分音符、八分音符、十六分音符等)反映了乐曲的表现形式。音乐的创作是与书写出的乐谱的严密结构融为一体的,书写乐谱时确定每小节内的某分音符数,与求公分母的过程相似——不同长度的音符必须与某一节拍所规定的小节相适应。

例 8　音阶与调音理论。

乐音体系中各音的绝对准确高度及其相互关系称为音律。音律是在长期的音乐实践发展中形成的,并成为确定调式音高的基础。音乐需要有美的音调,美的音调必然是和谐的。

公元前 6 世纪,毕达哥拉斯学派第一次用比率将数学与音乐联系起来。他们发现两个事实:一根拉紧的弦发出的声音取决于弦的长度;要使弦发出和谐的声音,则必须使每根弦的长度成整数比。这两个事实使得他们得出了和声与整数之间的关系,而且他们还发现谐声是由长度成整数比的同样绷紧的弦发出的——这就是毕达哥拉斯音阶与调音理论。

中国古代的音乐研究和创作中也很早就有了数学的应用。《吕氏春秋·大乐》中说:"音乐之所由来者远矣:生于度量,本于太一。"所谓"生于度量",即是说音律的确定,需要数学。约春秋中期,《管子·地员篇》中记载确定音律的方法"三分损益法"就是数学方法的具体应用。明代数学家、音乐理论家朱载堉(1536～1611)在《律吕精义》中创造的十二平均律,实际上是将指数函数应用于音律的确定。十二平均律有许多优点,它易于转调,简化了不同调的升、降半音之间的关系。十二平均律是当前最普遍、最流行的律制,被世界各国所广泛采用。

例 9　音乐的分析、设计与指数曲线、周期函数。

许多乐器的形状和结构与各种数学概念有关。不管是弦乐器还是由空气柱发声的管乐器,它们外形的边缘都反映出一种指数函数所描绘的曲线形状。例如,钢琴的弦和风琴的管外形边缘都是如此。

19 世纪法国数学家傅里叶(J. B. J. Fourier,1768～1830)的工作使乐声性质的研究达到顶点,他建立的关于声音的数学分析理论代表了用数学方法研究音乐理论的最高成就。他证明了所有乐声都可用数学式子来描述,这些数学式子是简单的正弦函数之和。每一个声音有三个性质,即音调、音量和音质,它们将不同的乐声区别开来。傅里叶的发现使声音的这三个性质可以在图形上清楚地表示出来:音调与函数的频率有关,音量与函数的振幅有关,音质则与函数的形状有关。声音既然是若干简单正弦函数的叠加,就单一的声音元素来说(即可以由一个正弦函数来表示,也称为"简谐波"),发出来的声音必然单调乏味,只有很多种声音元素融合在一起才能形成美妙动听的旋律,这就是"复合波"(即各种不同频率、振幅及相位元素的叠加)。数字音乐正是按照该原理设计的。

傅里叶分析的伟大之处不仅在于可以利用它来分析音乐,还可以用它来设计音乐。数学研究发现周期函数在乐器的现代设计和声控计算机的设计方面是必不可少的。

例 10 钢琴琴键与数列。

乐器之王——钢琴的琴键与斐波那契(L. P. Fibonacci,意,约 1170~1250)数列有关:在钢琴的键盘上,从一个 C 键到下一个 C 键就是音乐中的一个八度音程,其中共包括 13 个键,有 8 个白键和 5 个黑键,5 个黑键分成 2 组,一组有 2 个黑键,一组有 3 个黑键。2,3,5,8,13 恰好就是著名的斐波那契数列中的前几个数。

例 11 琴弦振动的数学定律。

17 世纪的法国数学家梅森(M. Mersenne,1588~1648),总结了弦振动的四条基本规律:①弦振动的频率与弦长成反比,即对密度、粗细、张力都不变的弦,增加它的长度会使频率降低,反之会使频率增加。②弦振动的频率与作用在弦上的张力的平方根成正比。演奏家在演出前,对乐器的弦调音时,把弦时而拉紧,时而放松,就是调整弦的张力。③弦振动的频率与弦的直径成反比。在弦长、张力固定的情况下,弦的直径越粗,频率越低。例如,小提琴的四条弦,细的奏高音,粗的奏低音。④弦振动的频率与弦的密度的平方根成反比。一切弦乐器的制造都离不开这四条基本定律。

例 12 音乐中的数学变换。

近年,有美国的学者以"音乐天体理论为基础",利用数学模型设计了一种新的方式,对音乐进行分析归类,提出了"几何音乐理论",把音乐语言转换成几何图形,并将成果发表于《科学》(Science)杂志上,他们认为用此方法可以帮助人们更好地理解音乐。图 1.2.1 是科学家们展示的音乐模型图。

他们所用的基本的几何变换包括平移、对称、旋转等(这里指对五线谱而言进行变换)。平移变换通常表示一种平稳的情绪,对称(关于原点、x 轴或 y 轴对称)则表示强调、加重情绪,如果要表示一种情绪的转折(如从高潮转入低谷或从低谷转入高潮)则多采用绕原点 180°的旋转。

古罗马时期的思想家圣·奥古斯汀(A. Augustinus,354~430)就曾说过"数还可以把世界转化为和我们心灵相通的音乐"的名言。开普勒、伽利略(Galilei,意,1564 ~ 1642)、欧拉(L. Euler,瑞士,

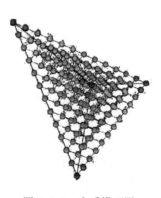

图 1.2.1 音乐模型图

1707～1783)、哈代(G. H. Hardy,英,1877～1947)等大数学家都潜心研究过音乐与数学的关系。很多近现代作曲家对音乐与数学的结合进行过大胆的实验,例如,匈牙利天才作曲家巴托克(Bartók,1881～1945)就曾探索将黄金分割法用于作曲中。俄裔美国音乐理论家、作曲家、指挥家席林格(J. Schillinger,1895～1943)尝试从纯粹的函数图像出发作曲,他曾把纽约时报的一条起伏不定的商务曲线描在坐标纸上,然后把这条曲线的各个基本段按照适当的、和谐的比例和间隔转变为乐曲,最后在乐器上进行演奏,结果发现这竟然是一首曲调优美,与巴赫的音乐作品极为相似的乐曲。勋伯格(A. Schoenberg,奥-美,1874～1951)创造"十二音技法";凯奇(J. Cage,美,1912～1992)开创"随机音乐";克赛纳基斯(I. Xenakis,希腊,1922～2001)创立"算法音乐";施托克豪森(K. Stockhausen,德,1928～2007)制作"图表音乐"的思想等均是音乐与数学结合的范例。

大自然中的音乐与数学的联系更加神奇。例如,人们发现蟋蟀鸣叫的频率与气温有着很大的关系,可以近似用一个一次函数来表示:$c=4t-160$,其中 c 代表蟋蟀每分钟叫的次数,t 代表气温(单位:华氏度)。

综上所述,从古至今,音乐就与数学紧密地联系在一起,随着数学和音乐的不断发展,人们对它们之间关系的理解和认识也在不断加深,理性的数学中存在着感性的音乐,感性的音乐中处处闪现着理性的数学之光。

英国数学家西尔维斯特(J. J. Sylvester,1814～1897)谈及数学与音乐的关系时说:"难道说音乐不就是感觉中的数学吗? 两者的灵魂是完全一致的! 因此,音乐家可以感觉到数学,而数学家也可以想象到音乐。虽说音乐是梦幻,而数学是现实,但当人类智慧升华到完美的境界时,音乐和数学就互相渗透而融为一体了。两者将照耀着未来的莫扎特-狄利克雷或贝多芬-高斯的成长……"

2. 数学与美术

美术中蕴藏着数学。无论何种美术作品,如绘画、雕塑、工艺美术、建筑艺术等(按照《中国大百科全书》美术卷关于"美术"的分类),总离不开大小和形状。数和形是数学的研究对象,数形和谐带来美感。数学在美术中有很多应用,许多优秀的美术作品将算术、代数、几何、拓扑、透视方法、分形艺术等运用其中。

例 13　黄金分割在美术中的应用。

断臂的维纳斯雕像美丽动人,是因为这座雕像的尺寸在诸多地方符合黄金比。早在古希腊时代,人们就认为,如果形体符合数学上的黄金比,会显得更加美丽。有"法国农民画家"之称的米勒(J. F. Millet,1814～1875)的画作《拾穗者》很美,金色的阳光斜照在三位劳动妇女身上,清新明亮,她们的瞬间姿态如雕像般高贵,充满尊严。画面之所以这么美,不但因为作者有高超的绘画技巧和坚实的生活基础,而且因为画中隐藏着黄金比。世界艺术宝库中著名的帕特农神庙(位于希腊雅典,英文名为:Parthenon Temple)中也蕴藏着丰富的黄金比,古今中外的许多建筑中都十分注重黄金比的运用。

例 14 几何元素在美术中的应用。

在美术作品中,恰当地利用几何图形会更好地展现主题或产生奇异的效果。有些图标用几何图形组成画面,简明生动。用于设计装饰画、平面镶嵌或空间设计中的几何图形常会给人留下深刻的印象。

美术中的点彩画法是将点运用于美术中,作画的人将红、黄、蓝等各种颜色直接涂到画面上,让它们互相穿插,各种颜色的多少视需要而定,远距离观察就不会注意单个的彩色小点,而会感受不同颜色混合在一起产生的总体效果。

新印象主义的创始人修拉(G. Seurat,法,1859~1891)是点彩画法的创始人,其代表作品《大碗岛星期天的下午》(图 1.2.2),描写了人们在塞纳河阿尼埃的大碗岛上休息度假的情景,画面由一些竖直线和水平线组成,且它们不是连续线条,而是由许多细密小圆点合理安排组成的,整个画面也是由小圆点组成的,看起来井井有条,整体感强烈。

另外,有德国的工业设计家在电脑驱动的大型平板笔绘仪上,创造性地绘制了大量的线画作品,其中折线的条数纷繁杂乱、随机摆放,给人以强烈的视觉冲击,在设计界引起巨大轰动。

图 1.2.2 修拉作品——大碗岛星期天的下午

例 15 透视在美术中的应用。

绘画艺术中三维现实世界在二维平面上的真实再现,需要依据几何学中的透视理论,因此,艺术家们对透视理论进行了研究,提出了将几何原理应用于绘画的数学透视法,即以现实客观的观察方式,在二维的平面上利用线和面趋向会合的视错觉原理刻画三维物体的艺术表现手法。

　　透视画法是由 19 世纪初法国艺术家、化学家达盖尔（L. J. M. Daguerre，1787～1851）发明，之后成为一种流行的艺术形式，在中西方被广泛运用。透视画法又有多种不同的分类，意大利文艺复兴时期的杰出代表达·芬奇（Da Vinci，1452～1519）在其名画《最后的晚餐》中最常用到的是线透视，它的基本原理是：在画者和被画物体之间假想一面玻璃，固定住眼睛的位置（用一只眼睛看），连接物体的关键点与眼睛形成视线，再相交于假想的玻璃上。在玻璃上呈现的各个点的位置就是要画的三维物体在二维平面上的点的位置。

　　例 16　平移、对称在美术中的应用。

　　在同一平面内，将一个图形整体按照某个直线方向移动一定的距离，这样的图形运动称为图形的平移运动，简称平移，平移不改变图形的形状和大小。对称是指图形在某种变换条件下，其相同部分间有规律重复的现象，亦即在一定变换条件下的不变现象。对称分为轴对称、中心对称、旋转对称等。

　　中国的剪纸艺术历史悠久，外轮廓是圆形的装饰纹样称为团花，很多团花是轴对称图形也是旋转对称图形（旋转 60°）。对称在建筑装饰中有大量应用，在二维装饰图案中，总共有 17 种本质上不同的对称性图案，有研究表明在古代的装饰图案中，尤其是古埃及的装饰物中，确实找到了所有 17 种对称性图案，直到 19 世纪有了变换群的概念后，人们才从理论上证明了只有 17 种可能性。阿拉伯装饰艺术常使用五次旋转对称，其中要涉及黄金分割，安排下一个五边形，则周围需要作复杂的调整，这要比安排三角形、四边形和六边形的情况复杂得多。

　　例 17　拓扑在美术中的应用。

　　拓扑，简言之，就是研究各种图形在连续变换下不变的性质，这种变换是拉长或弯曲，但不是撕裂或折断。荷兰版画家埃舍尔（M. C. Escher，1898～1972）对拓扑学的"视觉效果"很感兴趣。在他的作品《莫比乌斯带上的蚂蚁》中，可以看到，无论是越过带子的边缘爬行的蚂蚁还是不越过边缘爬行的蚂蚁，实际上它们不是在相反的面上走，而是都走在同一个面上，揭示了莫比乌斯带是单侧曲面的事实（图 1.2.3）。他的另一作品《画廊》则是拓扑变形的一个著名例子，版画看来几乎好像是印刷在经过奇妙的拓扑变形的橡皮薄板上一样，此画作引来了诸多的认识论等哲学上的问题讨论（图 1.2.4）。

　　一些巨大的雕塑作品屹立于自然景观或者人们所生活的建筑群中，使我们的生活空间变得更富于艺术性。在一些雕塑中，艺术家经常利用拓扑变形手段达到装饰效果。英国现代雕塑家亨利·摩尔（H. S. Moore，1898～1986）正是这一领域中的成功先驱，他的圆雕作品，例如，《母与子》《内部和外部的斜倚人物》《国王和王后》几乎都以强调和表现作品形态的拓扑性质而获得成功。

图 1.2.3 埃舍尔作品——莫比乌斯 带上的蚂蚁

图 1.2.4 埃舍尔作品——画廊

例 18 分形在美术中的应用。

分形艺术是利用分形几何原理,借助计算机的运算,将数学公式反复迭代,再结合艺术性的塑造,将抽象神秘的数学公式变成一幅幅、一帧帧精美绝伦、现实易懂的画作。分形艺术为艺术家的创作和想象提供了更广阔的空间,利用它所创作出的作品是一些形态逼真、充满魅力的分形,如分形山脉、分形云彩、分形湖泊等,这些作品所表现出来的精湛的技艺,令人赞叹不已。分形体现了科学与艺术的融合,数学与艺术审美上的统一。

此外,对于高等数学中经常涉及的无穷,美术作品也有所表现。荷兰后印象派画家梵高(V. W. van Gogh,1853~1890)为法国南部蒙特马戎一望无际的荒原所震惊,他得到了灵感,说"我正在画无穷"。而前面提到的荷兰版画家埃舍尔则把数学家的无穷观念具象化,他的作品《圆之界限》是试图从中心向外部的不断缩小过程来体现无穷。从某种意义上,他的关于无穷的作品在艺术上对无穷进行了探索,把无穷的过程实现到使用绘画工具能够达到的最大限度(图 1.2.5)。

图 1.2.5 埃舍尔作品——圆之界限

1.3 数学的价值

1.3.1 语言和思维

一位数学家对数学有过如下评价:"数学也是一种语言,而且就其结构和内容而言,它是现实中优于任何普通语言的最完美的语言;事实上,由于它为每一个人所理解,数学可称为语言的语言。自然界仿佛用它说话,世界的创造者用它说话,世界的保护者仍在用它说话。"

自然语言是具体语言,而数学语言是形式化的语言,并且是一切科学的共同语言。社会的数学化程度正日益提高,数学语言已成为人类社会中交流和储存信息的重要手段。

享有"近代自然科学之父"之称的意大利物理学家、天文学家伽利略说过:"展现在我们眼前的宇宙像一本用数学语言写成的大书,如不掌握数学符号语言,就像在黑暗的迷宫里游荡,什么也认识不清。"1965 年诺贝尔物理学奖得主——美国物理学家费曼(R. P. Feynman,1918~1988)也曾说过:"若是没有数学语言,宇宙似乎是不可描述的。"

例 1　微积分学。

17 世纪牛顿建立了微积分学和万有引力定律,用这一数学语言和理论框架来表示在重力作用下物体的运动(包括开普勒行星运动法则),成为近代科学史上的伟大成就之一。

例 2　群论。

19 世纪初,法国数学家伽罗瓦(E. Galois,1811~1832)创立了群论,目的是要解决一个纯粹的数学问题——高于四次的代数方程能否用代数方法求根的问题。20 世纪上半叶,物理学家却发现群论这种数学语言可以统一能量守恒定律、动量守恒定律、电荷守恒定律等反映客观世界对称性的理论。

数学是一种思维的工具。所谓思维,就是人脑对客观事物间接的和概括的反映,是认识的高级形式。数学的创造、学习、研究都是思维的过程。学习数学,是最好的思维训练,已经成为多数人的共识。数学不仅能锻炼人的逻辑思维能力,而且能锻炼人的形象思维能力,更能激发人的灵感。

例 3　晶体结构。

20 世纪初,化学家利用 X 射线的衍射不能准确地确定晶体中原子的位置。1950 年后,美国科学家豪普特曼(H. A. Hauptman,1917~)和卡尔勒(J. Karle,1918~)用统计数学方法研究了晶体的衍射数据,利用古典傅里叶分析的思想方法建立了测定晶体结构的直接法并用之确定了 5 种分子结构,用数学方法解决了难倒现代化学家的谜。他们的成果为探索新的原子、分子、晶体的结构和化学反应提供了基本方法,两位科学家因此获得 1985 年诺贝尔化学奖。

例 4　人体器官的三维图像。

20 世纪 50 年代,美国物理学家科马克(A. M. Cormack,1924~1998)利用奥地利数学家拉东(J. Radon,1887~1956)给出的拉东变换的思想,探讨各种 CT(电子计算机 X 射线断层扫描技术,Computed Tomography)原理,得到了 CT 理论的奠基性结果:用 X 射线照射人体,再检测透射后的强度,经计算机用卷积反投影算法或快速傅里叶变换处理数据,然后重组人体断层图像。1971 年,英国工程师豪斯菲尔德(G. N. Hounsfield,1919～)根据 CT 原理建立了第一套 CT 并于 1972 年首次临床试验成功,两人因此贡献荣获 1979 年诺贝尔生理学和医学奖。

这一原理已被扩展到 MRI(磁共振图像技术,Magnetic Resonance Imaging),它利用磁共振现象从人体中获得电磁信号,并重建出人体信息。MRI 成像原理更加复杂,其分辨率更高,所得到信息也更加丰富。因此 MRI 成为医学影像中一个热门的研究方向。

1.3.2　方法和应用

从哲学的观点来看,任何事物都是量和质的统一体,都有自身量的方面的规律,不掌握量的规律,就不可能对各种事物的质获得明确、清晰的认识,而数学正是一门研究量的科学,它不断地在总结和积累量的规律性,因而必然成为人们认识世界的有力工具。

德国物理学家伦琴(W. C. Röntgen,1845～1923)因为发现 X 射线而成为首届诺贝尔物理学奖的获得者,当有人问他在研究中需要什么时,他的回答是:"第一是数学,第二是数学,第三是数学。"美籍匈牙利数学家、发明家冯·诺依曼则说:"数学处于人类智能的中心领域,数学方法渗透、支配着一切自然科学的理论分支……它已越来越成为衡量成就的主要标志。"

例 5　在物理学上的应用。

20 世纪 70 年代,数学和物理经历着一种奇迹般的概念合流。一方面,为了用统一的方式来处理电磁相互作用、弱相互作用和强相互作用,规范场理论在物理学中发展起来。另一方面,由数学内在动机引起的对于黎曼几何学的推广,这种推广涉及纤维丛理论。而令人称奇的是:规范场理论竟然用到了纤维丛上的联络。

数学大师陈省身(中-美,1911～2004)和物理学家杨振宁(中-美,1922～)在各自的领域耕耘了几十年后,发现彼此的工作之间有深刻的联系:陈省身建立的整体微分几何学为杨振宁所创立的规范场理论提供了合适而精致的数学框架。

例 6　在信息技术上的应用。

随着信息技术的发展,声音、图像等信息的容量日益增大。现有的通信技术,如果需要进行快速或实时传输以及大量存储数据,就要对数据进行压缩。数据压缩,通俗地讲,就是用最少的数码来表示信号,其作用是能较快地传输各种信号。在同等的通信容量下,如果数据压缩后再传输,就可以传输更多的信息,也就可以增加通信能力。

近三十年来,由近代数学中的调和分析理论发展起来的小波分析理论十分热门,美国耶鲁大学的研究者发现,可以利用小波压缩和储存任何种类的图像或声音,并提高效率 20 倍,这种数据压缩技术是通信技术的一个重要突破。

例 7   在经济学上的应用。

数学对经济学最有价值的贡献之一是一般均衡理论。一般均衡理论是 1874 年法国经济学家瓦尔拉斯(L. Walras,1834~1910)开创的,试图描述自由市场的行为。瓦尔拉斯认为,整个经济体系处于均衡状态时,所有消费品和生产要素的价格将达到一个均衡状态,它们的产出和供给,将有一个确定的均衡量。他还认为在"完全竞争"的均衡条件下,出售一切生产要素的总收入和出售一切消费品的总收入必将相等。美国经济学家阿罗(K. J. Arrow,1921~)则利用荷兰数学家布劳威尔的不动点定理证明了一般均衡理论,成功地将数学和经济学结合起来并取得了经济学中一个重大突破,因为深厚的数学基础使得阿罗能清晰地阐述问题,避免了不必要的复杂性。阿罗因此获得了 1972 年的诺贝尔经济学奖。尽管一般均衡理论表面看来过于抽象化及数学化,但日后却变得十分有用。

例 8   在文学上的应用。

近几十年来,为了研究文学作品,人们越来越多地借助于数学工具,应运而生的数理语言学就是用数学的方法研究语言,给语言以定理化和形式化的描述。它包括统计语言学、代数语言学、算法语言学。其中统计语言学就是用统计的方法处理语言资料,衡量各种语言的相关程度,比较不同作者的文体风格,确定不同时期的语言发展特征等。例如,苏联著名作家肖洛霍夫(M. A. Sholokhov,1905~1984)的长篇小说《静静的顿河》是一部讲述顿河哥萨克民族命运的名著,肖洛霍夫用 14 年的时间完成了这部"令人惊奇的佳作",并获得 1965 年的诺贝尔文学奖,成为苏联第一个获此奖的作家。但小说出版后,某些别有用心的人认为小说内容是抄袭一位名不见经传的哥萨克作家的,为弄清真相,一些学者利用统计语言学、借助计算机对照两位作家的作品,最后认定《静静的顿河》的作者是肖洛霍夫无疑。

例 9   在生物科学上的应用。

20 世纪中期,随着蛋白质空间结构的解析和 DNA 双螺旋结构的发现,开启了以遗传信息载体核酸和生命功能执行者蛋白质为主要研究对象的分子生物学时代。分子生物学更多的是注重经验而非抽象的理论或概念。传统的生物学家们大多关注定性的研究,以发现新基因或新蛋白质为主要目标,对于定量的研究,如分子动力学过程等,没有给予足够的重视。尽管 20 世纪的下半叶,现代生命科学领域中在没有足够定量研究的情况下,仍旧取得了丰硕的成果,但是,随着后基因组时代的到来,生物科学的研究者必须要具备定量研究能力和知识已是大势所趋了。

英国生物学家、遗传学家纳斯(P. Nurse,1949~)因细胞周期方面的卓越研究获得了 2001 年度诺贝尔生理学和医学奖。他曾在一篇回顾 20 世纪细胞周期研究的综述文章中这样写道:"我们需要进入一个更为抽象的陌生世界,一个不同于我们日常所想象的细胞活动的、能根据数学有效地进行分析的世界。"

思 考 题

1. 数学是一切科学的共同语言,如何理解这种观点?
2. 数学是一种工具,如何认识这种观点?
3. 数学是一门艺术,如何认识这种观点?
4. 数学定义中的"模型说"是如何界定数学的? 你认为合适吗?
5. 数学在你所学习或主修的专业中有哪些应用?
6. 你知道体育中用到了哪些高等数学知识吗? (如博弈论、决策论)

第2章 数 学 概 观

历史使人聪明,诗歌使人机智,数学使人精细,哲学使人深邃,道德使人严肃,逻辑与修辞使人善辩。

——培根(F. Bacon,1561~1626,英国思想家、哲学家)

如果我们要想预知数学的未来,最合适的途径就是研究数学这门科学的历史和现状。

——庞加莱(H. Poincaré,1854~1912,法国数学家)

如果不知道古希腊各代前辈所建立和发展的概念、方法和结果,我们就不可能理解近年来数学的目标,也不可能理解它的成就。

——外尔(H. Weyl,1885~1955,德国数学家)

在历史发展长河中,人类逐步积淀了丰富的数学知识,其中所蕴涵的精神、思想和方法是我们取之不尽、用之不竭的宝贵财富。随着时代的变迁和科学技术的进步,数学科学已经渗透到人类生活的各个领域。数学是一切科学学习的基础,唯有借助数学,才能显现万物背后隐藏的真理。具备一些必需的数学基本知识和一定的数学思想方法是现代人才的基本素质的重要组成部分。

2.1 数学科学的内容

大数学家高斯曾说过:"数学是科学之王,它常常屈尊去为天文学和其他自然科学效劳,但在所有的关系中,它都堪称第一。"

随着科学技术的迅猛发展,数学的地位日益提高,这是因为当今科学技术发展的一个重要特点是高度的、全面的定量化,定量化实际上就是数学化。因此,人们把数学看成是与自然科学、社会科学并列的一门科学,称为数学科学。

数学科学按其内容可大致分成五大学科:纯粹数学(基础数学)、应用数学、计算数学、运筹与控制、概率论与数理统计。

近半个多世纪以来,现代自然科学和技术的发展,正在改变着传统的学科分类与科学研究的方法。"数、理、化、天、地、生"这些曾经以纵向发展为主的基础学科与日新月异的技术相结合,使用数值、解析和图形并举的方法,推出了横跨多种学科门类的新兴领域,在数学科学内部也产生了新的研究领域和方法,如混沌、分形几何等。数学科学如同浩瀚的大海,至今已发展成拥有 100 多个学科分支的庞大体系。尽管如此,其核心领域还是:代数学(研究数的理论)、几何学(研究形的理论)、分析学(沟通形与数且涉及极限运算的部分)。它们构成了数学科学金字塔的底座。

数学科学的内容除了初等数学中的算术、代数、立体几何、平面解析几何包含的内容,大部分分散在数学系本科阶段的诸多课程内,如数学分析、高等代数、空间解析几何、常微分方程、复变函数、实变函数、泛函分析、近世代数、拓扑学、数论等。除此之外,大学本科阶段还要学习一些课程,这些课程不属于三大核心领域,但也是非常重要的。例如,关于随机数学、计算数学、模糊数学、最优化的理论和方法等内容的课程,这些课程的基础理论和计算的知识仍属于上述的三大核心领域。当然,数学科学还有很多更深的内容在本科阶段是接触不到的,而是放在数学专业的研究生阶段学习。

所谓随机数学就是指所研究的数学问题受随机因素的影响。随机数学的规律性是体现在对事件进行大量重复试验的基础之上,或者说是统计规律。现实中的系统与对象避免不了随机因素的影响,研究这类问题就必须运用随机数学的理论与方法。例如,人口统计、天文观测、产品质量控制、疾病预防、地震预报等问题的研究中就需要随机模型。因为随机因素的影响无处不在,所以随机数学的理论与方法将会更为迅速的发展与普及,其应用将越来越广泛地渗透到人类生产活动、科学研究的各个方面。大学本科阶段开设的课程中"概率论""数理统计"和"随机过程"就属于随机数学的范畴。

计算数学通俗讲就是"近似数学",是研究数值近似的理论和方法的科学。例如,对高于四次的代数方程来说,已经没有代数解法了,所以,要想把这些根准确地算出来,一般来说是非常困难甚至是不可能的,有时也没有必要,于是人们就用各种近似的方法来求这些解。对于一般的超越方程(超越方程是等号两边至少有一个含有未知量的初等超越函数式的方程,如指数方程、对数方程、三角方程、反三角方程等),也只能采用数值分析的方法。在遇到求定积分的时候,如何利用简单的函数去近似代替所给的函数,以便容易求解,也是计算方法的一个主要内容。微分方程的数值解法也是近似解法。在计算手段高度现代化的今天,研究新的算法尤为重要。大学本科阶段开设的课程中"计算方法"和"数值逼近"就属于计算数学的范畴。

模糊数学是研究和处理模糊性现象的一种数学理论和方法。在客观世界里,除了确定现象和随机现象,还普遍存在着模糊现象,对模糊现象的描述没有分明的数量界限。而模糊性又总是伴随着复杂性出现,许多复杂系统,如人脑系统、社会系统、航天系统等,参数和变量众多,各种因素交错,系统具有明显的模糊性。各门学科,尤其是近年来人文学科、社会学科及其他"软科学"的数学化、定量化趋势把模糊性的数学处理问题推向中心地位。更重要的是,随着电子计算机、控制论、系统科学的迅速发展,要使计算机能像人脑那样对复杂事物具有识别能力,就必须研究和处理模糊性。大学本科阶段开设的"模糊数学"课程阐述了模糊数学的理论、方法和应用。

最优化理论和方法中的"最优化"通俗讲就是指用尽可能小的代价,来获得尽可能大的效益。这是近几十年形成的应用数学学科,主要运用数学方法研究各种系统的优化途径及方案,为决策者提供科学决策的依据。其主要研究对象是各种有组织系统的管理问题及其生产经营活动,目的在于针对所研究的系统,求得一个合理运用人力、物力和财力的最佳方案,发挥和提高系统的效能,达到系统的最优目标。随着科学技术和生产经营的日益发展,最优化方法被广泛应用到公共管理、经济管理、国防等各个领域,发挥着越来越重要的作用。"运筹帷幄之中,决胜千里之外"就说明了合理决策的重要性。大学本科阶段开设的课程中"运筹学""组合优化"和"数学规划"就属于最优化理论和方法的范畴。

除了上述的数学课程,在数学专业研究的本科以上阶段,将会根据不同的专业分支学习更加专门的数学知识,尤其是近现代的数学前沿领域的知识,向更加艰深、高级的层次发展。

2.2   数学进展的大致概况

在对数学史分期问题上,普遍被大家接受的分法如下:

(1) 数学发源时期(公元前 6 世纪前);

(2) 初等数学时期(公元前 6 世纪~公元 17 世纪中叶);

(3) 近代数学时期(17 世纪中叶~19 世纪中叶);

(4) 现代数学时期(19 世纪中叶~至今)。

数学发展的历史非常悠久,大约在一万年以前,人类从生产实践中就逐渐形成了"数"与"形"的概念,但真正形成数学理论还是从古希腊人开始的。除去数学的发源时期,数学理论的形成和发展可大致分为三个阶段:17 世纪中叶以前是数学发展的初级阶段,其内容主要是常量数学,相当于现在我们学习的初等几何、初等代数中的数学知识;17 世纪中叶开始,数学发展进入变量数学阶段,产生了相当于我们现在学习的微积分、解析几何、高等代数的数学知识体系;从 19 世纪中叶开始,数学获得了巨大的发展,进入现代数学阶段,产生了实变函数、泛函分析、非欧几何、拓扑学、近世代数、计算数学、数理逻辑等诸多新的数学分支。

表 2.2.1 将数学理论的形成和发展的时间、研究对象,以及所对应的代表课程大致作一总结。

表 2.2.1

	初等数学阶段	近代数学阶段	现代数学阶段
时 间	17 世纪中叶前	17 世纪中叶~19 世纪中叶	19 世纪中叶~
对 象	常量 简单图形	变量 曲线、曲面(形与数统一)	集合、空间 构件、流形 (以集合和映射为工具)
代 表 课 程	初等代数 立体几何	数学分析 高等代数 解析几何	泛函分析 近世代数 拓扑学

2.2.1 数学发源时期(公元前 6 世纪以前)

公元前 6 世纪以前是人类建立最基本的数学概念的时期,从数数开始逐步建立了自然数的概念,形成了简单的计算方法,认识了最简单的几何图形,逐步形成了理论与证明之间逻辑关系的纯粹数学。这个时期的算术和几何没有分开,彼此紧密交错着。

世界不同年代出现的不同的进位制和各种符号系统,都说明了数学萌芽的多元性。但对早期数学贡献较多的有一些具有代表性的国家和地区,以下简述这些区域数学的贡献。

(1)古埃及的数学(公元前 4 世纪以前):古埃及人创造了巍峨雄伟的神庙和金字塔。例如,建于公元前 2600 年的吉萨金字塔(Giza Pyramids),其底面正方形的边长和金字塔高度的比例约为圆周率的一半,显示了埃及人极其精确的测量能力和较高的几何学知识,因为古埃及遗留的数学文献极少,所以金字塔蕴涵着许多现代人无法破解的数学之谜。

现存的古埃及最重要的数学文献是"纸草书",记载了现实生活中的诸多数学问题。例如,记数制,基本的算术运算,一次方程,正方形、矩形、等腰梯形等图形的面积公式,圆面积、锥体体积的近似公式,历史上第一个"化圆为方"的尝试公式。

(2)古巴比伦的数学(公元前 6 世纪中叶以前):古巴比伦是古代美索不达米亚(希腊文,意为河流之间)文明的代表,主要传世文献是"泥板",现发现的泥板文书中,约 300 多块是数学文献,记录了古巴比伦人的数学贡献。例如,发明了 60 进制计数系统,已知勾股数组,能解某些二次方程,建立了三角形、梯形的面积公式,给出了棱柱、方锥的体积公式,把圆周分成 360 等份等。

(3)古印度的数学(公元前 3 世纪以前):古印度著作《吠陀》成书于公元前 15世纪~前 5 世纪,历时 1000 年左右,是婆罗门教的经典,虽然大部分失传,但残存书稿的一部分《绳法经》,是印度最早的数学文献,包含了几何、代数的知识。例如,

毕达哥拉斯定理,记载了$\sqrt{2}$和圆周率 π 的近似值:

$$\sqrt{2}=1+\frac{1}{3}+\frac{1}{3\times4}-\frac{1}{3\times4\times34}\approx1.414215686,$$

$$\pi=4\left(1-\frac{1}{8}+\frac{1}{8\times29}-\frac{1}{8\times29\times6}+\frac{1}{8\times29\times6\times8}\right)^{2}\approx3.0883。$$

写在白桦树皮上的"巴克沙利手稿"记录了公元前 2 世纪～前 3 世纪的印度数学,内容丰富,涉及分数、平方根、数列、收支与利润计算、比例算法、级数求和、代数方程等,出现了完整的十进制数,其中用"·"表示"0",后才逐渐演变为现在的"0"。

(4) 西汉(公元前 202 年～公元 9 年)以前的中国数学:中国的夏代就知道"勾三股四弦五",商代已经使用完整的十进制记数,公元前 5 世纪出现了中国古代的计算工具——算筹,从春秋末期直到元末,算筹一直作为主要的计算工具。至春秋战国时代,开始出现严格的十进制筹算记数(筹算是中国古代的计算方法之一,以刻有数字的竹筹记数、运算),公元 400 年左右的《孙子算经》一书记载了这种记数方法:"凡算之法,先识其位,一纵十横,百立千僵,千十相望,万百相当。"中国传统数学的最大特点是建立在筹算基础之上。秦朝已经有了完整的"九九乘法口诀表"。为避免涂改,唐代后期,中国创用了一种商业大写数字,又称会计体:壹、贰、叁、肆、伍、陆、柒、捌、玖、拾、佰、仟、万。

2.2.2　初等数学时期(公元前 6 世纪～公元 17 世纪中叶)

初等数学时期也常称为常量数学时期,持续了 2000 多年。当时数学研究的主要对象是常量和不变的图形。公元前 6 世纪,希腊几何学的出现成为第一个转折点,数学由具体的实验阶段过渡到抽象的理论阶段,初等数学开始形成。此后又经历不断地发展、交流和丰富,最后形成算术、几何、代数、三角等独立的学科。这一时期的成果大致相当于现在中小学数学课程的主要内容。

初等数学时期的主要贡献包括古希腊数学、东方和欧洲文艺复兴时代的数学。

1. 古希腊数学

公元前 600 年～前 300 年,是古希腊数学的发端时期,这一阶段,先后出现许多对后世颇有影响的学派:爱奥尼亚学派、毕达哥拉斯学派、伊利亚学派、诡辩学派、柏拉图学派、亚里士多德学派。古希腊数学以几何定理的演绎推理为特征,具有公理化的模式。

(1) 泰勒斯(Tales of Miletus,约公元前 624～前 547)是爱奥尼亚学派的代表人物,希腊几何学的鼻祖,最早留名于世的数学家。其数学贡献主要是开创数学命题逻辑证明之先河,他证明了一些几何命题,例如,圆的直径将圆分成两个相等的部分,等腰三角形两底角相等,两相交直线形成的对顶角相等等等。

（2）毕达哥拉斯是古希腊时期最著名的数学家,曾师从爱奥尼亚学派。毕达哥拉斯学派的数学贡献有:认识到数学研究抽象概念;对自然数表现了极大关注,例如,发现完全数、亲和数;证明了毕达哥拉斯定理;该学派首先对正五角星作图（正五角星是该学派的标志）并认识到其中蕴含着黄金分割;该学派还发现了"不可公度量"（无理数）,引发"第一次数学危机"。

（3）芝诺（Zeno of Elea,约公元前 490～前 425）则是伊利亚学派的代表,毕达哥拉斯学派成员的学生。芝诺以著名的芝诺悖论留名数学史,"飞矢不动""阿基里斯追龟""游行队伍"等悖论将运动和静止、无限与有限、连续与离散的关系以非数学的形式提出,并进行了辩证的考察。

（4）安蒂丰（Antiphon the Sophist,约公元前 480～前 411）是诡辩学派的代表人物。诡辩学派（也称智人学派）,以雄辩著称。该学派深入研究了尺规作图的三大问题:三等分任意角、化圆为方（作一正方形,使其面积为一已知圆的面积）、倍立方（作一立方体,使其体积为一已知立方体体积的 2 倍）。安蒂丰在数学方面的突出成就是用"穷竭法"讨论化圆为方的问题,其中孕育着近代极限论的思想,使他成为古希腊"穷竭法"的始祖。

（5）柏拉图曾师从毕达哥拉斯学派,是哲学家苏格拉底（Socrates,公元前469～前 399）的学生。柏拉图学派笃信"上帝按几何原理行事",认为打开宇宙之谜的钥匙是数与几何图形,他们发展了用演绎逻辑方法系统整理零散数学知识的思想,是分析法与归谬法的创始者。柏拉图的认识论、数学哲学和数学教育思想,在古希腊的社会条件下,对于科学的形成和数学的发展,起了重要的推动作用。柏拉图是哲学家而非数学家,却赢得了"数学家的缔造者"的美誉。

（6）亚里士多德是柏拉图的学生,其名言"吾爱吾师,吾尤爱真理"流传后世。亚里士多德集古希腊哲学大成,把古希腊哲学推向最高峰,将前人使用的数学推理规律规范化和系统化,创立了独立的逻辑学,堪称"逻辑学之父"。他把形式逻辑的方法用于数学推理上,为欧几里得的演绎几何体系的形成奠定了方法论的基础。"矛盾律"和"排中律"已成为数学中间接证明的核心定律。

公元前 300 年～前 30 年,希腊定都亚历山大城,希腊数学进入亚历山大前期,也是希腊数学的黄金时代。先后出现了欧几里得、阿基米德和阿波罗尼奥斯三大数学家,他们的成就标志着古希腊数学的巅峰。

（1）欧几里得（Euclid of Alexandria,约公元前 325～前 265）是亚历山大学派的奠基人。欧几里得用逻辑方法把几何知识建成一座巍峨的大厦——《几何原本》,被后人奉为演绎推理的圣经,他的公理化思想和方法千古流传。《几何原本》是科学史上流传最广的伟大著作之一,已有各种文字版本 1000 多个。但《几何原本》并非完美的,其中的缺陷,如某些定义借助直观、公理系统不完备等,都在后来得到了改进。

（2）阿基米德（Archimedes of Syracuse，公元前 287～前 212）曾师从欧几里得的门生，其名言"给我一个支点，我就可以撬起地球"广为流传。阿基米德的杰出贡献在于发展了穷竭法，用于计算周长、面积或体积，通过计算圆内接和外切正 96 边形的周长，求得圆周率介于 $3\frac{10}{71}$ 至 $3\frac{1}{7}$ 之间（约为 3.14），是数学史上第一次给出科学求圆周率的方法。阿基米德的成果一直被推崇为创造性和精确性的典范，他的墓碑上刻着他本人最引以为豪的数学发现：球及其外切圆柱的图形。

（3）阿波罗尼奥斯（Apollonius of Perga，约公元前 262～前 190）曾师从欧几里得的门生。最重要的数学成就是以严谨的风格写成传世之作《圆锥曲线论》，全书共 8 卷，487 个命题，将圆锥曲线的性质讨论的极其详尽。阿波罗尼奥斯证明了三种圆锥曲线都可以由同一圆锥体截取而得，给出了抛物线、椭圆、双曲线等名称，并对它们的性质进行了广泛的讨论，涉及解析几何、近代微分几何、射影几何的一些课题，对后世有很大启发。

公元前 30 年～公元 600 年，史称古希腊数学的"亚历山大后期"。这段时期，罗马帝国建立，维理的希腊文明被务实的罗马文明代替，由于希腊文化的惯性影响和罗马统治者对自由研究的宽松态度，在相当长的时间里亚历山大城仍是学术中心，产生了一批杰出的数学家。

（1）托勒密发展了亚里士多德思想，建立了"地心说"。他最重要的著作是《天文学大成》（又称《至大论》），共 13 卷。这部著作总结了他之前的古代三角学知识，最有意义的贡献包括一张三角函数表，是历史上第一个有明确的构造原理并流传于世的系统的三角函数表。三角学的贡献是亚历山大后期最富有创造性的成就。

（2）丢番图（Diophantus of Alexandria，埃及，约 3 世纪）是古希腊时期著名的代数学家。亚历山大后期希腊数学的一个重要特征是突破了前期数学以几何学为中心的传统，使算术和代数成为独立的学科。古希腊算术和代数的最高标志是丢番图的著作《算术》，其中有一个著名的不定方程：将一个已知的平方数分为两个平方数之和。17 世纪法国数学家费马（P. de Fermat，1601～1665）在阅读《算术》时对该问题给出了一个边注，这就是举世瞩目的"费马大定理"。丢番图的另一个重要贡献是创用了一套缩写符号——一种"简化代数"，是真正意义的符号出现之前的一个重要阶段。

2. 中世纪的东西方数学

公元前 1 世纪～公元 14 世纪，是中国传统数学形成和兴盛时期。5 世纪～15 世纪的印度、阿拉伯以及欧洲数学主要发展了算术、初等代数和三角几何学。

（1）中国传统数学名著和中国古代数学家

据文献证实，中国传统数学体系在秦汉时期形成。

《周髀算经》(周髀是周朝测量日光影长的标杆)成书于西汉末年(约公元前 1 世纪),这是一部天文学著作,但涉及许多的数学知识,包括复杂的分数乘除运算、勾股定理等。

《九章算术》是中国传统数学中最重要的著作,成书于公元 1 世纪初,它是由历代多人修订、增补而成。全书共 9 卷,称为"九章",主要内容如下:

第一卷　方田:田亩面积的计算和分数的计算,是世界上最早对分数进行的系统叙述;

第二卷　粟米:粮食交易、计算商品单价等比例问题;

第三卷　衰分:依等级分配物资或摊派税收的比例分配问题;

第四卷　少广:开平方和开立方法;

第五卷　商功:土方体积、粮仓容积及劳力计算;

第六卷　均输:平均赋税和服役等更复杂的比例分配问题;

第七卷　盈不足:用双假设法解线性方程问题;

第八卷　方程:线性方程组解法和正负数;

第九卷　勾股:直角三角形解法。

《九章算术》完整叙述了当时已有的数学成就,标志着以筹算为基础的中国传统数学体系的形成,奠定了中国传统数学的基本框架,对其进一步发展影响深远。

公元 3 世纪的三国时期,赵爽(3 世纪,生卒不详)撰《周髀算经注》,作"勾股圆方图",用"弦图"证明了勾股定理,成为中国数学史上最先完成勾股定理证明的数学家。

263 年,魏晋时期的数学家刘徽(3 世纪,生卒不详)撰《九章算术注》,提出"析理以辞,解体用图",他对《九章算术》的方法、公式和定理进行一般的解释和推导,系统地阐述了中国传统数学的理论体系和数学原理,且多有创造。刘徽提出的"割圆术"所用到的极限思想和对圆周率 π 的估算值是他所处时代的辉煌成就,他的数学贡献使之成为了中国传统数学最具代表的人物之一。

南朝祖冲之(429～500)的著作《缀术》记载了他取得的圆周率的计算和球体体积推导的两大数学成就。祖冲之给出的圆周率 π 的近似值约率 $\frac{22}{7}$ 和密率 $\frac{355}{113}$ 被认为是数学史上的奇迹,他关于圆周率的工作使其成为在国外最有影响的中国古代数学家。

中国传统数学的成就在宋元时期达到顶峰,涌现出许多杰出的数学家和先进的计算技术。北宋的贾宪(11 世纪上半叶,生卒不详)创造了开方作法的"贾宪三角";沈括(1031～1095)的著作《梦溪笔谈》中记载了他对数学的贡献,包括"会圆术"(解决由弦求弧的问题)和"隙积术"(开创了研究高阶等差级数的先河);金元时期的李冶(1192～1279)在著作《测圆海镜》中首次论述了解一元高次方程方法的

"天元术";南宋的秦九韶(约 1202~1261)于 1247 年完成数学名著《数书九章》,其中的两项贡献尤为突出:一是发展了一次同余方程组解法,创造了现称"中国剩余定理"的"大衍求一术";二是总结了高次方程的数值解法,提出了现称"秦九韶法"的"正负开方术"。这两项贡献使得宋代算书在中世纪世界数学史上占有突出地位;南宋的杨辉(13 世纪,生卒不详)1261 年的数学专著《详解九章算法》中的主要贡献包括"垛积术"和"杨辉三角";元代数学家朱世杰(约 1260~1320)在 1299 年和 1303 年分别完成两部代表作《算学启蒙》和《四元玉鉴》,是中国宋元时期数学高峰的标志之一,主要贡献有"四元术"(列解多元高次方程的解法,未知数堆垛可达四个)和"招差术"(四次内插公式)。

李冶、秦九韶、杨辉和朱世杰在中算史上称为宋元四大数学家。由于历史渊源和独特的发展道路,决定了中国传统数学的重要特点:追求实用、注重算法、寓理于算。尤其以计算为中心,具有程序性和机械性的算法化模式的特点。

(2) 印度、阿拉伯及欧洲的数学家及数学成就

中世纪的国外数学以印度、阿拉伯地区以及欧洲的数学成果为主。

公元 5 世纪~12 世纪是印度数学的繁荣时期,保持了东方数学以计算为中心的实用化特点,主要贡献是算术与代数。阿耶波多第一(Āryabhata Ⅰ,约 476~550)是印度科学史上的重要人物,数学上的突出贡献是改进了希腊的三角学,制作正弦表,计算了 π 的近似值,在古印度首次研究一次不定方程。婆罗摩笈多(Brahmagupta,约 598~665)在 628 年发表著作《婆罗摩修正体系》(宇宙的开端),其中讲到算术与代数。婆什迦罗第二(Bhāskara Ⅱ,约 1114~1185)著有《算法本源》和《莉拉沃蒂》两部重要的数学著作,主要探讨算术和代数问题。印度数学成就在世界数学史上占有重要地位,许多数学知识由印度经阿拉伯国家传入欧洲,促进了欧洲中世纪时期的数学发展。但是,印度数学著作叙述过于简练,命题或定理的证明常被省略,又常以诗歌的形式出现,加之浓厚的宗教色彩,致使其晦涩难读。

公元 8 世纪~15 世纪,阿拉伯帝国统治下的各民族共同创造了"阿拉伯数学"。早期的花拉子米(al-Khwārizmī,783~850)820 年出版了《还原与对消的科学》,即后来传入欧洲的《代数学》,该著作以逻辑严密、系统性强、通俗易懂和联系实际等特点被称为"代数教科书的鼻祖"。花拉子米的另一部著作《算法》系统介绍了印度数码和十进制记数法,这本书于 12 世纪传入欧洲并被广泛传播。中期的奥马·海亚姆(Omar Khayyām,1048~1131)1070 年著有《还原与对消问题的论证》一书,其中杰出的数学贡献是研究三次方程根的几何作图法,提出用圆锥曲线图求根的理论。这一创造,使代数和几何的联系更加紧密,成为阿拉伯数学最重大成就之一。后期的纳西尔丁(Nasīr al-Dīn,1201~1274)最重要的数学著作《论完全四边形》是数学史上流传至今的最早的三角学专著,其中首次陈述了正弦定理。卡西(al-Kāshī,约 1380~1429)1427 年著有传世百科全书《算术之匙》,其中有十进制记

数法、整数的开方、高次方程的数值解法,以及贾宪三角等中国数学的精华。

公元 5 世纪～11 世纪是欧洲历史上的黑暗时期,教会成为社会的绝对势力,宣扬天启真理,对自然不感兴趣,期间的希腊学术几乎绝迹,没有像样的发明创造,也少见有价值的科学著作。12 世纪是欧洲数学的翻译时期,希腊的著作从阿拉伯文译成拉丁文传入欧洲。欧洲人了解到希腊和阿拉伯数学,构成后来欧洲数学发展的基础。欧洲黑暗时期过后,第一位有影响的数学家,也是中世纪欧洲最杰出的数学家是斐波那契,他 1202 年编著的代表作《算盘书》讲述算术和算法,内容丰富、方法有效、习题多样、论证令人信服,一度风行欧洲,名列 12 世纪～14 世纪数学著作之冠,成为中世纪数学的一枝独秀。1228 年,《算盘书》的修订本载有"兔子问题"(某人养了一对兔子,假定每对兔子每月生一对小兔,而小兔出生后两个月就能生育。问从这对兔子开始,一年内能繁殖多少对兔子?)对这个问题的回答,产生了著名的"斐波那契数列",这是欧洲最早出现的递推数列,在理论和应用上都有巨大价值。斐波那契的另一部重要著作是 1225 年编著的《平方数书》,这部著作奠定了斐波那契作为数论学家的地位。

2.2.3 近代数学时期(17 世纪中叶～19 世纪中叶)

近代数学时期也常称变量数学时期。

14 世纪～16 世纪的文艺复兴运动卷起的历史狂飙,催生出欧洲新生的资产阶级文化,同时加速了数学从古典向近代转变的步伐。17 世纪解析几何、微积分出现,产生了变量、函数和极限的概念,变量数学时期开始。这一阶段也使得欧洲跃起为世界数学的中心。

1. 解析几何

变量数学建立的第一个里程碑是 1637 年笛卡儿的著作《几何学》。《几何学》阐释了解析几何的基本思想:在平面上引入坐标系,建立平面上的点和有序实数对之间的一一对应关系,其中心思想是通过代数的方法解决几何的问题,最主要的观点是使用代数方程表示曲线。解析几何的三部曲就是:发明坐标系、认识数形关系、作函数 $y=f(x)$ 的图形。

"坐标"一出现,变量就进入了数学,于是运动也就进入了数学。在这之前,数学中占统治地位的是常量,而这之后,数学转向研究变量了。

笛卡儿方法论原理的本旨是寻求发现真理的一般方法,他称自己设想的一般方法为"通用数学",思想是:任何问题⇒数学问题⇒代数问题⇒方程求解。

笛卡儿还提出了自己的一套符号法则,改进了韦达(F. Viete,法,1540～1630)创造的符号系统。笛卡儿之前,从古希腊起在数学中占优势地位的是几何学,解析几何则使得代数获得了更广的意义和更高的地位。

2. 微积分

17 世纪后半叶,牛顿和莱布尼茨(G. W. Leibniz,德,1646～1716)共同创立的微积分是变量数学发展的第二个里程碑。当然,在此之前的许多数学家做了大量的准备工作。

微积分的出现是科学史上划时代的事件,解决了许多工业革命中迫切需要解决的大量有关运动变化的实际问题,展示了它无穷的威力。但初期的微积分逻辑基础不完善,后来形成的极限理论及实数理论才真正奠定了微积分的逻辑基础。

微积分还在应用中推动了许多新的数学分支的发展。例如,常微分方程、偏微分方程、级数理论、变分法、微分几何等,所有这些理论都是由于力学、物理学、天文学和各种生产技术问题的需要而产生和发展的。对这些数学分支,作出贡献的有欧拉、拉普拉斯(P. S. M. de Laplace,法,1749～1827)、勒让德(A. M. Legendre,法,1752～1833)、蒙日(G. Monge,法,1746～1818)、柯西(A. L. Cauchy,法,1789～1857)、高斯等一大批数学家。

微积分以及其中的变量、函数和极限等概念,运动、变化的思想,使辩证法渗入了全部近代数学,并使数学成为精确地表述自然科学和技术的规律及有效地解决问题的有力工具。

3. 其他

17 世纪,与解析几何同时产生的还有射影几何,纯粹几何方法在射影几何中占统治地位。这一时期的代数学的主体仍然是代数方程。18 世纪末,高斯给出了代数学基本定理(复系数 $n(n>0)$ 次多项式在复数域内恰有 n 个根(k 重根按 k 个计))及其证明。对于五次方程的求根问题,许多数学家做了有益的工作,虽没有最终解决,但也为后来代数方程的发展奠定了良好的基础。这一时期的线性方程组理论和行列式理论也有了较大的进展。由于费马、欧拉、高斯等的工作,数论也在古典数论的基础上有了较大的进步。

18 世纪,由微积分、微分方程、变分法等构成的"分析学",已经成为与代数学、几何学并列的三大学科之一,并且在 18 世纪里,其繁荣程度远远超过了代数学和几何学。这一时期的数学及后来完善与补充的内容,构成了"高等数学"课程的核心。

2.2.4　现代数学时期(19 世纪中叶～)

现代数学时期的数学主要研究最一般的数量关系和空间形式,通常的数量及通常的一维、二维、三维的几何图形是其特殊的情形。这一时期也是代数学和几何学的解放时期。整个现代数学的基础和主体是抽象代数、拓扑学和泛函分析。变量数学时期开创了许多新兴学科,数学的内容和方法逐步得以充实、加深,不断向前发展。

1. 非欧几何——几何学的解放

大约在 1826 年,俄国数学家罗巴切夫斯基(N. I. Lobaceviskii,1792~1856)和匈牙利数学家鲍耶(J. Bolyai,1802~1860)首先提出了非欧几何之一——罗巴切夫斯基几何学。1854 年,德国数学家黎曼提出了非欧几何的另一支——黎曼几何学。非欧几何的出现,改变了欧几里得几何学是唯一几何学的传统观点,它的革命性思想为新几何开辟了道路,人类得以突破感官的局限而深入到揭示自然更深刻的本质。1899 年,德国数学家希尔伯特研究了几何学的基础问题,提出了几何学的现代公理系统及构造原则,弥补了欧氏几何学的不足。

2. 群论——代数学的解放

1843 年,哈密顿(W. R. Hamiltom,英,1805~1865)发现了一种乘法交换律不成立的代数——四元数代数。不可交换代数的出现,打破了一般的算术代数是唯一代数的传统观点,它的创新思想打开了近代代数学的大门。19 世纪 20~30 年代,在研究高次方程的可解条件过程中,法国数学家伽罗瓦提出了群论,开创了近世代数学的研究。此后,多种代数系统(环、域、格、布尔代数等)被建立起来了。代数学的研究对象扩大为向量、矩阵等,并逐渐转向研究代数系统结构本身。

3. 分析的算术化

1872 年,德国数学家魏尔斯特拉斯(K. Weierstrass,1815~1897)构造了著名的“处处连续而处处不可导的函数”的例子,说明即使是连续函数也可以是很复杂的。这个例子迫使人们对分析基础作深刻的理解,魏尔斯特拉斯提出了“分析的算术化”的思想,即实数系本身最先应严格化,然后分析的所有概念应该由此数系导出。

在分析的算术化进程中,许多数学家做出了贡献。1817 年,波尔查诺(B. Bolzano,捷,1781~1848)在《纯粹分析的证明》中首次给出连续、微分、导数的恰当定义,提出“确界原理”。1821 年,法国数学家柯西在其著作《分析教程》中定义了极限、收敛、连续、导数、微分,证明了微积分基本定理、微分中值定理,给出了无穷级数的收敛条件,提出“收敛准则”。1854 年,德国数学家黎曼定义了有界函数的积分。19 世纪 60 年代,德国数学家魏尔斯特拉斯提出“ε-δ 语言”“单调有界原理”。1875 年,达布(J. G. Darboux,法,1842~1917)提出大和、小和的概念。1872 年海涅(H. E. Heine,德,1821~1881)和 1895 年博雷尔提出“有限覆盖定理”。1872 年戴德金(R. Dedekind,德,1831~1916)提出分割理论。1892 年,巴赫曼(P.

Bachmann,德,1837~1920)提出"区间套原理"。

实数的定义及其完备性的确立,标志着由魏尔斯特拉斯倡导的分析的算术化运动的大致完成。19 世纪后期,数学家们证明了实数系(由此导出多种数学)能从确立自然数系的公理集中导出。20 世纪初,数学家们又证明了自然数可用集合论概念来定义,因而各种数学能以集合论为基础来论述。集合论中悖论的出现又导致了数理逻辑学的产生和三大数学学派的出现。

4. 边缘学科及应用数学分支大量涌现

20 世纪 40~50 年代,随着科学技术日趋定量化的要求和电子计算机的发明和应用,数学几乎渗透到所有的科学部门中,从而形成了许多边缘学科,如生物数学、数理语言学、计量经济学等。应用数学也得到了长足的发展,一大批具有独特数学方法的应用学科涌现出来,例如,运筹学、密码学、模糊数学、计算数学等。

现代数学呈现出多姿多彩的局面,主要特点表现在:数学的对象、内容在深度和广度上有了很大的发展;数学不断分化、不断综合;电子计算机介入数学领域,产生了巨大而深远的影响;数学渗透到几乎所有的科学领域,发挥越来越大的作用。

2.3 数学科学的特点与数学的精神

尽管人们很难统一对数学的定义,但对于数学科学的显著特点的认识却很一致,那就是:第一是抽象性;第二是精确性;第三是应用的广泛性。

2.3.1 数学科学的特点

1. 抽象性

众所周知,全部数学概念都具有抽象性,但又都有非常现实的背景。数学所研究的"数"和"形"与现实世界中的物质内涵往往没有直接关系。例如,数 1,可以是 1 个人,也可以是 1 亩地或其他别的一个单位的东西;一张球面既可以代表一个足球面,也可以代表一个乒乓球面等;二次函数 $y=ax^2+bx+c$,可以表示炮弹飞行的路线,振动物体所释放的能量和自然界中质量和能量的转化关系等;一元函数 $y=f(x)$ 的导数 $\dfrac{\mathrm{d}y}{\mathrm{d}x}$ 可以表示做变速直线运动的物体的瞬时速度,也可以表示平面曲线切线的斜率,还可以表示质量分布非均匀细棒的密度等,除了数学概念,数学的抽象性还表现在数学的结论中,更体现在进行推理计算的数学研究的过程之中。

数学的抽象有别于其他学科的抽象,其抽象的特点在于:
(1) 在数学抽象中保留了量的关系和空间形式而舍弃了其他。
随着人类实践的发展,这里量和空间形式的概念包含的内容越来越丰富。古典数学中通常的"形"和"数"已经演变为现代数学中的数学的关系结构系统。

(2) 数学的抽象是一级一级逐步提高的,它们所达到的抽象程度大大超过了其他学科中的一般抽象。

现代数学发展的一个重要特点就在于它的研究对象从具有直观意义的量的关系和空间形式扩展到了可能的量的关系和空间形式,这表明了数学抽象所达到的特殊高度。

(3) 数学本身几乎完全周旋于抽象概念和它们相互关系的圈子之中。

数学对象借助明确的概念进行构造,再通过逻辑推理,数学对象才能由内在的思维活动转化为外部的独立存在,相应的数学结论才能摆脱思维活动所具有的个体性,获得作为科学知识所必须具有的普遍性。

数学中的抽象思维是数学家必须具备的素质。把现实世界的一个具体问题"翻译"成一个数学问题,就是一个"抽象"的过程。把直觉的认识上升到理性认识,也需要抽象。数学中研究问题的方法,常常是先特殊后一般、先简单后复杂、先有限后无限,但不能把特殊的、简单的、有限的情形全部照搬到一般的、复杂的、无限的情形。有的可以推广,但是是有条件的,这种推广就是抽象的过程。学习数学的时候就应该注重抽象思维能力的培养。事实上,数学的发展过程就是常量与变量、直与曲、简单与复杂、特殊与一般、有限与无限互相转化的过程,这个转化过程实际上就是数学家辩证思维的体现。

2. 精确性

数学的精确性表现在数学定义的准确性,推理和计算的逻辑严密性以及数学结论的确定无疑与无可争辩性。数学中的严谨推理和一丝不苟的计算,使得每个数学结论都是牢固的、不可动摇的。这种思想方法不仅培养了科学家,而且它也有助于提高人的科学文化素质,它是全人类共有的精神财富。

所谓严密性就是指数学中的一切结论只有经过用可以接受的证明证实之后才能被认为是正确的。在数学中只有"是"与"非",没有中间地带。要说"是"必须证明,要说"非"应举出反例。这个事实决定了数学家的思维方式与物理学家或其他工程技术专家的思维方式有所不同。有人认为"哥德巴赫猜想"是对的,因为你举不出一个反例来,但是数学家不认同这种说法,数学家要证明这个猜想是正确的。四色地图问题(任何地图上如果相邻地区都不是在一点处相邻,那么要区别地图上所有的国家,只要四种颜色就足够了)尽管在 1976 年被美国数学家阿佩尔(K. Appel)与哈肯(W. Haken)给出了一个证明,他们把这个问题归结为考虑大约 2000 个不同地图的特征,然后编制程序,使用计算机解决了数学问题,但是数学家还是希望能找到一个分析证明,通过严密的逻辑推理解决四色地图问题。

数学理论的严密性就要求学习数学的人在学习过程中,不仅要做习题,掌握解题的方法,而且要重视和学会证明结论的思想和技巧,理解数学问题背后的精神和方法。强调证明,不是说不要几何直观(直觉),不要例证(验证)。在学习数学、研究数学时,直观和例证都是重要的,能启发人们的思维,但直观和例证不能代替严密的证明。

3. 应用的广泛性

数学的高度抽象性决定了数学应用的广泛性。1959 年 5 月,数学家华罗庚(1910~1985)在人民日报上发表了《大哉数学之为用》的文章,精辟地论述了数学的广泛应用:"宇宙之大,粒子之微,火箭之速,化工之巧,地球之变,生物之谜,日用之繁等各方面,无处不有数学的贡献。"

我们的现实生活和科学研究中,少不了和"量"打交道,凡是出现"量"的地方就少不了用到数学,研究量的关系、量的变化关系、量的关系的变化等现象都离不开数学。今天,数学之应用已经贯穿到一切科学部门的深处,成为科学研究的有力工具,缺少了它就不能准确刻画出客观事物的变化,更不能由已知数据推出其他数据,因而就减少了科学预见的准确性。伟大的导师马克思(K. Marx,德,1818~1883)说过:"一门科学,只有在其中成功地使用了数学,才算真正发展了。"印度数理统计学家拉奥(A. N. Rao,1920~)也曾说过:"一个国家的科学水平可以用它消耗的数学来度量。"历史证明了这一点。

回顾人类历史上的重大科学技术进步,数学在其中发挥的作用是非常关键的。

例 1(航空航天) 牛顿 17 世纪就已经通过数学计算预见了发射人造天体的可能性。19 世纪麦克斯韦方程从数学上论证了电磁波的存在,其后赫兹通过实验发现了电磁波,接着就出现了电磁波声光信息传递技术,使得曾经只存在于人们幻想之中的"顺风耳""千里眼""空中飞行"和"探索太空"等都成为现实。

值得一提的是,干扰和失真是电磁波通信的一大难题。早在 20 世纪 60 年代太空开发初期,美国施行阿波罗登月计划,发现由于太空中过强的干扰,无论依靠怎样精密的电子硬件设备,也无法收到任何有用的信息,更不用说操纵控制了,后来采用了信息数字化、纠错编码、数字滤波等一整套数学和控制技术之后,载人登月的计划才得以顺利完成。

例 2(能量能源) 爱因斯坦(A. Einstein,德-美,1879~1955)相对论的质能公式 $E=mc^2$(其中 E 表示能量,m 表示质量,c 表示光速),首先从数学上论证了原子反应将释放出巨大能量,预示了原子能时代的来临。随后人们在技术上实现了这一预见,到了今天,原子能已成为发达国家电力能源的主要组成部分。

例 3(计算机) 电子数字计算机的诞生和发展完全是在数学理论的指导下进行的。数学家图灵(A. M. Turing,英,1912~1954)和冯·诺依曼的研究对这一重大科学技术进步起了关键性的推动作用。

例4（生命科学）　遗传与变异现象早就为人们所注意,生产和生活中也曾培养过动植物新品种,但遗传的机制却很长时间得不到合理解释,直到19世纪60年代,孟德尔(G. J. Mendel,奥,1822~1884)以组合数学模型来解释他通过长达8年的实验观察得到的遗传统计资料,从而预见了遗传基因的存在性。20世纪50年代美国生物学家沃森(J. D. Watson,1928~)和英国科学家克里克(F. Crick,1916~2004)借助代数拓扑中的扭结理论发现了DNA分子的双螺旋结构——遗传基因的实际承载体。此后,数学更深刻地进入遗传密码的破译研究。

例5（国民经济）　20世纪前半叶,日本和美国都投入大量资金和人力进行电视清晰度的有关研究,日本起步最早,所研究的是模拟式的;美国起步稍晚,但所研究的是数字式的。经过多年较量,数字式以其绝对的优越性取得关键性胜利,得到世界多数国家认可。今天,电视屏幕还可以通过联网成为信息传递处理的工作面,数学技术在如此重要项目的激烈较量中起了决定作用。

例6（现代战争）　1991年的海湾战争是一场现代高科技战争,其核心技术竟然是数学技术。在海湾战争中,多国部队方面使用一套数字通信与控制技术把对方干扰得既聋又瞎,而让自己方面的信息畅通无阻。采用精密的数学技术,可以在短短数十秒的时间内准确拦截对方发射的导弹,又可以引导我方发射导弹准确击中对方的目标。美国总结海湾战争经验得出的结论是:"未来的战场是数字化的战争。"

例7（地震预报）　地震是地壳快速释放能量过程中造成振动而产生地震波的一种自然现象。大地震常常造成严重人员伤亡,财产损失,还可能造成海啸、滑坡等次生灾害。2008年,美国科学家利用数学模型进行地震预测,预测到未来30年加利福尼亚州南部可能面临7.7级大地震而遭受巨大损失。加利福尼亚州地处美国的地震活跃带,20世纪,在加利福尼亚州北部就发生了1906年、1989年两次旧金山大地震,1906年的强度甚至达到可怕的8.6级。

例8（地质勘探）　当今社会的生产和生活离不开石油,石油勘探需要了解地层结构。多年来,人们已经发展了一整套数学模型和数学程序。目前,石油勘探与生产普遍采用的数学技术是:首先发射地震波,然后将各个层面反射回来的信息收集起来,用数学方法进行分析处理,就能将地层各个剖面的图像和地层结构的全貌展现出来。

例9（医疗诊断）　在医疗诊断方面,医生需要了解患者身体内部和器官内部的状况与变异,最早的调光片将骨骼和各种器官全都重叠在一起,往往难以辨认。现在有了一整套的基于数学原理的CT扫描或MRI技术,可以借助精密设备收集射线穿透人体或磁共振带出的信息,将人体各个层面的状况清晰地呈现出来。

20世纪90年代,美国国家研究委员会公布了两份重要报告《人人关心数学教育的未来》和《振兴美国数学——90年代的计划》。两份报告都提到:近半个世纪以来,有三个时期数学的应用受到特别重视,促进了数学的爆炸性发展:一是第二次世界大战促成了许多新的强有力的数学方法的发展;二是 1957 年苏联人造卫星发射的刺激,美国政府增加投入,促进了数学研究与数学教育的发展;三是 20 世纪计算机的广泛使用扩大了对数学的需求。

20 世纪中叶以后,科学技术迅猛发展,使得数学理论研究与实际应用之间的时间差大大缩短,信息的数字化和数学处理已成为几乎所有高科技项目共同的核心技术,从事先设计、制定方案,到试验探索、不断改进,再到指挥控制、具体操作,处处倚重于数学技术,数学技术成为了一种应用最广泛的重要的实用技术。

大量实例说明无论在实际的生产生活中,还是科学技术方面,数学都起着非常重要的作用,科学技术和生产的发展对数学提出了空前的需求,我们必须把握时机,加强数学研究与数学教育,提高全民族的数学素质,更好地迎接未来的挑战。

2.3.2 数学的精神

数学科学的特点决定了数学背后的精神,而数学家是数学精神的承载者,数学家的思维特点归纳起来就是思维的严谨性、抽象性、灵活性及批判性。此外,数学家还具备非同常人的直觉、想象、美感和审美能力。特别地,数学家身上具备勤奋刻苦、甘于寂寞、勇于拼搏和不断进取的精神,他们发自内心喜爱甚至痴迷数学,陶醉于数学之美,追寻精神之自由。

下面看几个例子,体会数学家所追求的数学精神。

$\sqrt{2}$ 是一个无理数,并且它是代数方程 $x^2-2=0$ 的根;$\dfrac{\sqrt{5}-1}{2}$ 也是一个无理数,并且它是方程 $x^2+x-1=0$ 的根,$\sqrt{2}$,$\dfrac{\sqrt{5}-1}{2}$ 等一类无理数称为代数无理数。π 虽是无理数,但它不是任何有理系数多项式的零点或相应方程的根,因此,π 称为超越无理数。19 世纪下半叶,数学家不仅证明了 π 是无理数,而且还证明了它不是代数无理数,即证明了它是超越无理数。证明 π 为一超越数是一项很艰难的工作,完成这一证明也是对无理数 π 的认识的一个飞跃。几千年前,人们就在思考圆周长与其直径之比,即圆周率。两百多年前,人们才用 π 这样一个希腊字母表示它,一百多年前才证明它不仅是无理数,还是一个超越数。现实生活里,一般人记得 π 的前 4 位近似小数就够了,即使是土木工程师,记得 π 的前 7 位近似小数也够用了,如果要计算地球周长并要求精确到一英寸之内,也只需要用到 π 的前 10 位近似小数。如果讲实用,人们用不着计算冗长的更多位数的小数了,但是,我国南北朝时期的数学家祖冲之就已算到了 π 的 7 位小数,16 世纪的欧洲人算到 35 位。近代有了计算机之后,能够算到更多位,1958 年算到了 π 的一万位小数,1987 年算到了一亿位以上,1995 年算到了 40 多亿位。没有计算机,这一结果是难以想象的,如果将这 40 多亿位数字打印出来,需用厚厚的一万本书(每本书 40 多万字)!对 π 的这种深入认识,主要体现了数学家探索真理的一种精神。

数学家还能够透过表象,通过严谨的推理得到超乎想象的、与情理的推断似乎相矛盾的结果。一个简单的微积分中的例子是:由双曲线 $y=\dfrac{1}{x}$ 在 $x \geqslant 1$ 的部分绕 x 轴旋转所得的旋转曲面称为加百列(Gabriel,是圣经中的报喜天使的名字)喇叭,可以证明这个喇叭所围的体积是有限的,而它的表面积却是无限的。通俗讲,人们可以用有限的涂料把喇叭填满,但绝不可能有足够的涂料把喇叭的表面涂满。再如,在分形几何学中,柯克(Koch)曲线是面积有限而周长无限的图形,这些结论实在令人难以想象,这是数学之所以迷人的一个特点,也是令数学家着迷的地方。

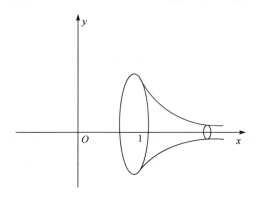

图 2.2.1　加百列喇叭

1914 年,德国数学家豪斯多夫(F. Hausdorff,1868~1942)证明了:一张球面,除了一个可数集,可以分解为有限块,并且可以通过刚体运动重新拼合成两张球面,且每张球面都具有和原球面相等的半径。10 年以后,波兰数学家巴拿赫(S. Banach,1892~1945)和塔尔斯基(A. Tarski,波-美,1902~1983)证明了实心球也有同样的性质,而且无须除掉一个可数集。按照他们的结果,地球可以分解为有限块,然后再拼成和原来地球一样大的两个地球。后来,冯·诺依曼对这个惊人的事实作了补充,证明了:把一张球面分解为两张有同样半径的球面,只需分成 9 块。1947 年,罗宾逊(A. Robinson,德,1918~1974)又作了改进,证明分成 5 块就够了。5 块是不是最好的结果?数学家在继续思索,还要精益求精。

数学作为世界上所有教育系统的学科金字塔的塔基,是古老但又生机盎然的科学,它从生产实践和科学研究所涉及的其他学科中汲取营养和动力,反过来向对方提供思想、概念、问题和解决的办法。今天,有无数未解决的数学问题,有形形色色未开垦的数学领域,等待富有想象力、有创新和拼搏精神、有执著信念的人们去征服!

思　考　题

1. 数学科学的内容有哪些?
2. 阐述数学科学的特点;阐述数学抽象性的特点。
3. 中国传统数学与西方数学相比较,有哪些重要的特点?
4. 简述数学进展的大致概况。
5. 举例说明数学在生产生活等领域的广泛而重要的应用。
6. 德国近代数学家克莱因曾说:"音乐能激发或抚慰情怀,绘画使人赏心悦目,诗歌能动人心弦,哲学使人获得智慧,科学可改善物质生活,但数学能给予以上的一切。"如何理解?

名　人　小　撰

1. 自学成才,独步中华——华罗庚(1910~1985)。

　　1910 年 11 月 12 日,华罗庚出生于江苏金坛。他幼时爱动脑思考,因思考问题过于专心被同伴戏称为"罗呆子"。华罗庚进入金坛县立初中后,其数学才能被老师发现,并尽心予以培养。初中毕业后,华罗庚曾入上海中华职业学校就读,因拿不出学费而中途退学,帮助父母打理杂货店,故一生只有初中文凭。此后,他开始顽强自学,用 5 年时间学完了高中和大学低年级的全部数学课程。1928 年,他不幸染上伤寒,落下腿部残疾。1930 年,他在杂志上发表了一篇关于五次方程的论文轰动数学界,被清华大学算学系主任熊庆来(1893~1969)破例于 1931 年请去任清华大学数学系助理员。从 1931 年起,华罗庚在清华大学边工作边学习,用一年半时间学完了数学系全部课程并自学了英、法、德语,在国外杂志上发表了 3 篇论文,1933 年被破格聘任为助教,1935 年被提升为教员。1936 年,华罗庚被保送到英国剑桥大学进修,两年中发表了 10 多篇论文,引起国际数学界赞赏。1938 年,在抗日的烽火中,华罗庚毅然回国,在西南联大任教,并艰难地写出名著《堆垒素数论》。1946 年 7 月,他应普林斯顿大学邀请去美国研究与讲学,并于 1948 年被美国伊利诺伊大学聘为终身教授。

　　1949 年中华人民共和国成立,华罗庚毅然放弃伊利诺伊大学的优裕生活,携全家返回祖国。他在归国途中发表了《致中国全体留美学生的公开信》,在信中深情地说:"梁园虽好,非久居之乡,归去来兮!"1950 年 2 月回国后,华罗庚任清华大学数学系教授,并着手筹建中国科学院数学研究所,1952 年,他出任中国科学院数学研究所第一任所长。20世纪50年代,在百花齐放、百家争鸣的学术空气下,华罗庚著述颇丰,同时还发现和培养了王元(1930～)、陈景润(1933～1996)等数学人才。1956年,他着手筹建中国科学院计算数学研究所。1958年,他担任中国科技大学副校长兼数学系主任。从1960年起,华罗庚开始在工农业生产中推广统筹法和优选法,足迹遍及全国,创造了很好的经济效益。1966年,"文化大革命"的十年浩劫中,他遭受批判,被抄家,手稿遗失殆尽。1978年,华罗庚出任中国科学院副院长并于翌年入党。晚年的他不顾年老体衰,仍奔波在建设第一线。他还多次应邀赴欧美及香港地区讲学,先后被法国南锡大学、美国伊利诺依大学、香港中文大学授予荣誉博士学位,并于1982年全票当选为美国科学院外籍院士,1983年当选为第三世界科学院院士。1985年6月12日,华罗庚在日本东京作学术报告时,因心脏病突发不幸逝世。

华罗庚虽然只有初中学历,但他自学成才,经过艰苦的努力成为国际公认的世界级数学大师,在他研究的数论、代数、矩阵几何学、多复变函数论、调和分析与应用数学的众多领域中,都有以他的名字命名的定理与方法。华罗庚为中国和世界的数学事业做出了巨大贡献。

华罗庚有名言:"埋头苦干是第一,熟练生出百巧来,勤能补拙是良训,一份辛勤一份才。""人做了书的奴隶,便把活人带死了。把书作为人的工具,则书本上的知识便活了,有生命了。"

2. 数学当歌,人生几何——陈省身(美籍华人,1911～2004)。

1911年10月28日,陈省身出生于浙江嘉兴。他少年时就对数学产生浓厚的兴趣,喜欢独立思考,自主发展。1926年,年仅15岁的陈省身考入南开大学数学系,1931年考入清华大学研究院,师从中国微分几何先驱孙光远(1900～1979),1934年硕士毕业,成为中国国内最早的数学研究生之一。同年,陈省身得到奖学金资助,赴德国汉堡大学数学系留学,师从著名几何学家布拉希开(W. Blaschke,1885～1962),在布拉希开研究室完成了博士学位论文,研究的是嘉当方法在微分几何中的应用。1936年初,陈省身获得博士学位,之后来到法国巴黎。1936初到1937年夏,他在法国著名几何学大师嘉当(E. Cartan,1869～1951)那里从事研究,度过了一段紧张而愉快的时光,受益匪浅。1937年夏,陈省身回国,担任西南联合大学教授。1943年后,他前往美国,历任美国普林斯顿高等研究所研究员,芝加哥大学、伯克利加州大学终身教授等。1985年,陈省身在南开大学创办数学研究所,先后培养造就了一批世界知名的数学家,为我国及世界数学事业的发展做出了杰出贡献!2000年,陈省身定居天津南开大学,2004年12月3日,因病逝世。

陈省身的数学工作范围极广,包括微分几何、拓扑学、微分方程、代数、几何、李群等很多方面。他是创立现代微分几何学的大师。早在 20 世纪 40 年代,他结合微分几何与拓扑学的方法,完成了黎曼流形的高斯-博内一般形式和埃尔米特流形的示性类论。并首次应用纤维丛概念于微分几何的研究,引进了后来通称的陈氏示性类,为大范围微分几何提供了不可缺少的工具。他引进的一些概念、方法和工具,已远远超过微分几何与拓扑学的范围,成为整个现代数学中的重要组成部分。陈省身还是一位杰出的教育家,他培养了大批优秀的博士生。他本人也获得了许多荣誉和奖励,1976 年获美国总统颁发的美国国家科学奖,1983 年获美国数学会“全体成就”斯蒂尔(Steele)奖,1984 年获沃尔夫(Wolf)奖。2004 年 11 月 2 日,经国际天文学联合会下属的小天体命名委员会讨论通过,国际小行星中心正式发布公报,将一颗永久编号为 1998CS2 号的小行星命名为“陈省身星”,以表彰他对全人类的贡献。

陈省身曾说过:“我读数学没有什么雄心,我只是想懂得数学。如果一个人的目的是名利,数学不是一条捷径。”“做研究实在是吃力而不一定讨好的事,所以学业告一段落便不再继续那是自然现象,中外皆然……,长期钻研数学是一件辛苦的事。”“对我来说,主要是这种活动给我满足,甘苦自知,不是一言可尽的……”

第 3 章　数学思想与方法选讲

我珍视类比胜于任何别的东西，它是我最可信赖的老师，它能揭示自然界的奥秘，在几何学中它应该是最不容忽视的。

——开普勒(J. Kepler,1571~1630,德国天文学家,数学家)

在数论中由于意外的幸运颇为经常，所以用归纳法可萌发出极漂亮的新的真理。

——高斯(J. C. F. Gauss,1777~1855,德国数学家)

数学是一种精神，一种理性的精神。正是这种精神，使得人类的思维得以运用到最完善的程度。也正是这种精神，试图决定性地影响人类的物质、道德和社会生活；试图回答有关人类自身存在提出的问题；努力去理解和控制自然；尽力去探索和确立已经获得知识的最深刻的和最完美的内涵。

——克莱因(M. Klein,1908~1992,美国数学家,数学教育家)

数学思想是对数学知识和方法的本质认识，它是从某些具体数学认知过程中提炼和概括出来的，因而带有一般意义和相对稳定的特征。数学方法是以数学为工具进行科学研究的方法，即用数学的语言表达事物的状态、关系和过程，经过推导、运算与分析，以形成解释、判断和预言的方法。

数学思想直接支配着数学的实践活动，对数学方法起指导作用，数学方法是数学思想具体化的反映。或说，数学思想是数学的灵魂，数学方法是数学的行为，二者具有密不可分的关系。

数学方法有三个基本特征：高度的抽象性和概括性；逻辑的严密性及结论的确定性；应用的普遍性和可操作性。这些特征使其能够提供简洁精确的形式化语言，提供数量分析及计算方法，提供逻辑推理的工具，因而数学方法在科学研究中具有举足轻重的地位和作用。

在中学的数学学习中，已经接触过许多数学思想与方法，例如，数学研究的基本方法：抽象方法、模型方法；数学中的逻辑方法：定义方法、逻辑划分方法、公理化方法；数学解题的思维方法：演绎法、归纳法、类比法、分析与综合法；数学证明的重要方法：反证法、数学归纳法；具体的解题方法：待定系数法、配方法、递推法、数学实验方法、数形结合法、换元法等。

本章主要列举几类高等数学中常用的数学思想方法，其中的实例多取自高等数学的内容。

3.1　公理化方法

3.1.1　公理化方法的产生和发展

公理化方法就是从尽可能少的原始概念和公理出发,按照逻辑推理规则,推导出其他命题,建立起一个演绎系统的方法。公理化方法也称演绎法。

公理化方法最早出现在大约公元前 3 世纪,古希腊的哲学家、逻辑学家亚里士多德总结了古代积累起来的几何学和逻辑学的丰富资料,以三段论法为逻辑依据,在历史上提出了第一个公理系统。所谓的三段论法,是由三部分组成的推理方法,这三部分是:一般的判断(称为大前提)、特殊的判断(称为小前提)、结论。如果大前提正确,小前提正确,则结论一定正确。例如,大前提:马有四条腿;小前提:白马是马;结论:白马有四条腿。

从三段论中可以看出,公理化方法是由一般到特殊的逻辑思维方法。

公理化方法的发展大致经历了三个阶段:实体公理化阶段、形式公理化阶段和纯形式公理化阶段,用它们构建起来的理论体系的典范分别是欧几里得的《几何原本》、希尔伯特的《几何基础》和 ZFC《公理化集合论》。

1. 欧几里得的《几何原本》——实体公理化阶段

受亚里士多德的影响,同时代的古希腊数学家欧几里得把公理化方法应用于几何学,完成了数学史上的重要著作《几何原本》。他从 23 个定义、5 条公设和 5 条公理出发,演绎出 96 个定义和 465 条命题,将当时所掌握的全部几何学知识推演出来,构成了一个演绎系统。

《几何原本》表现的公理化方法被称为"实体公理化方法",因为在这样的公理系统中,概念直接反映着数学实体的性质,而且其中的概念、公理和推理论证过程往往基于直觉观念的指导。

欧几里得的《几何原本》构建了第一个数学公理体系,是实体公理化方法的典范,在数学发展史上树立了一座不朽的丰碑,被认为是古代数学公理化的最高成就。

2. 希尔伯特的《几何基础》——形式公理化阶段

《几何原本》虽然开创了数学公理化方法的先河,然而它的公理系统还有许多不够完善的地方,主要表现在以下四个方面:①有些定义使用了一些没有确切定义的概念;②有些定义是多余的;③有些定理的证明过程依赖于图形的直观;④平行公设不够简洁和直接。这些问题成为后来许多数学家研究的课题,并通过这些问题的研究,使公理化方法不断完善,并促进了数学科学的发展。

1899 年,希尔伯特发表了《几何基础》一书,摆脱了直观成分,奠定了对一系列几何对象及其关系进行更高一级抽象的基础,不仅完善了欧几里得几何的公理系统,而且解决了公理化方法的一系列逻辑推理的问题。

希尔伯特的几何公理化方法使人们可以在高度抽象的意义下给出公理系统,只要能满足系统中的各公理的要求,就可以使这个公理系统所涉及的对象是任何事物。并且在公理中表述事物或对象之间的关系时,也可以有其具体意义的任意性。《几何基础》一书成为"形式公理化方法"的奠基著作。

除了几何学,还存在其他的数学形式公理系统(如算术系统),其中都可以把初始概念和公理看成是没有数学内容的,数学内容是通过解释赋予的,初始概念和公理完全可以用形式语言来陈述。因此,自从《几何基础》问世以后,不仅公理化方法进入了数学的其他各个分支,而且也把公理化方法本身推向了形式化的阶段。

3. ZFC《公理化集合论》——纯形式公理化阶段

希尔伯特在进行"证明论"的研究过程中,又把形式公理化方法推向一个新的阶段——纯形式公理化阶段。纯形式公理化方法的基本思想是采用符号语言把一个数学理论的全部命题变成公式的集合,然后证明这个公式的集合是无矛盾的。

康托尔(G. Cantor,德,1845~1918)创立了无穷集合论给数学带来了全新的平台,创造出许多新的研究对象,它们构成了现代数学的研究内容,成为现代数学的基础。19 世纪末,许多数学家开始接纳和应用集合论,但是罗素悖论出现了(见第 6 章),数学家都力图消除悖论,其中最有效的方法就是公理化方法。1908 年,德国数学家策梅洛(E. Zermelo,1871~1953)采取希尔伯特的公理化方法回避悖论,将集合论变成了一个完全抽象的公理化理论,他提出了由 7 条公理组成的第一个集合论公理系统——Z 系统。在这样一个公理化理论中,"集合"这个概念一直不加定义,而它的性质就由公理反映出来。实际上,策梅洛的 Z 系统把集合限制不要太大,回避了"所有对象"和"所有集合"这种说法,从而消除罗素悖论产生的条件。Z 系统经过许多人的修改和补充形成了现代数学中标准的公理化集合论,即ZFC(策梅洛-弗兰克-柯肯)纯形式公理化集合论。

3.1.2 公理系统的构造和相容性的证明

数学公理化的目的就是要把一门数学表述为一个演绎系统。这个系统的出发点就是一组基本概念和公理。因此,如何引进基本概念和建立一组公理便是运用公理化方法的关键,也是这种方法的基本内容。

基本概念就是不加定义的概念,无法用更原始、更简单的概念去界定,它们必须是对数学实体的高度的抽象。当基本概念确定以后,重要的问题就是如何选取和设置公理的问题了。

一个公理系统是否科学,它的基础在逻辑上是否完善、合理,要看它是否满足以下三条。

1) 相容性

相容性即不矛盾性。这一要求是指在一个公理系统中,不允许同时能够证明某一定理和它的否定理。反之,如果能从该公理系统导出命题 A 和否命题非 A,从 A 与非 A 并存就说明出现了矛盾,而矛盾的出现归根到底是由于公理系统本身存在着矛盾的认识,这是思维规律所不容许的。因此,公理系统的相容性是一个基本要求。

2) 独立性

独立性即不依从性。这一要求是指在一个公理系统中的每一条公理都独立存在,不允许有一条公理能用其他公理把它推导出来。这就要求公理的数目减少到最低限度,不允许公理集合中出现多余的公理。

3) 完备性

完备性这一要求是确保从公理系统中能推导出所研究的数学某分支的全部命题,也就是说,必要的公理不能减少,否则,这个数学分支的许多真命题将得不到理论的证明或者造成一些命题的证明没有充足的理由。

从理论上讲,一个公理系统的上述三条要求是必要的,也是合理的。至于某个所讨论的公理系统是否满足或能否满足上述要求,甚至能否在理论上证明满足上述要求的公理系统确实存在等,则是另外一回事。应该指出的是,对一个较复杂的公理体系来说,要逐一验证这三条要求相当困难,甚至至今不能彻底实现。

一个公理系统的相容性是至关重要的,因为一个理论体系不能矛盾百出,而独立性和完备性的要求则是次要的。因为在一个理论体系中,如果有多余的公理,对于理论的展开没什么妨碍。如果独立的公理不够用,数学上常常补充一些公理,逐步使之完备。

下面仅就公理系统的相容性证明作一介绍。

自从罗巴切夫斯基几何(见 4.2 节)诞生后,由于罗氏平行公理为常识所不容,激起了人们对于数学系统相容性证明的兴趣和重视。后来,庞加莱在欧氏半平面上构造了罗氏几何的模型,把罗氏系统的相容性证明通过一个模型化归为欧氏系统的相容性证明。这种把一个公理系统的相容性证明化归为另一个看上去比较可靠的公理系统的相容性证明,称为数学系统的相对相容性证明。因为罗氏系统的相容性需要通过欧氏系统的相容性来保证,由此导致了人们对曾经深信不疑的欧氏系统的相容性产生疑虑。人们接着在罗氏系统的研究中发现,罗氏几何空间中的极限球面也可构造欧氏模型,即欧氏几何的全部公理能在罗氏的极限球上实现,这样欧氏几何的相容性又可以由罗氏几何的相容性来保证。这就说明了欧氏几何与罗氏几何的公理系统虽然不同,但却是相对相容的。人们不满足于二者相对相容性的证明,开始重新寻找欧氏系统的相容性证明。因为那时已经有了解析几何,这就等于在实数系统中构造了一个欧氏几何的模型,也就把欧氏几何的相容性归结到了实数论的相容性。那么实数论的相容性如何呢?戴德金把实数论的相容性又归结到了自然数系统的相容性。而由于弗雷格(L. F. G. Frege,德,1848~1925)的自然数的概念是借助集合的概念加以定义的,因此,自然数系统的相容性又归结为集合论的相容性。那么集合论的相容性如何呢?事实上,前面提到的 Z 系统,其中的选择公理存在问题,尽管选择公理在数学中极为有用,但是也由此得到了某些难以解释的悖论,最典型的就是"分球悖论"(将一个三维实心球分成 N 个部分,然后仅仅通过旋转和平移到其他地方重新组合,就可以组成两个半径和原来相同的完整的实心球)。人们把排除选择公理的集合论公理系统称为 ZF 系统,它是现代数学的集合论基础,但其相容性至今还没能证明。因此,集合论的相容性正处于严重的"危机"之中。

于是,人们开始寻求直接的相容性证明。20 世纪初,数学基础论诞生了。由于在这一工作中所持的基本观点不同,在数学基础论的研究中形成了逻辑主义学派、直觉主义学派和形式主义学派三大流派。这些流派虽然并未最后解决相容性证明问题,但在方法论上却各有贡献,他们的思想方法对于数学的研究与发展都具有重要的意义,有些还值得进一步分析、探讨、继承和发扬。

3.1.3 公理化方法的意义和作用

公理化方法之所以重要,是因为数学理论都是用演绎推理组织起来的,每一个数学理论都是一个演绎体系。演绎方法是组织数学知识的最好方法,它能超越技术与仪器的限制,可以极大程度地消除我们认识上的不清和错误。公理化方法的基本构件是定义(概念)、公理和定理,如果有怀疑的地方,也都回归到对基础概念及公理的怀疑。

公理化方法具有分析、总结数学知识的作用,凡取得公理化结构形式的数学,由于定理和命题均已按照逻辑演绎关系串联起来,使用起来比较方便。因此,公理化方法对近现代数学的发展都有极其深刻的影响。公理化方法不仅在现代数学和数理逻辑中广泛应用,而且已经远远超出数学的范围,渗透到其他自然科学领域甚至某些社会科学部门,并在其中起着重要作用。

当一门科学积累了相当丰富的经验知识,需要按照逻辑顺序加以综合整理,使之条理化、系统化,上升到理性认识的时候,公理化方法便是一种有效的手段。例如,概率论是一个古老的学科,由于人们对概率概念的不同理解,因此建立起来的理论体系也不完全一样。柯尔莫哥洛夫(A. N. Kolmogorov,苏,1903~1987)建立了在公理集合论上的概率论体系,给予概率论以严格的逻辑基础,使概率论得到了进一步的发展,产生了许多新的分支。近代数学中的群论,也经历了一个公理化的过程。当人们分别研究了许多具体的群结构以后,发现它们具有基本的共同属性,就用一个满足一定条件的公理集合来定义群,形成一个群的公理系统,并在这个系统上展开群的理论,推导出一系列定理。

公理化方法将一门数学的基础分析得清清楚楚,这就有利于比较各门数学的实质性异同,并能促进和推动新理论的创立。例如,在几何方面,由于对平行公设的研究导致了非欧几何的创立。在代数方面,由于公理化方法的应用,在群论、域论、理想论等理论部门中形成了一系列新的概念,建立了一系列新的联系并导致了一系列深远的结果。在概率论方面,公理化的概率论为一般的随机过程的研究提供了足够的逻辑基础……因此,公理化方法是在理论上探索事物发展规律,做出新的发现和预见的一种重要方法。

数学的公理化方法是数理逻辑所研究的一个重要内容。由于数理逻辑是用数学方法研究推理过程的,它对公理化方法进行研究,一方面使公理化方法向着更加形式化和精确化的方向发展;另一方面把人的某些思维形式,特别是逻辑推理形式加以公理化、符号化。这种研究使数学工作者增进了使用逻辑方法的自觉性,在科学方法论上具有示范作用。

任何一门科学都不仅仅是搜集资料,也绝不是一大堆事实及材料的简单积累,而都是有其自身的出发点和符合一定规则的逻辑体系。公理化方法对现代理论力学及各门自然科学理论的表述方法都起到了积极的借鉴作用。例如,牛顿在他的《自然哲学的数学原理》巨著中,系统地运用公理化方法表述了经典力学理论体系;20世纪40年代,波兰数学家巴拿赫完成了理论力学的公理化;爱因斯坦运用公理化方法创立了相对论理论体系。狭义相对论的出发点是两个基本假设:相对性原理和光速不变原理。爱因斯坦以此为前提,逻辑地演绎出四个推论:尺缩效应、钟慢效应、质量增大效应和关系式,这些就是狭义相对论理论体系的精髓。

另外,公理化方法的形式简洁性、条理性和结构的和谐性符合美学上的要求。

3.2 类 比 法

类比是一种相似,即类比的对象在某些部分或关系上相似。数学上的两个系统,如果它们各自的部分之间,可以清楚地定义一些关系,在这些关系上,它们具有共性,那么,这两个系统就可以类比。

美籍匈牙利数学家、数学教育家波利亚曾说过:"类比是一个伟大的引路人。"在数学研究中,类比法是一种卓有成效的数学创造发现的方法。

我们平时的学习与生活中处处充满着类比。类比可以是方法上的类比,也可以是对结果的类比,也可以二者兼而有之。例如,仿生学、人工神经网络等都是典型的类比法的运用实例。

例1 数的概念的扩充。

在数学中有各种各样的运算,每一种运算都与一定的数集相联系。在正整数集合内,可以进行加法运算,即正整数对于加法运算是封闭的,但正整数集合对于减法运算不再封闭,为使减法运算能通行无阻,就需要对正整数集合进行扩充,引入整数集合,但整数集合对于除法又不是封闭的,为使加减乘除四则运算能通行无阻,又需要对整数集合进行扩充,引入有理数集合,但有理数集合对于极限运算又不是封闭的,于是,为使极限运算能通行无阻,又需要对有理数集合进行扩充,引入无理数,从而扩充成为实数集。

例2 整数理论与多项式理论。

整数和多项式,初看起来,彼此并不相同,但两者有许多概念、结果和方法是共同的,是可以类比的内容。例如,整数和多项式中有相似的加、减、乘、带余除法的运算法则。整数理论中有"算术基本定理",即任一大于 1 的自然数都可以分解成若干个素数的乘积,如果不计素数因子的顺序,这种分解是唯一的。多项式理论中有"代数学基本定理",即复系数 $n(n>0)$ 次多项式在复数域内恰有 n 个根(k 重根按 k 个计)。

例3 微积分学中的牛顿-莱布尼茨公式、格林公式、高斯公式。

(为简便计,这里只给出公式)

牛顿 - 莱布尼茨公式(一维情形):$\int_a^b f(x)\mathrm{d}x = F(a) - F(b)$;

格林公式(二维情形):$\iint\limits_D \left(\dfrac{\partial Q}{\partial x} - \dfrac{\partial P}{\partial y}\right)\mathrm{d}x\mathrm{d}y = \oint_l P\,\mathrm{d}x + Q\mathrm{d}y$;

高斯公式(三维情形):$\iiint\limits_V \left(\dfrac{\partial P}{\partial x} + \dfrac{\partial Q}{\partial y} + \dfrac{\partial R}{\partial z}\right)\mathrm{d}x\mathrm{d}y\mathrm{d}z = \oiint\limits_\Sigma P\mathrm{d}y\mathrm{d}z + Q\mathrm{d}z\mathrm{d}x +$ $R\mathrm{d}x\mathrm{d}y$。

牛顿-莱布尼茨公式、格林公式、高斯公式本质上是同一种关系在不同维空间上的表现形式,是类比的结果。

例4 高等数学中对于高阶导数,有以下的运算法则:

关于两个函数乘积的 n 阶导数的莱布尼茨公式:

$$[u(x) \cdot v(x)]^{(n)} = u^{(n)}v^{(0)} + C_n^1 u^{(n-1)}v' + \cdots + C_n^k u^{(n-k)}v^{(k)} + \cdots + u^{(0)}v^{(n)}$$
$$= \sum_{k=0}^{n} C_n^k u^{(n-k)}v^{(k)},$$

其中 $u^{(0)}=u, v^{(0)}=v, C_n^k$ 表示从 n 中取 k 个的组合数,即 $C_n^k = \dfrac{n!}{k!\,(n-k)!}$。

初等数学中,有如下的关于两个数和的 n 次幂的二项式展开式:

$(u+v)^n = u^n v^0 + C_n^1 u^{n-1}v^1 + \cdots + C_n^k u^{n-k}v^k + \cdots + u^0 v^n$, 这里 $u^0 = v^0 = 1$。

作一比较,可发现它们在形式上是有某些相仿之处的。只要在二项式展开式中,将函数的 k 次幂改为 k 阶导数,左端的加号改为乘积,就成了莱布尼茨公式。这样类比便于我们记忆。

例 5　解析几何中,借助类比法,人们从三维空间进入到 n 维空间。例如,三维空间中的点的表示是 (x_1, x_2, x_3),方程 $x_1^2 + x_2^2 + x_3^2 \leqslant 1$ 表示的图形是球,而 n 维空间中的点的表示是 $(x_1, x_2, \cdots, x_n)$,方程 $x_1^2 + x_2^2 + \cdots + x_n^2 \leqslant 1$ 表示的图形称为超球。

解析几何将对几何性质的研究转变为对代数性质的研究,因此,也可通过类比,把三维空间的代数性质移植到 n 维空间。

数学分析中,阿贝尔(N. H. Abel,挪威,1802～1829)分部求和公式与定积分分部积分公式;数项级数与无穷限反常积分;三维欧氏空间单位向量的正交性与三角函数系的正交性;泛函分析中的同态与同构;等等,都是典型的类比思想的运用。

3.3　归纳法与数学归纳法

归纳法与数学归纳法分属于不同的方法论范畴,但二者之间存在密切的联系,常常一起使用。在数学研究中,特别是对于与正整数 n 有关的数学命题,人们常常依靠归纳法从某些特殊结论来猜测一般结论,归纳法得到的结论未必可靠,而只有用数学归纳法证明的命题才一定是真的。

3.3.1　归纳法

人类对客观事物的认识过程表明,人们总是先认识某些特殊的现象,然后过渡到认识事物的一般规律。归纳法就是从特殊的、具体的认识推进到一般的认识的一种思维方法。归纳法是实验科学最基本的方法,本质上属于逻辑学的范畴。

近代科学中最早使用归纳法的始祖是英国思想家、哲学家培根,他在 1620 年出版的《新工具》、1623 年出版的《论科学的价值和发展》两本著作中,提倡归纳法和实验科学。

归纳法的特点有三个:①立足于观察和实验;②结论具有猜测的性质;③结论超越了前提所包含的内容。

归纳法在数学上常用于猜测和推断。

例 1　费马数。

法国数学家费马于 1640 年提出猜想:形如 $2^{2^n} + 1$ 的数(其中 n 为自然数)都是素数。后来,人们就把形如的 $2^{2^n} + 1$ 的数称为**费马数**,记为 $F_n = 2^{2^n} + 1$。费马当时验证了 $F_0 = 3, F_1 = 5, F_2 = 17, F_3 = 257, F_4 = 65537$ 是素数(也称为费马素数),对于其他情形并未给出证明。

1732 年,瑞士数学家欧拉分解出 $F_5 = 641 \times 6700417$,这说明 F_5 不是素数,也

就宣告了费马的这个猜想是错的。此后,人们对更多的费马数进行了研究,又陆续找到了 200 多个反例,却还没有找到第 6 个正面的例子。随着电子计算机的发展,计算机成为数学家研究费马数的有力工具。但即使如此,在所知的费马数中竟然没有再添加一个费马素数。迄今,只有 F_0, F_1, F_2, F_3, F_4 才是素数。甚至有人猜想:当 $n \geqslant 5$ 时,费马数全是合数。

在对费马数的研究上,费马从观察开始,用归纳法做出了错误的猜测。

事实上,几千年来,数学家们一直在寻找一个能求出所有素数的公式,但是直到现在,人们也未能找到这样的公式,而且也未能找到足够的证据说明这样的公式不存在。虽然费马数作为一个关于素数的公式是错误的,但在 1801 年,德国数学家高斯证明了如下的高斯定理:对奇数 n,当且仅当 n 是一个费马素数,或者若干个不相等的费马素数的乘积时,正 n 边形才能用直尺和圆规作出。高斯本人就根据这个定理作出了正 17 边形,将从古希腊开始 2000 年来没有进展的尺规作图问题向前推进了一大步。

例 2 哥德巴赫猜想。

德国数学家哥德巴赫于 1742 年 6 月 7 日给瑞士大数学家欧拉的信中提出以下猜想(**哥德巴赫猜想**):任一大于 2 的整数都可写成三个素数之和(注:当时人们认为 1 也是素数)。欧拉在回信中提出另一版本,即任一大偶数都可写成两个素数之和。现在人们常见的哥德巴赫猜想陈述为欧拉的版本,把命题"任一充分大的偶数都可以表示成为一个素数因子个数不超过 a 个的数与另一个素数因子不超过 b 个的数之和"记作"$a+b$",哥德巴赫猜想也就因此被人们称为"$1+1$"。1966 年,我国数学家陈景润证明了"$1+2$"成立,即"任一充分大的偶数都可以表示为 1 个素数及一个不超过 2 个素数的乘积之和",1973 年,他在《中国科学》上发表论文给出了详细的证明方法,在国际数学界引起轰动,陈景润得到的结论被命名为"陈氏定理"。

欧拉的版本叙述的哥德巴赫猜想也称为"强哥德巴赫猜想"或"关于偶数的哥德巴赫猜想"。从关于偶数的哥德巴赫猜想,可推出"任一大于 7 的奇数都可写成三个素数之和"的猜想。后者称为"弱哥德巴赫猜想"或"关于奇数的哥德巴赫猜想"。

若强哥德巴赫猜想是对的,则弱哥德巴赫猜想也是对的。弱哥德巴赫猜想尚未完全解决,但 1937 年苏联数学家维诺格拉多夫(I. M. Vinogradov,1891~1983)已经证明充分大的奇素数都能写成三个素数的和,也称为"哥德巴赫-维诺格拉多夫定理"或"三素数定理",是关于哥德巴赫猜想的第一个实质性的突破。2012 年 5 月,英国《自然》杂志网站报道,美国加利福尼亚大学的华裔数学家陶哲轩(1975~)在证明"弱哥德巴赫猜想"上取得了突破,他在一篇论文中证明,可以将奇数写成五个素数之和,并认为有望将所需素数的数目降至三个,从而证明"弱哥德巴赫猜想"。但要证明"强哥德巴赫猜想",数学家们仍要面对巨大的困难。

哥德巴赫猜想是从一些简单的个别情形归纳的一个一般命题。"数学王子"高斯曾说:"数学中的一些美丽的定理具有这样的特性:它们极易从事实中归纳出来,但证明却隐藏极深。"无论怎样,数学家在各种猜想的证明过程中正在发现或即将发现更加行之有效的方法。

3.3.2　数学归纳法

数学归纳法是一种只在数学中使用的方法,属于数学中的基本方法。它主要用来研究与正整数 n 有关的数学命题,在高中数学中常用来证明等式、不等式或数列通项公式等。

数学归纳法的内容:假设 $p(n)$ 是一个含有正整数 n 的命题,如果

(1) $p(n)$ 当 $n=1$ 时成立;

(2) 若在 $p(k)$ 成立的假定下,则 $p(k+1)$ 也成立。

那么命题 $p(n)$ 对任意正整数 n 都成立。

上述两个步骤,(1) 称为归纳起点,(2) 称为归纳推断。

数学归纳法是一种完全归纳法。

例 3　用数学归纳法证明数列 $\{a_n\}$:

$$\sqrt{2}, \sqrt{2+\sqrt{2}}, \sqrt{2+\sqrt{2+\sqrt{2}}}, \cdots, \sqrt{2+\sqrt{2+\sqrt{2+\cdots+\sqrt{2}}}}\,(n\ \text{个根号})$$

严格单调增加且有上界。

证明　首先得到数列的递推关系式 $a_{n+1}=\sqrt{2+a_n}$,

当 $n=1$ 时,有 $a_1=\sqrt{2}<\sqrt{2+\sqrt{2}}=a_2$。

假设 $n=k$ 时,有 $a_k<a_{k+1}$,则当 $n=k+1$ 时,$a_{k+1}=\sqrt{2+a_k}<\sqrt{2+a_{k+1}}=a_{k+2}$,由数学归纳法知数列 $\{a_n\}$ 严格单调增加。

当 $n=1$ 时,有 $a_1=\sqrt{2}<2$。

假设 $n=k$ 时,有 $a_k<2$,则当 $n=k+1$ 时,$a_{k+1}=\sqrt{2+a_k}<\sqrt{2+2}=2$,由数学归纳法知数列 $\{a_n\}$ 有上界 2。

综上所述,数列 $\{a_n\}$ 严格单调增加且有上界。

例 4　用数学归纳法证明平均值不等式:

对任意有限个正数 $a_1, a_2, \cdots, a_n$,满足 $\sqrt[n]{a_1 a_2 \cdots a_n} \leqslant \dfrac{a_1+a_2+\cdots+a_n}{n}$。

$\left(\text{注}: \sqrt[n]{a_1 a_2 \cdots a_n}\ \text{称为}\ a_1, a_2, \cdots, a_n\ \text{的几何平均},\ \dfrac{a_1+a_2+\cdots+a_n}{n}\ \text{称为}\ a_1,\right.$

$a_2, \cdots, a_n$ 的算术平均$)$

证明 先证 $n=2^k (k=1,2,\cdots)$ 时不等式成立(对 k 施行数学归纳法)。

$k=1$ 时,由 $2a_1a_2 \leqslant a_1^2+a_2^2$,得 $4a_1a_2 \leqslant (a_1+a_2)^2$,即 $\sqrt{a_1a_2} \leqslant \dfrac{a_1+a_2}{2}$。

设 $n=2^k$ 时,有不等式 $\sqrt[2^k]{a_1a_2\cdots a_{2^k}} \leqslant \dfrac{a_1+a_2+\cdots+a_{2^k}}{2^k}$。

那么当 $n=2^{k+1}$ 时,

$$
\begin{aligned}
\sqrt[2^{k+1}]{a_1a_2\cdots a_{2^k}a_{2^k+1}\cdots a_{2^{k+1}}} &= \sqrt{\sqrt[2^k]{a_1\cdots a_{2^k}}\sqrt[2^k]{a_{2^k+1}\cdots a_{2^{k+1}}}} \\
&\leqslant \sqrt{\frac{a_1+\cdots+a_{2^k}}{2^k} \cdot \frac{a_{2^k+1}+\cdots+a_{2^{k+1}}}{2^k}} \\
&\leqslant \frac{1}{2}\left(\frac{a_1+\cdots+a_{2^k}}{2^k}+\frac{a_{2^k+1}+\cdots+a_{2^{k+1}}}{2^k}\right) \\
&= \frac{a_1+\cdots+a_{2^{k+1}}}{2^{k+1}}。
\end{aligned}
$$

再证对一切 $n>2$ 且 $n \neq 2^k$ 时,不等式也成立。

因 $n \neq 2^k$,故必存在正整数 m,使得 $2^m < n < 2^{m+1}$,记 $p=2^{m+1}$,$a=\dfrac{a_1+a_2+\cdots+a_n}{n}$,添加 $p-n$ 个常数 $a_{n+1}=a_{n+2}=\cdots=a_p=a$ 后,考察 p 个正数 a_1,$a_2,\cdots,a_n,a_{n+1},\cdots,a_p$,因 $\dfrac{a_1+a_2+\cdots+a_n+a_{n+1}+\cdots+a_p}{p}=\dfrac{na+(p-n)a}{p}=a$,故算术平均值不改变,而由 $p=2^{m+1}$ 已证得情形,所以

$$
a_1a_2\cdots a_na^{p-n}=a_1a_2\cdots a_na_{n+1}\cdots a_p \leqslant \left(\frac{a_1+a_2+\cdots+a_p}{p}\right)^p=a^p,
$$

从而 $a_1a_2\cdots a_n \leqslant a^n$,即 $\sqrt[n]{a_1a_2\cdots a_n} \leqslant a = \dfrac{a_1+a_2+\cdots+a_n}{n}$。

综上所述,对一切正整数 n,平均值不等式成立。

数学归纳法有不同的形式,例 4 是法国数学家柯西给出的精彩的证明,采用了向前-向后数学归纳法,构思十分巧妙。

最后说明两点,一是并非每一个与正整数 n 有关的数学命题都必须或可以用数学归纳法证明(例如,费马定理" $x^n+y^n=z^n$ 在 $n>2$ 时无正整数解");二是数学归纳法利用有限递推的方法论证涉及无限的命题,成为沟通有限和无限的桥梁,得到了数学家的重用。

3.4 数学构造法

所谓数学构造法就是数学中的概念或方法按固定的方式经有限步骤能够定义

或实现的方法。数学构造法是一种基本的数学方法,可以说,从数学产生伊始,数学构造法就随之产生了。但构造法这个术语的提出,以致将这个方法推向极端,是源于数学基础研究中的直觉主义学派。关于对数学"可靠性"的研究,直觉主义学派的创始人布劳威尔提出一个著名的口号"存在必须被构造"。他强调数学直觉,坚持数学对象必须可以构造。

数学构造法经常被应用于构造概念、图形、公式、算法、方程、函数、反例、命题等。可以说,数学构造法在数学中的地位不仅古老,而且十分重要。

例 1(构造算法)　(1) 一元二次方程 $ax^2+bx+c=0$ $(a\neq 0)$ 的根。

求根公式为 $x_{1,2}=\dfrac{-b\pm\sqrt{b^2-4ac}}{2a}$。

(2) 求两个正整数最大公因数的欧几里得辗转相除法。

辗转相除法首次出现于欧几里得的《几何原本》第 VII 卷中,而在中国则可以追溯至东汉出现的《九章算术》。两个整数的最大公约数(亦称公因子)是能够同时整除它们的最大的正整数。辗转相除法基于如下原理:两个整数的最大公约数等于其中较小的数和两数的差的最大公约数。例如,252 和 105 的最大公约数是 21（$252=21\times 12$；$105=21\times 5$）。因为 $252-105=147$,所以 147 和 105 的最大公约数也是 21。在这个过程中,较大的数缩小了,所以继续进行同样的计算可以不断缩小这两个数直至其中一个变成零。这时,所剩下的还没有变成零的数就是两数的最大公约数。

辗转相除法是一种递归算法,每一步计算的输出值就是下一步计算时的输入值。设 k 表示步骤数,算法的计算过程如下:每一步的输入都是前两次计算的余数 r_{k-1} 和 r_{k-2}。因为每一步计算出的余数都在不断减小,所以,$r_{k-1}<r_{k-2}$。在第 k 步中,算法计算出满足以下等式的商 q_k 和余数 r_k:$r_{k-2}=q_k r_{k-1}+r_k$,其中 $r_k<r_{k-1}$。

具体而言,在第一步计算时(此时记 $k=0$),设 r_{-2} 和 r_{-1} 分别等于 a 和 b(设 $a>b$),第二步(此时 $k=1$)计算 r_{-1}(即 b)和 r_0(第一步计算产生的余数)相除产生的商和余数,依此类推,整个算法可以表示如下:

$$a=q_0 b+r_0,$$
$$b=q_1 r_0+r_1,$$
$$r_0=q_2 r_1+r_2,$$
$$r_1=q_3 r_2+r_3,$$
$$\cdots\cdots$$

如果输入值 a 小于 b,则第一步计算的结果是交换两个变量的值。

由于每一步的余数都在减小并且不为负数,必然存在第 N 步时 r_N 等于 0,使算法终止,r_{N-1} 就是 a 和 b 的最大公约数。其中 N 不可能为无穷大,因为在 r_0 和 0 之间只有有限个自然数。

例 2（构造图形） （1）勾股定理（也称毕达哥拉斯定理）的证明。

公元 3 世纪,我国三国时期数学家赵爽在所著的《周髀算经注》中给出了勾股定理的一个构造性证明方法。如图 3.4.1 所示,其证法为:勾股相乘为朱实二（即 $a \times b$ 等于两个红色直角三角形的面积）,倍之为朱实四。以勾股之差自相乘为中黄实（即 $(b-a)^2$ 等于中间黄色小正方形的面积）。朱实四加中黄实一亦成弦实$\left(\text{即 } 4 \times \dfrac{a \times b}{2} + (b-a)^2 = c^2\right)$,化简即得 $a^2 + b^2 = c^2$。

图 3.4.1 赵爽用"弦图"
证明勾股定理

（2）证明不等式:对于任意的 $0 < x < \dfrac{\pi}{2}$,有 $\sin x < x < \tan x$。

作单位圆如图 3.4.2 所示,设圆心角 $\angle AOB = x$ 为一个锐角,x 的单位为弧度。因为 $\triangle AOB$ 的面积 $<$ 扇形 AOB 的面积 $<$ 直角三角形 AOC 的面积,从而有 $\dfrac{1}{2}\sin x < \dfrac{1}{2}x < \dfrac{1}{2}\tan x$,则得到了要证明的不等式。

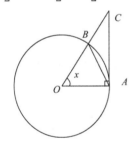

图 3.4.2

例 3（构造概念） 函数在一点的导数的概念:设函数 $y = f(x)$ 在点 x_0 附近有定义,对应于自变量的任一改变量 Δx,函数的改变量为 $\Delta y = f(x_0 + \Delta x) - f(x_0)$。此时,如果极限

$$\lim_{\Delta x \to 0} \frac{\Delta y}{\Delta x} = \lim_{\Delta x \to 0} \frac{f(x_0 + \Delta x) - f(x_0)}{\Delta x}$$

存在,则称此极限值为函数 $f(x)$ 在点 x_0 的导数,记为 $f'(x_0)$。

类似地,高等数学中的许多概念,如微分、定积分、反常积分、重积分、线积分、面积分、方向导数、梯度、散度、旋度等都属于用构造法给出的概念。

例 4（构造反例） （1）欧几里得对于存在无穷多个素数的证明。

素数是这样的数:2,3,5,7,11,13,17,19,23,29,⋯ 它们不能被分解为更小的因子之乘积。素数是人们用乘法来构造所有正整数的原材料,每一个不是素数的数都可以被至少一个素数所整除。欧几里得的《几何原本》中收录了素数无穷多的证明,一直被数学家所称道。其证明如下。

假设素数只有有限个,不妨设为 $2,3,5,\cdots,P$,其中 P 为最大的素数,定义数 $Q = (2 \times 3 \times 5 \times \cdots \times P) + 1$,明显地,$Q$ 不能被 $2,3,5,\cdots,P$ 当中的任何一个素数所整除,因为被其中任何一个数去除,所得到的余数都是 1。因此,Q 是一个比 P

大的新的素数。这与假设 P 是最大的素数相矛盾,故假设是错误的,从而素数有无穷多个。

（2）魏尔斯特拉斯构造的处处连续处处不可导函数。

1872 年,德国数学家魏尔斯特拉斯构造的处处连续处处不可导的函数的例子如下:

$$f(x) = \sum_{n=0}^{\infty} a^n (\sin b^n x), \quad 0 < a < 1 < b, ab > 1 。$$

这个例子有力地反驳了人们基于直观的普遍认识:连续函数除了个别点外都是可导的。这个例子也震动了数学界和思想界,促使人们在微积分的研究中从依赖直观、直觉的判断转向依赖逻辑推理的严密的理性思维,大大促进了微积分逻辑基础的构建。

高等数学中用构造法给出的精彩的例子比比皆是,如狄利克雷函数、黎曼函数、康托尔三分集……

3.5 化 归 法

匈牙利著名数学家罗莎·彼得（RozsaPeter）在他的名著《无穷的玩艺》一书中曾对"化归法"作过生动的比喻。他写道:"假设在你面前有煤气灶、水龙头、水壶和火柴,现在的任务是要烧水,你应当怎样去做?"正确的回答是:"在水壶中放上水,点燃煤气,再把水壶放到煤气灶上。"接着罗莎又提出第二个问题:"假设所有的条件都不变,只是水壶中已有足够的水,这时你应该怎样去做?"对此,人们往往回答说:"点燃煤气,再把壶放到煤气灶上。"但罗莎认为这并不是最好的回答,因为"只有物理学家才这样做,而数学家则会倒去壶中的水,并且声称已经把后一问题化归成先前的问题了"。

罗莎自认为比喻固然有点言过其实,但却道出了化归法的根本特征:在解决一个问题时,人们的眼光并不落在问题的结论上,而是去寻觅、追溯一些熟知的结果,尽管向前走两步也许能达到目的,但我们也情愿退一步回到原来的问题上去。利用化归法解决问题的过程可以简单地用图 3.5.1 表示。

化归法是指把待解决的问题,通过某种转化过程,归结到一类已经解决或者比较容易解决的问题中去,最终求得原问题的解答的一种方法。其过程就是将一个问题由繁化简,由难化易,由复杂化简单,由未知化已知。例如,中学代数中求解特殊的一元高次方程时,是化归为一元一次和一元二次方程来解的;在解析几何中,对一般圆锥曲线的研究,则是通过坐标轴平移或旋转化归为基本的圆锥曲线来进行的。简单而直接的化归法利用,在高等数学中比比皆是,例如,高等数学中计算函数的定积分时,有理函数、某些三角函数及某些无理函数的定积分都可以转化为计

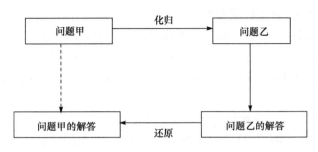

图 3.5.1 利用化归法解决问题的过程

算两种形式的积分：$\int \dfrac{b}{(x-a)^k}\mathrm{d}x$，$\int \dfrac{Ax+B}{(x^2+px+q)^m}\mathrm{d}x$，因而只要求出这两种形式的积分就可以了。在一元函数待定型极限中有七种形式，只要讨论 $\dfrac{0}{0}$，$\dfrac{\infty}{\infty}$ 型两种情况，其他五种都可以化归为这两种待定型。三种无穷限的反常积分都可以化归为 $\displaystyle\int_a^{+\infty} f(x)\mathrm{d}x$ 这一种形式，等等。

化归法有三个要素：化归的对象，化归的目标，化归的手段。使用各种化归法时一般应遵循三条原则：其一是熟悉化原则，即将不熟悉的问题转化为较熟悉的问题，从而可以利用已有的知识和经验去解决问题；其二是简单化原则，即将复杂的问题化为较简单的问题，使问题容易解决；其三是和谐化原则，即将问题的表现形式变形为更加符合数学内部固有规律的和谐统一的特点。三条原则中，熟悉化原则无疑是最主要的。

实行化归的常用方法有：特殊化与一般化，关系映射反演（RMI），等等。下面简述特殊化与一般化和关系映射反演（RMI）这两个方法。

3.5.1　特殊化与一般化

依据

（1）若命题 P 在一般条件下为真，则在特殊条件下 P 也为真；

（2）若命题 P 在特殊条件下为假，则在一般条件下 P 也为假。

特殊化方法是指在研究一个给定集合的性质时，先研究某些个体或子集的性质，从中发现每个个体都具有的特性后，再猜想给定集合的性质，最后用严格的逻辑推理论证猜测的正确性。

一般化方法是指在研究一个给定集合的性质时，先研究包含该集合的较大集合的性质，从中发现较大集合所具有的性质，再根据特殊化与一般化的依据（1），推出所要证明的命题。

例 1　证明方程 $(m+1)x^4-3(m+1)x^3-2mx^2+18m=0$ 对任何实数 m 都有

一个共同的实数解，并求此实数解。

由于方程对任意实数 m 都有一个共同的实数解，将问题特殊化：分别取 $m=0$，$m=-1$，得到方程 $x^4-3x^3=0$ 和 $2x^2-18=0$，求出这两个方程的公共解为 $x=3$。将 $x=3$ 代入方程 $(m+1)x^4-3(m+1)x^3-2mx^2+18m=0$ 验证，得到一般化的结论。

例 2   数列极限与函数极限之间的关系定理。

归结原则（或称海涅（Heine）定理） $\lim\limits_{x \to x_0} f(x)=A$ 的充分必要条件是对任何的以 x_0 为极限的数列 $\{x_n\}$（$x_n \neq x_0$），都有 $\lim\limits_{n \to \infty} f(x_n)=A$。

例如，由 $\lim\limits_{x \to 0+0} x^x=1$，可以得到 $\lim\limits_{n \to \infty} \dfrac{1}{\sqrt[n]{n}}=1$。

反之，对于 $f(x)=\sin\dfrac{1}{x}$，因为取 $x_n=\dfrac{1}{n\pi}$ 时，$f(x_n) \to 0(n \to \infty)$，而取 $x_n=\dfrac{1}{2n\pi+\dfrac{\pi}{2}}$ 时，$f(x_n) \to 1(n \to \infty)$，这就说明了 $\lim\limits_{x \to 0} f(x)$ 不存在。

3.5.2   关系映射反演方法

关系映射反演（Relationship-Mapping-Inversion，RMI）方法，是一种分析处理问题的普遍方法，属于一般科学方法论范畴。

RMI 方法的基本思想是：当处理某问题甲有困难时，可以联想适当的映射，把问题甲及其关系结构 R，映成与它有一一对应关系，且易于考察的问题乙，在新的关系结构中问题乙处理完毕后，再把所得到的结果，通过映射反演到 R，求得问题甲的结果。图 3.5.2 为 RMI 方法的框图。

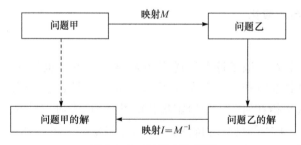

图 3.5.2   RMI 方法框图

RMI 方法是一种矛盾转化的方法，它可以化繁为简，化难为易，化生为熟，化未知为已知，因而是数学中应用非常广泛的一种方法，数学中许多方法都属于 RMI 方法。例如，分割法、函数法、坐标法、换元法、复数法、向量法、参数法等。

RMI 方法不仅在数学中应用广泛，而且几乎在一切工程技术或应用科学部门中,都可以利用这一原则去解决问题。通常的做法是:选择合适的映射 M,使得具体问题中的目标对象的映像较容易确定下来,从而通过反演也就较容易将目标对象寻找出来。RMI 方法甚至可以拓展到人文社会科学中去。例如,哲学家处理现实问题的思想方法,就可以看作 RMI 方法的拓展,哲学家将客观物质世界的问题作为目标对象,通过哲学思维,将之转为哲学理论体系中的相应问题,从中寻找答案,通过反演来解决客观世界的现实问题。

例3 计算 $p=a^{\frac{1}{3}}b^{\frac{1}{7}}(a>0,b>0)$ 的数值。

人们进行诸如上述问题的庞大的数字开方和乘方等数值计算时,往往应用对数方法。计算过程如图 3.5.3 所示。

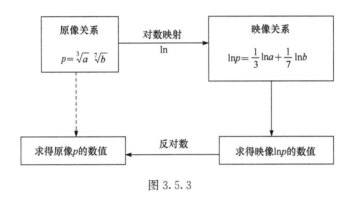

图 3.5.3

对数的发明者是苏格兰数学家纳皮尔(J. Napier,1550~1617),他在对数的理论上花费了至少 20 年的时间,他将指数运算与真数运算的对应法则视为映射与反演的关系,利用对数,把乘法转化为加法,除法转化为减法,乘方开方转化为乘法运算,从而大大提高了计算效率。在 16 世纪末,纳皮尔首先将上述映射和反演方法发展成为一套数值计算方法,并编制了对数表。纳皮尔的对数方法被整个欧洲采纳,尤其是天文界,为这个惊人的发现而沸腾。

纳皮尔曾说:"我总是尽我的精力和才能来摆脱那种繁重而单调的计算。"法国数学家拉普拉斯则称赞对数的发明说:"对数的发现,以其节省劳力而延长了天文学家的寿命。"

例4 用解析几何方法处理平面几何问题。

用解析几何方法处理平面几何问题的基本思想是:按照解析几何,笛卡儿坐标平面上的点用有序数对 (x,y) 来表示,直线和曲线分别用含 x,y 的一次和二次的方程来表示。这样,作为原像的几何图形——点、线便和作为映像的 (x,y) 及含 x,y 的一次和二次方程一一对应起来。这种对应关系即为映射关系。

一般地,一个几何问题无非是关于某些特定几何图形间的关系问题。这种关系结构问题在上述映射下便转化为代数式之间的关系问题,于是通过代数运算不难求得所需要的一些代数关系,这种关系再翻译回去就可得到原来几何图形间的某种几何结论。

上述思想方法可用框图表示(图 3.5.4)。

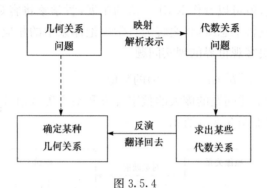

图 3.5.4

例 5　微积分中求幂级数的和函数问题。

求幂级数 $\sum\limits_{n=1}^{\infty} n(n+1)x^{n-1}$, $x \in (-1,1)$ 的和函数。

令 $\sum\limits_{n=1}^{\infty} n(n+1)x^{n-1} = s(x)$, $x \in (-1,1)$。

先采用映射

$$M: s(x) \mapsto \int_0^x \int_0^v s(u)\,\mathrm{d}u\,\mathrm{d}v,$$

可得

$$\int_0^x \int_0^v s(u)\,\mathrm{d}u\,\mathrm{d}v = \frac{x^2}{1-x} = g(x), \quad x \in (-1,1)。$$

再施行反演

$$M^{-1}: g(x) \mapsto \frac{\mathrm{d}^2}{\mathrm{d}x^2} g(x),$$

则得到

$$s(x) = \frac{\mathrm{d}^2}{\mathrm{d}x^2} g(x) = \frac{2}{(1-x)^3}, \quad x \in (-1,1)。$$

3.6 数学模型方法

人们在观察、分析和研究一个现实对象时经常使用模型,如宇宙飞船模型、楼房布局模型。生活中随处可见的照片、玩具、地图等都是模型,它们能概括地、集中地反映现实对象的某些特征,帮助人们迅速而有效地了解并掌握那个对象。

数学模型(Mathematical Model,简称 MM)是针对或参照某种事物系统的特征或数量相依关系,采用形式化数学语言,概括地或近似地表述出来的一种数学结构。更确切地说:数学模型就是对一个特定的对象,为了一个特定的目标,根据特有的内在规律,做出一些必要的简化假设,运用适当的数学工具,得到的一个数学结构。这里的数学结构可以是数学公式、算法、表格、图示等。

数学模型方法(简称 MM 方法)是指借助 MM 来揭示对象本质特征和变化规律的方法。MM 方法是一种基本的数学方法。

MM 可以按照不同的方式分类,如

(1) 按照 MM 的应用领域可分为:人口 MM、交通 MM、环境 MM、生态 MM、污染 MM、城镇规划 MM 等。

(2) 按照建立 MM 所使用的数学工具可分为:初等数学 MM、几何 MM、微分方程 MM、概率 MM、图论 MM、规划论 MM 等。

(3) 按照 MM 的表现特性可分为:离散 MM、连续 MM、线性 MM、非线性 MM、确定 MM、随机 MM 和模糊 MM 等。

(4) 按照建立 MM 的目的可分为:描述 MM、分析 MM、预报 MM、优化 MM、决策 MM、控制 MM 等。

(5) 按照对 MM 的了解程度可分为:白箱 MM、灰箱 MM 和黑箱 MM。

在初等数学中,我们就已经使用 MM 方法解决过许多实际问题了,如工程问题、鸡兔同笼问题、航行问题、相遇问题等,而现实生活中实际问题的 MM 通常要复杂得多。下面是两个经典的 MM 方法的应用实例,这两个例子对数学的发展产生过深刻的影响。

例1 哥尼斯堡七桥问题(确定 MM)。

1735 年,瑞士大数学家欧拉由于一个偶然的问题,开创了图论和拓扑学。当时,普鲁士的普莱格尔河上有七座桥,将河中的两个岛与河岸相连。有人提出了问题:能否一次走遍七桥,每座桥只走一次,最后回到出发点?

欧拉使用数学模型方法证明了不能一次无重复走遍七桥。推而广之,他提出这种类型的问题解答的标准。欧拉指出,具体的几何数据,如桥的宽窄、长短是什么无所谓,关键的是事物之间的联系。因此,他将这个问题简化成了一个简单的点的网络图,点与点之间用边相连,每个点代表一块陆地,每条边代表一座桥(图 3.6.1)。

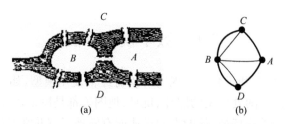

图 3.6.1　哥尼斯堡七桥图及其简化的网络图

按照上述想法,我们得到四个点七条边。这个问题就简化为:能否找到一条遍历该网络的路径,包括每条边一次且仅包括一次(简称一笔画问题)? 欧拉将这种遍历路径分成两类:一类称为开放路径(起点和终点不是同一点);另一类称为闭合路径(起点与终点是同一点)。他证明了哥尼斯堡七桥问题中的这个特定网络不属于这两类路径中的任何一个。

欧拉的分析过程大致是这样的:假设某个网络上存在闭合路径,每当这个路径中的一条边遇到一个点时,那么一定有下一条边从那个点引出。因此,如果存在闭合路径,那么与任何给定点相连的边的条数必须为偶数:即每个点必须有偶数个秩(与这个点相连边数)。因此,哥尼斯堡七桥的网络图不存在任何闭合路径,因为那个网络有三个点的秩为 3,一个点的秩为 5。开放路径也有类似的标准,但是必须恰好两个点是奇数秩:一个是路径的起点,另一个是终点。哥尼斯堡七桥网络图中有四个点是奇数秩,因此也不存在开放路径。

欧拉解决哥尼斯堡七桥问题所采用的数学方法成为了拓扑学和图论的开端(图 3.6.2)。

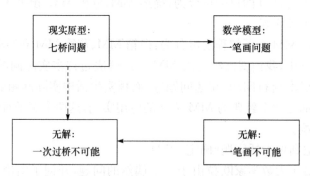

图 3.6.2　欧拉解决哥尼斯堡七桥问题的思想方法框图

例 2　蒲丰投针试验(随机 MM)。

1777 年,法国科学家蒲丰(G. L. L. de Buffon, 1707~1788)提出了著名的投针试验方法。这一方法的步骤是:

(1) 取一张白纸,在上面画上许多条间距为 a 的平行线;

(2) 取一根长度为 $l(l < a)$ 的针,随机地向画有平行直线的纸上掷 N 次,观察

针与直线相交的次数 n；

（3）计算针与直线相交的概率 p：

以 x 表示针的中点到最近的一条平行线的距离，φ 表示针与平行线的交角。

显然有 $0\leqslant x\leqslant\dfrac{a}{2}$，$0\leqslant\varphi\leqslant\pi$，记长方形区域 $G=\left\{(x,\varphi)\,\middle|\,0\leqslant x\leqslant\dfrac{a}{2},0\leqslant\varphi\leqslant\pi\right\}$。

为使针与平行线相交，必须满足 $x\leqslant\dfrac{l}{2}\sin\varphi$，记区域 $g=\left\{(x,\varphi)\,\middle|\,0\leqslant x\leqslant\dfrac{l}{2}\sin\varphi,\right.$

$\left.0\leqslant\varphi\leqslant\pi\right\}$（图 3.6.3）。故所求的概率为

$$p=\frac{g\text{ 的面积}}{G\text{ 的面积}}=\frac{\dfrac{l}{2}\displaystyle\int_0^\pi\sin\varphi\mathrm{d}\varphi}{\dfrac{1}{2}a\pi}=\frac{2l}{\pi a}\text{。}$$

此概率计算的结果与圆周率 π 有关，蒲丰首次使用随机试验处理确定性数学问题，为概率论的发展起到了一定的推动作用。历史上不少人利用投针试验计算了 π 的近似值，方法就是采用投针 N 次，计算针与线相交的次数 n，再以频率值 $\dfrac{n}{N}$ 作为概率 p，求得 $\pi\approx\dfrac{2lN}{an}$。

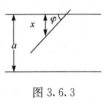

图 3.6.3

表 3.6.1 是有关这些试验的资料（其中假设平行线间的距离为 1）：

表 3.6.1

试验者	年代	针长	投掷次数	相交次数	π 的试验值
沃尔夫（Wolf）	1850	0.8	5000	2532	3.1596
史密斯（Smith）	1855	0.6	3204	1219	3.1554
德摩根（De Morgan）	1860	1.0	600	383	3.137
福克斯（Fox）	1884	0.75	1030	489	3.1595
拉泽里尼（Lazzerini）	1901	0.83	3408	1808	3.1415929
赖纳（Reina）	1925	0.5419	2520	859	3.1795

需要指出的是，这里采用了建立一个概率模型（投针试验），进行数值计算（计算圆周率 π）的方法。第二次世界大战以后，随着电子计算机的发展，按照上述思路形成了一种计算方法——概率计算方法，也称蒙特卡罗方法（Monte Carlo Method），这种方法在物理、化学、生态学、社会学，以及经济行为等领域中得到了广泛应用。

MM 构造的一般过程需要首先对现实原型，分析其对象与关系结构的本质属性，以便确定 MM 的类别，其次要确定所研究的系统并抓住主要矛盾，最后要进行

数学抽象。还要注意 MM 应具有严格逻辑推理的可能性以及导出结论的确定性，而且相对于较复杂的现实原型来说，MM 应具有化繁为简、化难为易的特点。

建立 MM 的过程一般要经过：模型准备—模型假设—模型建立—模型求解—模型检验—模型应用这些步骤。一个成功的数学模型一般应具备三个特征：解释已知现象、预言未知现象和被实践所证明。

在科学史上，不乏 MM 的精彩范例。例如，牛顿万有引力定律是力学中的经典 MM；麦克斯韦方程组是电磁学中的 MM；门捷列夫元素周期表是化学中的MM；孟德尔遗传定律是生物学中的 MM……

半个多世纪以来，随着计算机技术的迅速发展，数学以空前的广度和深度向工程技术、自然科学、社会科学等众多领域渗透。但不论是用数学方法在科技和生产领域解决哪类实际问题，还是与其他学科相结合形成交叉学科，首要和关键的一步是建立研究对象的 MM，并加以分析求解，即任何一项数学的应用，主要或首先就是 MM 方法的应用。MM 方法的意义就在于对所研究的对象提供分析、预报、决策、控制等方面的定量结果。

MM 方法应用日益广泛的原因有三条：一是社会生活的各个方面日益数量化；二是计算机的发展为精确化提供了条件；三是很多无法试验或费用很大的试验问题，用 MM 方法进行研究是一条捷径。

建立 MM 的全过程称为数学建模。数学建模是在 20 世纪 60～70 年代进入一些西方国家大学的，我国清华大学、北京理工大学等在 20 世纪 80 年代初将数学建模引入课堂。经过 20 多年的发展，现在绝大多数本科院校和许多专科学校都开设了各种形式的数学建模课程和讲座，为培养学生利用数学方法分析、解决实际问题的能力开辟了一条有效的途径。今天，MM 方法和计算机技术在知识经济时代已经成为人们不可或缺的工具，数学技术成为当代高新技术的重要组成部分。

思　考　题

1. 如何认识公理系统的三性（即相容性、独立性、完备性）问题？列举一个公理化方法的数学实例。

2. 何谓类比法？通过一个实例试说明之。

3. （1）阐述归纳法与数学归纳法的区别与联系；

（2）用数学归纳法证明柯西—施瓦兹（Cauchy-Schwartz）不等式：对任意有限个实数 $a_1, a_2, \cdots, a_n, b_1, b_2, \cdots, b_n$，有

$$(a_1 b_1 + a_2 b_2 + \cdots + a_n b_n)^2 \leqslant (a_1^2 + a_2^2 + \cdots + a_n^2)(b_1^2 + b_2^2 + \cdots + b_n^2)。$$

4. 数学构造法有哪些应用？用数学构造法证明：

（1）在任何两个有理数 a 和 b 之间一定还存在有理数；

（2）存在 2000 个连续的自然数,它们都是合数(即除了 1 和它本身还有其他因数的数);

（3）对于定义域包含于实数集并且关于原点对称的任何函数 $f(x)$,都可以表示成一个奇函数和一个偶函数的和。

5. 使用化归法的原则是什么? 常用的化归法有哪些?

6. （1）何谓数学模型方法? 简述欧拉解决哥尼斯堡七桥问题的建模思路;

（2）以下网络中哪一个是可以遍历的(即一笔而不重复地画出来)?

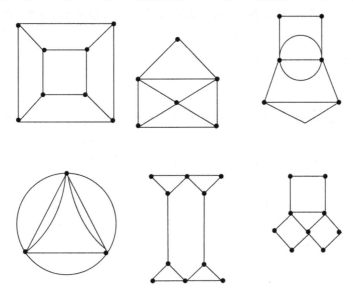

名 人 小 撰

1. **业余数学家之王——费马**(P. de Fermat,1601～1665),17 世纪法国数学家。

1601 年 8 月 17 日,费马出生于法国南部图卢兹附近。他的父亲是拥有丰厚产业的皮革商,费马从小生活在富裕舒适的环境中,并受到了良好的启蒙教育,培养了广泛的兴趣和爱好。中学毕业后,他先后在奥尔良大学和图卢兹大学学习法律,30 岁时获得法学学士学位,毕业后担任律师,并兼任图卢兹议会顾问,以后不断升迁。费马一生虽没有什么突出政绩值得称道,但他从不滥用职权,他的公开廉明赢得了人们的信

任和称赞。尽管费马的社会工作非常繁忙,但他酷爱数学,利用全部业余时间,从

事数学研究。他结交知名的数学家,如笛卡儿、帕斯卡(B. Pascal,法,1623~1662)等。他在解析几何、微积分、数论和概率论等领域都做出了卓越的开创性的贡献,对物理学也有重要贡献。费马是解析几何的发明人之一,在笛卡儿《几何学》发表之前,他就发现了解析几何的基本原理,建立了坐标法。他也是微积分的先驱者之一,他在 1629 年所写的《求最大和最小值的方法》一文引入了无穷小量,给出了求函数极值的方法及求曲线切线的方法。费马善于思考,特别善于猜想,他超人的直觉能力对 17 世纪数论的发展影响深远。费马提出了数论中的许多猜想,因此也被称为"猜想数学家",这些猜想(包括著名的费马定理),经欧拉、高斯、希尔伯特、维尔斯(A. Wiles,英,1953~)等许多数学大师的苦思冥想,最终均获证明。费马还引入了一般概率空间的某些抽象概念,将人们对于概念的直观想法公理化,是概率论的主要创始人。他在光学中突出的贡献是提出最小作用原理(也称最短时间作用原理)。1665 年 1 月 12 日,费马病逝。

　　费马性情谦和内向,好静成癖,无意构制鸿篇巨制,更无意付梓刊印。他的研究成果,是他的长子萨摩尔从费马的遗书的眉批、朋友的书信以及残留的旧纸堆中整理汇集而出版的,因此写作年月大多不详。费马生前没有完整的著作出版,因而当时除少数几位密友外,他的名字鲜为人知。直到进入 19 世纪中叶,随着数论的发展,他的著作才引起数学家和数学史家的研究兴趣。随后,费马的名字才在欧洲大地不胫而走……。值得一提的是,人们现在早就认识到时间性对于科学的重要,费马 17 世纪的数学研究成果未能及时发表、传播和发展,既是个人的名誉损失,也影响了那个时代数学前进的步伐。

　　费马一生从未受过专门的数学教育,数学研究只是业余爱好。然而,在 17 世纪的法国还找不到哪位数学家可以与之匹敌。费马堪称是 17 世纪法国最伟大的数学家之一,被后世的数学家赞誉为"业余数学家之王",他当之无愧。

　　2. 数学家之英雄——欧拉(L. Euler,1707~1783),18 世纪瑞士数学家、物理学家。

　　阿基米德、牛顿、高斯和欧拉是公认的世界上最著名的四位数学家,这是人们对他们的数学业绩以及数学思想方法对整个数学的深远影响给出的评价。

　　1707 年 4 月 15 日,欧拉生于瑞士巴塞尔,自幼受到家庭的良好熏陶。欧拉 13 岁考入巴塞尔大学,起初学习神学,不久改学数学,17 岁便以优异成绩获得巴塞尔大学数学硕士学位。他先后担任过圣彼得堡科学学院院士、柏林科学院物理数学所所长等职。欧拉是数学史上最多产的科学家,不仅著作数量多,而且涉猎广,在许多学科中都可以见到用他的名字命名的公式和定理。他一生共发表论文和专著 500 多种,还有 400 余种未发表的手稿。

1909 年,瑞士科学院开始出版《欧拉全集》,共 74 卷,到 20 世纪 80 年代尚未出齐。欧拉浩瀚的著述中不仅包含科学创建,而且富有科学思想。其著作行文流畅,妙笔生花,富有文采,因而被誉为"数学界的莎士比亚"。欧拉是复变函数论的先驱,变分法的奠基人,理论流体力学的创始人。在微积分方面,他确定了不定式的极限运算规则,将导数作为微分学的概念,不定积分作为原函数的概念,讨论各种不定积分的方法和技巧,建立混合偏导与求导顺序无关的理论,给出用累次积分计算二重积分的方法等。

欧拉不仅学识超群,而且品质高尚,识才育人,荐贤举能,为后人所敬仰。他晚年的时候被欧洲几乎所有数学家尊称为"大家的老师"。由于在天文研究中长期观测太阳,1735 年 28 岁的欧拉右眼失明,1766 年 59 岁时左眼也失明了,1776 年,妻子病故。面对生活的巨大不幸,欧拉没有沮丧退缩,他凭借非凡的毅力,超人的才智,进行由他口授,儿女笔录的心智创造的特殊科学研究活动。欧拉坚韧不拔的毅力和旷古稀有的记忆力令世人倾倒,他晚年时尚能复述青年时期笔记的内容,还通过心算,判断一道由 17 项组成的数字之和第 50 位上的一个数字。在失明的 17 年中,他竟发表了 400 余种论文和专著,欧拉因此有"数学家之英雄"的美誉。

1783 年 9 月 18 日,欧拉在俄国的圣彼得堡逝世。他是 18 世纪数学界的中心人物,为数学和科学的发展做出了卓越的贡献。

第4章 数学分支介绍

4.1 代 数 学

代数是慷慨大方的,她所给予的远远超过她所索取的。

——达朗贝尔(D'Alembert,1717~1783,法国数学家)

数学是科学之王,数论是数学的皇后。

——高斯(J. C. F. Gauss,1777~1855,德国数学家)

我们目睹了代数在数学中名副其实的到处渗透,日益清楚地意识到代数概念在数学的几乎所有分支中所起的作用……随着目前数学的这种代数化,任何研究人员再也不能无视近世代数这一必不可少的工具了。

——嘉当(H. Cartan,1904~2008,法国数学家)

最早记载代数学历史的文献可以追溯到公元前2000年前半叶,是生活在古巴比伦两河流域之间的人们用泥板楔形文字和古埃及人用纸草书记录的。

经过几千年的发展,从大约1600年现代文字符号的发明,到18世纪后期求解高次代数方程,再到19世纪纯代数几乎脱离实际应用的丰富多彩的发展,再到20世纪代数层次更高的抽象,代数学从早期研究的数、坐标、一次方程式、二次方程式、高次方程式等发展到今天的群、环、域、理想、范畴等,在此过程中,数系被不断扩张,速记符号被广泛使用,大量新数学对象被发现,其逻辑基础被建立,更高层次的抽象再次出现。

然而,关于代数学,正如美国知名的科普作家,数学家德比希(J. Derbyshire)在其著作《代数的历史:人类对未知量的不舍追踪》所写的:现在,代数已经成为所有智力学科中最纯净、最苛刻的学科,它的对象抽象再抽象,非数学人士几乎无法领会到其成果的巨大作用和非凡魅力。但最令人惊讶,也最神秘的是,在这些非物质的精神对象层层嵌套的抽象之中,包含着物质世界最深层、最本质的秘密。

4.1.1 代数学的产生

1. 代数学的来历

代数学的英文为"algebra",来自拉丁文,而拉丁文又是从阿拉伯文来的。公元七世纪时,穆罕默德(Mohammad,阿拉伯,570~632)始创伊斯兰教,统一了阿拉伯,又通过武力扩张,建立了跨欧、亚、非三洲的大食国。大食国善于吸收被征服国家的文化,把重要的书籍译成阿拉伯文,并设置了许多学校图书馆和观象台。公元820年左右,阿拉伯天文学者花拉子米完成了伟大著作 *Al-jabrw' al muqabalah*,直译为《还原与对消的科学》。阿拉伯字 al-jabr 意为"还原"或"移项"(将负项移至方程另一端后变成正项),muqabalah 是"对消"或"化简"(将方程两端相同的项消去或合并同类项)。约公元 1140 年左右,《还原与对消的科学》被译成拉丁文。这本书传入欧洲后,第二个字逐渐被人遗忘,而"al-jabr"也慢慢演变为"algebra"。《还原与对消的科学》阐述最简单实用的数学知识,用十分简单的问题说明解方程的一般原理,如在继承财物、分配产业、诉讼、贸易,以及大量土地交易等事情中所遇到的问题,花拉子米将这些实际问题化为一次或二次方程的求解问题,其采用的主要方法是"还原"及"对消"。

清代初年,西方数学传入中国,"algebra"曾一度被音译为"阿尔热巴拉"。1859年,我国清代学者李善兰(1811~1882)和英国传教士伟烈亚力(A. Wylie,1815~1887)合译英国数学家德摩根(A. De Morgan,1806~1871)的代数著作 *Elements of Algebra* 时,首次把"algebra"翻译为"代数"。

1873年,中国清末学者华蘅芳(1833~1902)和英国传教士傅兰雅(J. Fryer,1839~1928)合译另一本代数著作时,又进一步说明:代数之法,无论何数,皆可以任何记号代之。

中学数学主要分成代数与几何两大部分,其中代数学的最大特点是引入了未知数,建立方程,对未知数加以运算。最早提出这一思想并加以举例论述的,是古代数学名著《算术》一书,其作者是古希腊后期的数学家丢番图。公元 250 年前后,丢番图写了一本数学巨著《算术》(*Arithmetic*),这部著作原有 13 卷,现仅存 6 卷,含 189 个问题,分 50 余类。在这部著作中,丢番图引入了未知数的概念,创用了一套缩写符号,并有建立方程式的思想。故后人多称丢番图为"代数学之父"。

《算术》是一部可以和欧几里得《几何原本》相媲美的古代代数书籍。《算术》讲整数论,特别是整系数方程的解法,属于代数学的范畴,它突破了以几何学为中心的传统,使得算术和代数成为希腊数学中独立发展的一支。

丢番图《算术》一书中的代数方程主要讨论不定方程,而且只讨论正根。丢番图认为负根是不合理的。他解方程的方法大都比较巧妙,但是他解一题用一法,甚至性质相近的方程,解法也不同,令人困惑。《算术》中有一个著名的不定方程:将一个平方数分成两个平方数之和。1637 年,法国数学家费马在阅读《算术》时对该问题给出了一个边注"将一个立方数分成两个立方数之和,或者一个四次幂分成两个四次幂之和,这是不可能的。关于此,我确信已经发现了一种美妙的证法,可惜这里空白的地方太小,写不下"。这个边注引出了后来举世瞩目的"费马大定理"。

2. 符号代数的产生与发展

数学符号对数学的发展所起的作用是举足轻重的,尽管人们无法对每个数学符号的产生给出确切的历史考证,但是一些重要符号的出现,仍然在数学史上留下了深深的足迹。

符号代数发展的历史,经历了三个阶段。第一个阶段为 3 世纪之前,对问题的解不用缩写和符号,而是写成一篇论文,称为文字叙述代数。第二个阶段为 3 世纪至 16 世纪,对某些较常出现的量和运算采用了缩写的方法,称为简化代数,开创简化代数时代的是 3 世纪古希腊数学家丢番图。然而,此后文字叙述代数,在除了印度以外的世界其他地方,还十分普遍地存在了好几百年,尤其在西欧一直到 15 世纪。第三个阶段为 16 世纪以后,对问题的解多半表现为由符号组成的数学速记,这些符号与所表现的内容没有什么明显的联系,称为符号代数。

15 世纪,人们最先使用的加和减的符号是 p(plus)和 m(minus)。德国商人则使用"＋"和"－"的记号,表示重量的剩余和不足,很快地,"＋"和"－"便为数学家们采用。1489 年,魏德曼(J. Widmann,捷,约 1460~1499)的著作《简算与速算》中第一次出现加号"＋"、减号"－"。但是直到 1544 年,一些数学家相继采用了这两个抽象的数学语言符号,才使得它们被大家公认和广泛使用。1540 年,雷科德(R. Recorde,英,约 1510~1558)创见了两条等长的平行线"＝"表示等号。

使得符号代数发生重要变革的是 16 世纪法国最有影响的数学家韦达。16 世纪末,韦达在他所著的《分析方法入门》一书中,详细研究了方程的结构来替代方程的求解,卓有成效地重建了代数学研究,最早发展了使用字母的方程理论,对符号代数的发展有不少贡献。例如,他用母音($a,e,i,o,\cdots$)代表未知量,子音($b,c,d,f,\cdots$)代表已知量,后来笛卡儿改用字母序列的前面部分字母 $a,b,c,\cdots$表示已知量,后面部分字母 $x,y,z,\cdots$表示未知量,这个习惯一直沿用至今。韦达把符号代数称为"类的计算术",而算术是同数打交道的,这样,代数就脱离了具体数的束缚而抽象为研究一般的符号形式的学问。从韦达开始,欧洲的代数学大致进入了符号代数时期。

1600 年出现大于号"＞"和小于号"＜"。1631 年,出现"×、÷"作为乘除运算符。1637 年,笛卡儿第一次使用了根号"$\sqrt{}$"。诸如,"≮""≯""≠"等诸多符号的出现,已经是近代的事了。

今日数学所使用的符号,是早期使用的符号经过长期实践后而保留下来的,其特征大多遵循易写易记的原则。使用符号,是数学史上一个重要事件。如果人类祖先很早就使用像现在这样的符号,很可能我们的数学发展将更快,也许学习的人会更多,而不至于许多数学书籍及方法失传。

4.1.2　代数学的华彩篇章

1. 高次方程的代数解

代数学是从代数方程求根逐步发展起来的。早在公元前 19 世纪～前 17 世纪,古巴伦人就解决了一元一次和一元二次方程求根的问题,给出了二次方程的求根公式。公元前 4 世纪,古希腊的欧几里得在《几何原本》中用几何方法求解二次方程。公元 1 世纪,我国《九章算术》中有三次方程和一次方程组解法,并运用了负数。3 世纪的丢番图不仅用有理数求一次、二次不定方程的解,而且他把希腊代数学进行简化,开创了简化代数。13 世纪中叶,我国数学家秦九韶在其所著的《数书九章》中给出了高次方程的近似解法。金元时期的数学家李冶在其所著的《测圆海镜》中记载了有关一元高次方程的数值解法的天元术。

由一次方程组求解问题发展起来的理论称为线性代数学,主要研究行列式、矩阵、向量空间、线性变换、型论、不变量论、张量代数等。

代数学的另外一个重要内容——多项式理论,是由高次方程求根问题发展起来的。至 19 世纪上半叶,“求代数方程的根”一直是古典代数学的中心问题。

和一次方程组情形不同,一元高次方程的求解要困难得多了,人们着眼于寻求高次方程的代数解法。所谓代数解法就是和一元二次方程一样,由方程的系数通过加、减、乘、除、乘方、开方六种运算把根表示出来。这件事前后大约经历了三百多年。1515 年,意大利数学家菲洛(S. Ferro,1456～1526)解决了形如 $x^3+ax=b$ 的缺二次项的三次方程求解问题,但他的解法并未发表。1533 年,意大利数学家塔尔塔里亚(N. Tartaglia, 1500～1557)宣布找到了一元三次方程的代数解法,意大利另一数学家卡丹(J. Cardan,1501～1576)索要塔尔塔里亚的解题秘诀,并将对这个解法的理解发表于 1545 年自己所著的《大法》一书,一元三次方程的求根公式才得以第一次公诸于世,并被称为卡丹公式。

卡丹公式的推导过程具体表述如下。

考虑一元三次方程 $y^3+ay^2+by+c=0$,令 $y=x-\dfrac{a}{3}$,则得 $x^3+px+q=0$,其中 $p=a\left(1-\dfrac{2}{3}a\right)+b, q=c+\dfrac{2}{27}a^3-\dfrac{ab}{3}$。再令 $x=u+v$,得 $u^3+v^3+q+(3uv+p)\times(u+v)=0$,选 u,v 使 $3uv+p=0$,于是有 $u^3+v^3+q=0$,再加上方程 $u^3v^3=-\dfrac{p^3}{27}$,

韦达定理说明,u^3,v^3 是方程 $z^2+qz-\dfrac{p^3}{27}=0$ 的根,即

$$u^3=-\frac{q}{2}+\sqrt{\frac{q^2}{4}+\frac{p^3}{27}}, \quad v^3=-\frac{q}{2}-\sqrt{\frac{q^2}{4}+\frac{p^3}{27}},$$

由 u,v 可得原方程的根。

1540 年，卡丹的学生弗尔拉里(L. Ferrari,1522～1565)发现了一元四次方程 $x^4+bx^3+cx^2+dx+e=0$ 的代数解法，后发表于卡丹的《重要的艺术》一书中。

在研究解方程的过程中，卡丹引入了复数，并认识到三次方程有三个根，四次方程有四个根，并且卡丹指出方程的复数根是以共轭的形式成对出现的。200 多年后，法国数学家达朗贝尔于 1746 年首先给出代数学基本定理，其内容是：设

$$f(x)=x^n+a_1x^{n-1}+a_2x^{n-2}+\cdots+a_{n-1}x+a_n$$

是一个一元 n 次多项式，它的系数 $a_1,a_2,\cdots,a_{n-1},a_n$ 是实数或复数，那么一元 n 次代数方程

$$f(x)=0 \qquad\qquad\qquad (*)$$

至少有一个实数或复数根。

这个定理断言：每个实系数或复系数的一元 n 次代数方程至少有一个实根或复根。因此，一元 n 次代数方程在复数域中有 n 个根。事实上，设 x_1 是方程($*$)的一个根，用$(x-x_1)$去除 $f(x)$，由于除式是一次的，所以余式就是一个常数 r，从而有

$$f(x)=(x-x_1)f_1(x)+r \qquad\qquad (**)$$

由多项式带余除法知，式($**$)中的 $f_1(x)$ 是一个 $n-1$ 次多项式。将 x_1 代入($**$)式，有

$$0=f(x_1)=(x_1-x_1)f_1(x_1)+r=r,$$

于是

$$f(x)=(x-x_1)f_1(x)。$$

这就是说，$(x-x_1)$能整除此多项式，同理，设 x_2 是方程 $f_1(x)=0$ 的根，则有

$$f_1(x)=(x-x_2)f_2(x),$$

其中的 $f_2(x)$ 是一个 $n-2$ 次多项式，n 次分解后，就得到

$$f(x)=(x-x_1)(x-x_2)\cdots(x-x_n),$$

这里的 $x_1,x_2,\cdots,x_n$ 为实数或复数，为一元 n 次代数方程 $f(x)=0$ 的 n 个根。

达朗贝尔对代数学基本定理的证明不够完善。1799 年，22 岁的高斯在其博士学位论文中给出代数学基本定理的第一个严格的证明。这样，高次方程根的存在性问题彻底解决了。

2. 伽罗瓦群论

四次方程解出后，许多数学家相信更高次方程的求根公式仍存在，并寻找这样的公式。1770 年，法国数学家拉格朗日从研究二、三、四次方程求解的规律入手，引入了排列与置换的概念，写出了《关于代数方程解法的思考》的长文，首次指出高于四次的代数方程可能没有代数解法，但没有给出证明。德国数学家高斯也曾有

类似的预言。1824 年,挪威数学家阿贝尔证明了高于四次的一般形式的代数方程没有代数解法,即无求根公式,但未能说明哪些方程根式可解。至此,人们在长达300 多年内寻求高于四次方程的根的公式失败的原因终于有了理论依据。

为什么四次及四次以下的方程有代数解法,而高于四次的方程就没有代数解法呢? 1829 年,法国青年数学家伽罗瓦在熟读了拉格朗日和阿贝尔论文之后,深受启发,他想寻找一种统一的方法讨论能否用根式求解高次方程,即在一般的理论框架下研究这个问题。对于已知的方程,伽罗瓦考虑它的根的置换构成的某个集合,说明这个置换集的某些性质能揭示方程根的内在特征,即这些性质对方程是否存在代数解法起决定作用。于是,伽罗瓦便开始对这个置换集进行独立的研究,这个置换集后来被称为伽罗瓦群。他证明了一个代数方程如果可用根式求解,则相应的伽罗瓦群是一个可解群。作为这个结果的一个推论是:对应于一般形式的 n 次代数方程的伽罗瓦群,只有当 $n=1,2,3,4$ 时才是可解群。1870 年,大约在伽罗瓦去世后 40 年,他的研究成果才被世界公认,后人称之为**伽罗瓦理论**。伽罗瓦理论包含了方程能用根式求解的充分必要条件。至此,困扰了数学家长达数百年之久的古典代数学的中心问题得以终结:代数方程的根式可解性是由这个方程的伽罗瓦群的可解性决定的。因此,五次及五次以上代数方程不存在求根公式。伽罗瓦理论还给出了能否用直尺和圆规作图的一般判别法,从而圆满解决了古典代数学的一些难题(见附录)。

伽罗瓦理论被公认为 19 世纪最杰出的数学成就,开辟了全新的研究领域,以结构研究代替计算,将思维方式从偏重计算研究转向用结构观念进行研究,使得抽象代数学迅速发展,并对近代数学的形成和发展产生了巨大的影响。同时这种理论对物理学、化学等自然科学,甚至对于 20 世纪结构主义哲学的产生和发展都产生了深远的影响。

伽罗瓦群的所有重要性质,如可解性等,实际上不依赖于被置换对象的固有特征,从而产生了"抽象性"的概念,开创了代数学领域里的一个崭新分支——群论,这是研究"代数体系"的开端。代数体系,简单地说,就是带有运算的集合。人们在研究数的运算时,发现这些运算遵循一些规律,如交换律、结合律、分配律等。数学家们把具有某些运算并满足一定规律的集合(不一定是数集),赋予一些特殊的名称,如群、环、域等,从而构成了不同的代数体系。下面略作说明。

定义 4.1.1 设 G 是一个带有运算"·"的非空集合,且其中的运算满足:

(1) 封闭律:对 $\forall a,b \in G$,有 $a \cdot b \in G$;($\forall$ 表示任意的)

(2) 结合律:对 $\forall a,b,c \in G$,有 $(a \cdot b) \cdot c = a \cdot (b \cdot c)$;

(3) 幺元律:对 $\forall a \in G$,存在单位元 1,有 $1 \cdot a = a \cdot 1 = a$;

(4) 逆元律:对 $\forall a \in G$,$\exists a^{-1} \in G$,使得 $a \cdot a^{-1} = a^{-1} \cdot a = 1$。($\exists$ 表示存在)

则称集合 G 对于运算"·"组成一个群(Group),记为 $\{G; \cdot \}$,简称 G 是一个群。

例如,若以 I 表示由整数所组成的集合,则 I 在加法运算"+"下构成一个群。

对于 G 中的元素 a,b,若还有 $a \cdot b = b \cdot a$,则称 G 对运算"$\cdot$"构成一个交换群。例如,I 在加法运算"+"下构成一个交换群。

除了加法,I 上还有另一个运算,即乘法运算"×",且满足:

(5) I 对乘法运算是封闭的,即若 $a,b \in I$,则 $a \times b \in I$。

(6) 乘法结合律成立,即若 $a,b,c \in I$,则 $a \times (b \times c) = (a \times b) \times c$。

(7) 加法与乘法的分配律成立,即若 $a,b,c \in I$,则

$$a \times (b+c) = a \times b + a \times c,$$

$$(b+c) \times a = b \times a + c \times a。$$

I 既对加法构成一个交换群,又对乘法运算封闭且满足乘法结合律及分配律(即满足性质(5),(6),(7)),则称 I 构成一个环(Ring)。一般地,若 G 是一个集合,在 G 上有两种代数运算,对其中一种称为加法运算,G 构成一个可交换群,对另一种称为乘法的运算满足性质(5),(6),(7),则 G 称为一个环。

如果 G 是一个环,并且对 $a,b \in G$,有 $a \times b = b \times a$,则 G 称为交换环。一个交换环 G 称为是一个域(Field),如果 G 还满足:

(8) G 中至少包含一个不等于零的元。

(9) 对乘法运算,G 中有一个单位元,即存在 $e \in G$,使对任意 $a \in G$,有

$$e \times a = a \times e = a。$$

(10) G 中每个不等于零的元对乘法运算有一个逆元,即若 $a \in G$,且 $a \neq 0$,则存在 $a^{-1} \in G$,使得

$$a \times a^{-1} = a^{-1} \times a = e。$$

按照上面的定义,由整数所组成的集合 I 满足性质(8)与(9),其中对乘法运算的单位元就是普通的数"1"。但若 $a \in I,a \neq 0$,其逆 $\frac{1}{a} \notin I$(注意:全体正整数集合 I,对加法运算来说,它的单位元是"0",a 的逆元是 $-a$),即 a 在 I 内不存在对乘法运算的逆,故条件(10)不成立,所以 I 不是域。显然,全体有理数的集合 $\mathbf{Q}$,全体实数的集合 R 和全体复数的集合 $\mathbf{C}$ 均构成一个域。

*3. 代数学的蓬勃发展

代数的早期形式大多是用语言描述的,现行的符号形式是到了 17 世纪才制定下来的。作为各个数学分支不可分割的组成部分,代数在诸多科学研究和应用领域被广泛应用着。过去的三个世纪中,代数在两条轨道上延续:一条是走向更高层次的抽象理论,另一条是走向具象的计算方法。

布尔巴基学派应用公理化方法,采用数学结构主义思想,将全部数学归结为基于三种母结构:代数结构、顺序结构、拓扑结构。

（1）代数结构：有离散性对象加运算过程的结构系统，如群、环、域、代数系统、范畴、线性空间等。

（2）顺序结构：由实数集合中任何两个实数都可以比较大小而引出的结构系统，如半序集、全序集、良序集等。

（3）拓扑结构：提供了对空间邻域、极限及连续性等直观概念的抽象数学表述的结构系统，如拓扑空间、紧致集、列紧空间、连通集、完备空间等。

上述三种结构称为母结构，由此可以导出各种子结构，还可以有各种交叉，经过相互组合分化，构筑起数学巨厦。抽象理论一经正式形成，就获得了一股势不可挡的力量，冲破了原来的具体领域而转到抽象结构上来了。在代数学领域中的许多学科，例如，代数数论、代数几何、模形式（自守函数）、算术代数几何、代数 K 理论、同调代数、代数拓扑、范畴、格论、拓扑代数、Lie 群与 Lie 代数、代数表示论等都借助抽象代数的力量如雨后春笋般快速发展起来，成为代数学中充满生机的现代数学分支。

尽管代数学是基础学科，在抽象的道路上越走越远，然而不可否认它的重要应用，特别近年来，随着电子计算机和信息通信的革命性大潮，代数学中离散数学的应用发展更是惊人。群论在编码和加密理论中非常重要，现在信息技术中至关重要的信息安全等问题的解决离不开代数学的支撑，代数学成为了编码和密码学的基础；矩阵现在是经济分析的基础；代数拓扑的一些概念出现在从发电到计算机芯片的各个领域；范畴理论在计算机语言设计中也得到了应用。

代数学对 20 世纪现代物理学的影响是深远的。20 世纪物理学发生的两个伟大的革命是相对论和量子理论，而它们都是建立在 19 世纪的纯代数概念的基础上。在狭义相对论中，利用洛伦兹变换，可以将一个参照系下的时间和空间的测定"转化"成另一个参照系下的时间和空间的测定。这些变换可以建模为特定的四维空间坐标系中的旋转，即 Lie 群。广义相对论中，因为物质和能量的存在，这一四维时空被扭曲，为了对此做出恰当的解释，必须依靠代数几何学中的张量演算。

21 世纪的今天，物理学家正在研究更奇怪和大胆的物质理论，其中最大胆的理论是要统一相对论和量子力学。所有这些研究至少有一部分要借助 20 世纪的代数或代数几何的研究成果。

*4.1.3　代数学范畴

1. 算术

算术是数学的始祖，是数学中最古老的一个分支。它的一些结论是在长达数千年的时间里，逐渐建立起来的。它们反映了在许多世纪中积累起来，并不断凝固在人们意识中的经验。算术有两种含义，一种是从中国传下来的，相当于一般所说的"数学"，如《九章算术》等。另一种是从欧洲数学翻译过来的，源自希腊语，有"计算技术"之意。现在一般所说的"算术",往往指自然数的四则运算。作为现代小学课程内容的算术,主要讲的是自然数、正分数以及它们的四则运算,并通过由计数和度量而引起的一些最简单的应用题加以巩固。

古希腊时期的算术一词,专指数的理论,它与实用的计算技术有明显的不同,这种区别一直保持到中世纪。现代初等算术运算方法的发展,起源于印度,时间大约在 10 世纪或 11 世纪,它后来被阿拉伯人采用,之后传到欧洲,才把数的理论称为"数论",把数的计算称为"算术"。15 世纪,它被改造成现在的形式。在印度算术的后面,明显地存在着我国古代的影响。

19 世纪中叶,格拉斯曼(H. G. Grassmann,德,1809~1877)第一次成功地挑选出一个基本公理体系,来定义加法与乘法运算;后来,佩亚诺(G. Peano,意,1858~1932)进一步完善了格拉斯曼的体系。算术的基本概念和逻辑推论法则,以人类的实践活动为基础,深刻地反映了世界的客观规律性。尽管算术是高度抽象的,但由于它概括的原始材料是如此广泛,因此我们几乎离不开它。同时,它又构成了数学其他分支的最坚实的基础。

2. 初等代数

作为中学数学课程主要内容的初等代数,其中心内容是方程理论。代数方程理论在初等代数中是由一元一次方程向两个方面扩展的:其一是增加未知量的个数,考察由几个未知量的若干个方程所构成的二元或三元方程组(主要是一次方程组);其二是增高未知量的次数,考察一元二次方程或准二次方程。初等代数的主要内容在 16 世纪便已基本上发展完备了。

数的概念的拓广,在历史上并不全是由解代数方程所引起的,但习惯上仍把它放在初等代数里,以求与这门课程的安排相一致。公元前 4 世纪,古希腊人发现无理数。公元前 2 世纪(西汉时期),我国开始应用负数。1545 年,意大利数学家卡丹开始使用虚数。1614 年,英国数学家纳皮尔发明了对数。17 世纪末,一般的实数指数概念逐步形成。

3. 高等代数

在高等代数中,一次方程组(即线性方程组)发展成为**线性代数理论**;而一次、二次方程发展成为**多项式理论**。前者是研究向量空间、线性变换、型论、不变量论和张量代数等内容的一门近世代数分支学科,而后者是研究只含有一个未知量的任意次方程的一门近世代数分支学科。作为大学课程的高等代数,只研究它们的基础。

1683 年,关孝和(Seki Takakazu,日,1642~1708)最早引入行列式概念。关于行列式理论最系统的论述,则是雅可比(C. G. Jacobi,德,1804~1851)1841 年的

《论行列式的形成与性质》一书。在逻辑上，矩阵的概念先于行列式的概念，而在历史上，次序正相反。英国数学家凯莱（A. Cayley，1821～1895）在 1855 年引入了矩阵的概念，在 1858 年发表了关于这个课题的第一篇重要文章《矩阵论的研究报告》。

19 世纪，行列式和矩阵受到人们极大的关注，出现了千余篇关于这两个课题的文章。行列式和矩阵在数学上并不是大的改革，而是速记的一种表达式。虽然人们认为行列式和矩阵的概念完全是语言的改革，但是它的大多数生动的概念能为新思想领域提供不可或缺的钥匙。对于以比较扩展的形式存在的概念，它们提供了简洁优美的表达式。矩阵在领悟群论的一般定理方面具有作为具体的群的直观启发作用。同时，随着近代抽象数学的发展，人们已经更多倾向于将其具体化，这就不可避免地用到行列式和矩阵的相关概念和性质。通过行列式和矩阵的直观形式，人们可以更加清楚地认识和掌握所要探求的抽象数学的本质。行列式和矩阵正在深刻地影响着现代数学的进展，数学发展的实践证明了它们是高度有用的工具。

4. 数论

以正整数为研究对象，但不是从运算的观点，而是从数的结构的观点来研究，即从一个数可用其他性质较简单的数来表达的观点来研究数的代数学分支，称为数论。因此可以说，数论是研究由整数按一定形式构成的数系的科学。

早在公元前 3 世纪，古希腊的欧几里得在《几何原本》中讨论了整数的一些性质，他证明了素数的个数是无穷的，还给出了求两个正整数最大公约数的辗转相除法，与我国《九章算术》中的"更相减损法"是相同的。古希腊的数学家埃拉托色尼（Eratosthenes，公元前 276～前 194）则给出了寻找不大于给定的自然数 N 的全部素数的"筛法"：在写出从 1 到 N 的全部整数的纸草上，依次挖去 2，3，5，7，…的倍数（各自的 2 倍，3 倍……）以及 1，在这筛子般的纸草上留下的便全是素数了。埃拉托色尼的"筛法"是现代意义的筛法的起源，哥德巴赫猜想的进展主要是依靠改进筛法取得的。

当两个整数之差能被正整数 m 除尽时，便称这两个数对于"模"m 同余。公元 4 世纪前后，我国的《孙子算经》中出现了计算一次同余式组的方法。13 世纪，我国南宋数学家秦九韶已建立了比较完整的同余式理论——有"中国剩余定理"之称的"大衍总数术"，这是数论研究的内容之一。

古希腊数学家丢番图的著作《算术》中给出了求 $x^2 + y^2 = z^2$ 所有正整数解的方法。有"业余数学家之王"美誉的费马指出 $x^n + y^n = z^n$ 在 $n > 2$ 时无正整数解（即费马大定理），对于该问题的研究产生 19 世纪的数论。之后，高斯在 1801 年出版的著作《算术研究》奠定了近代数论的基础，这本著作不仅是数论方面的划时代之作,也是数学史上不可多得的经典著作之一。此后,数论作为现代数学的一个重要分支得到了系统的发展。

数论又有一些分支。数论的古典内容,基本上不借助于其他数学分支的方法,称为**初等数论**。17 世纪中叶以后,曾受数论影响而发展起来的代数、几何、分析、概率等数学分支,又反过来促进了数论的发展,出现了**代数数论**(研究整系数多项式的根——"代数数")、**几何数论**(研究直线坐标系中坐标均为整数的全部"整点"——"空间格网")。19 世纪后半叶出现了**解析数论**(用分析方法研究素数的分布)。20 世纪出现了完备的数论理论。中国近代数学家华罗庚、陈景润等在解析数论方面都做出过突出的贡献。

5. 抽象代数(近世代数)

研究群、环、域等各种抽象的公理化代数系统的代数学分支,称为抽象代数或近世代数。这些抽象的公理化代数系统主要起源于 19 世纪的群论,包含诸多分支,并与数学其他分支相结合产生了代数几何、代数数论、代数拓扑等新的数学学科。

从伽罗瓦群的概念开始,19 世纪代数学的对象已突破了数的范围,产生了许多代数系统,人们逐渐认识到这些代数系统中元素本身的内容并不重要,重要的是关联这些元素的运算及其所服从的规则,于是开始了从具体的代数系统到抽象系统的过渡。1843 年,哈密顿发明了一种乘法交换律不成立的代数——四元数代数。(四元数指 $a+bi+cj+dk$,其中要求 $i^2=j^2=k^2=ijk=-1$)。翌年,德国数学家格拉斯曼推演出更具一般性的几类代数。1857 年,英国数学家凯莱设计出另一种不可交换的代数——矩阵代数。他们的研究打开了抽象代数的大门。实际上,减弱或删去普通代数的某些假定,或将某些假定代之以别的假定(与其余假定是不矛盾的),就能构造出许多种代数体系。

数学界公认抽象代数是希尔伯特的抽象思维及公理化方法的产物,创立者是德国伟大的女数学家诺特(A. E. Noether,1882~1935)与奥地利数学家阿廷(E. Artin,1898~1962)。1930~1931 年,范德瓦尔登(B. L. van der Waerden,荷,1903~1996)的《近世代数学》问世,标志着抽象代数学正式诞生。此后,抽象代数学成为代数学的主流,同时确立了公理化方法在代数领域的统治地位。

代数结构的研究对现代数学的发展影响深远。第二次世界大战后,出现了各种代数系统的理论,法国的布尔巴基学派正是受到抽象代数思想的启示提出了一般的数学结构观点。

到目前为止,数学家已经研究过 200 多种代数结构。这些工作的绝大部分属于 20 世纪,它们使一般化和抽象化的思想在现代数学中得到了充分的反映。抽象代数已经成了当代大部分数学的通用语言。

现在,可以笼统地把代数学解释为关于字母计算的学说,但字母的含义是在不断拓广的。在初等代数中,字母表示数;而在高等代数和抽象代数中,字母则表示向量(或 n 元有序数组)、矩阵、张量、旋量、超复数等各种形式的量。可以说,代数已经发展成为一门关于形式运算的一般学说了。

思 考 题

1. 简述代数学名称的由来。

2. 古典代数学的中心问题是什么? 这个问题是如何解决的?

3. 行列式和矩阵有怎样的应用? 举例说明。

4. (1) 简述群论的思想与定义,以及群论的深远影响;

(2)"有理数集合关于加法运算"、"非零实数集合关于乘法运算"是否构成群?

5. 代数学包括哪些范畴?

6. 如何界定代数学? 代数学有怎样的应用前景?

名 人 小 撰

1. 令人困惑的代数学的鼻祖——丢番图(Diophantus of Alexandria,约 $264\sim330$),3 世纪古希腊数学家。

对丢番图的生平,由于时代久远,无从考证,人们知之甚少。但在一本《希腊诗文选》(公元 500 年前后)中,收录了丢番图奇特的墓志铭:"过路人,这里埋葬着丢番图,多么令人惊讶,它忠实地记录了所经历的道路。上帝给予的童年占六分之一。又过十二分之一,两颊长胡须。再过七分之一,点燃起结婚的蜡烛。五年之后天赐贵子,可怜迟到的宝贝儿,享年仅及其父之半,便进入冰冷的坟墓。悲伤只有用数论的研究去弥补,又过四年,他也走完了人生的旅途。请问他活了多少年才与死神见面?"

古希腊的代数著作是用纯文字写成的,还没有采用符号系统。亚历山大时期的希腊代数到丢番图出现时达到最高峰,丢番图的一个重大进步是在代数中采用了一套符号,例如

丢番图的符号	s	Δ^Y	K^Y	$\Delta^Y\Delta$	ΔK^Y	K^YK
现在通用的符号	x	x^2	x^3	x^4	x^5	x^6

丢番图是数学史上自觉运用一套符号以使代数的思路和书写更加紧凑更加有效的第一人,而且丢番图也开创了使用三次以上的高次乘幂的先河,古希腊数学家

不能也不愿意考虑三个以上因子的乘积,认为这种乘积没有意义。

丢番图的著作远远超过了他同时代的人,但遗憾的是,他生不逢时而没有能对那个时代产生太大的影响,因为罗马人很快到来,一股吞噬文明的毁灭性浪潮降临了。

2. 高等数学在中国的最早传播人——李善兰(1811~1882),浙江海宁人,中国清代数学家、天文学家、翻译家、教育家。

李善兰自幼喜好数学,才智出众。青少年时期就钻研我国元代著名数学家李冶的《测圆海镜》。道光年间,他陆续完成《四元解》《麟德术解》《弧矢启秘》《方圆阐幽》及《对数探源》等著作,声名鹊起。1852 年至 1856 年,李善兰旅居上海期间,在上海墨海书馆与英国传教士、汉学家伟烈亚力合作,继续清代数学家徐光启和英国传教士利玛窦未竟的事业,完成了翻译《几何原本》后 9 卷的工作,欧几里得的这一伟大著作得以第一次完整地引入中国,对中国近代数学的发展起到了重要的作用。从 1852 年到 1859 年间,李善兰还翻译了《代数学》13 卷、《代微积拾级》(即《解析几何与微积分初步》)18 卷、《谈天》18卷,并与人合作翻译《重学》20 卷和《圆锥曲线说》3 卷等大量的数学论著,以及《植物学》等西方近代科学著作,还翻译了牛顿的《自然哲学的数学原理》4 册,这是代数学、几何学、微积分、哥白尼日心说、牛顿力学、近代植物学传入中国的开端。

1868 年,李善兰被清政府谕任为北京同文馆天文算学总教习,直至逝世,从事数学教育 13 年,培养了一大批数学人才,是中国近代数学教育的鼻祖。李善兰潜心科学,淡泊名利,晚年虽官至三品,但他从未离开过同文馆教学岗位,也未中断过科学研究,特别是数学研究工作,晚年有《垛积比类》等多部著作。李善兰在数学研究方面的成就主要有尖锥术、垛积术和素数论等。他在级数求和方面的研究成果,在国际上被命名为“李氏恒等式”。他不仅在代数学、微积分等的研究与传播上做出了不朽的贡献,而且他的翻译工作匠心独具,创设了变量、微分、积分、代数、数轴、曲率、曲线、极大、极小、无穷、根、方程式、级数等沿用至今的名词。李善兰为近代科学在中国的传播和发展做出了开创性的贡献。

3. 最浪漫而悲情的天才数学家——伽罗瓦(E. Galois,1811~1832),19 世纪法国数学家,群论的创始人。

1811 年 10 月 25 日,伽罗瓦出生于法国巴黎一个富裕的家庭,一直自学,直到 15 岁才进入高中接受正规教育,并开始研究数学。1829 年 10 月,伽罗瓦进入巴黎高等师范学校。作为一位有狂热激情的青年,由于政治原因,伽罗瓦曾两次被捕入狱,在狱中,他一面与官方进行不妥协的斗争,一面抓紧时间刻苦钻研数学。第二次出狱后不久,由于警方的挑拨和爱情纠葛,1832 年 5 月 30 日在与人决斗中不幸去世,时年 21 岁。1829 年,伽罗瓦提交有关代数方程的论文给法国科学院,论文由柯西审理,但不慎被遗失。1830 年,他提交另一篇有关代数方程的论文,由傅里叶负责审理,可惜傅里叶不久逝世,这篇论文也遗失了。1831 年,他重新写的关于根式求解方程条件的论文由泊松(S. D. Poisson,法,1781～1840)审理,泊松认为完全不能理解,要其详细说明。1832 年,在与人决斗的前夜,伽罗瓦给朋友写信,仓促地把生平的数学研究心得扼要写出,作为 1 份说明,并附以论文手稿,第 2 天便决斗而死。1846 年,刘维尔(J. Liouville,法,1809～1882)在《数学杂志》上编辑发表了伽罗瓦的遗作。1870 年,若尔当(C. Jordan,法,1838～1922)全面清晰地阐明了伽罗瓦的工作,自此伽罗瓦的工作得到完全承认。

伽罗瓦的那些保存下来的文献仅有 60 多页,但历史上没有人像他一样以篇幅如此短小的著作赢得如此高的荣誉。伽罗瓦短暂的数学生涯留下了永恒的遗产,他的工作可以视为代数抽象化的开始,近世代数的发端。德国数学家外尔评价说"伽罗瓦的论述在好几十年中一直被看成是'天书'。但是,它后来对数学的整个发展产生越来越深远的影响。如果从它所包含思想之新奇和意义之深远来判断,也许是整个人类知识宝库中价值最为重大的一件珍品"。

附 录

古希腊的尺规作图问题:

三等分角问题 只用直尺(无刻度)和圆规,三等分任意角。

例如,如果任意一个角能三等分,则 60 度角也能三等分,即用尺规能作出 20 度角,则长为 $2\cos 20°$ 的线段也应该能作出来。但是这等价于"尺规解"方程 $x^3 - 3x - 1 = 0$,而由伽罗瓦的理论,这类方程不能有"尺规解"。

倍立方问题 只用直尺(无刻度)和圆规,求作一立方体,使其体积等于一已知立方体体积的 2 倍。

例如,设已知立方体的边长为 1,要建造立方体的边长为 x,则倍立方体的问题就等价于问方程 $x^3 = 2$ 是否能用"尺规解"。而由伽罗瓦的理论,这类方程不能有"尺规解"。

化圆为方问题 只用直尺(无刻度)和圆规,求作一正方形,使其面积等于一已知圆的面积。

例如,设圆的半径为 1,正方形的边长为 x,则化圆为方的问题就等价于问方程 $x^2 = \pi$ 是否有代数数解,德国数学家林德曼(C. L. F. von Lindemann,1852～1939)在 1882 证明了 π 为超越数,由伽罗瓦的理论,化圆为方问题是不可能的。

4.2 几 何 学

数学中的转折点是笛卡儿的变数,有了变数,运动进入了数学,有了变数,辩证法进入了数学,有了变数,微分和积分也立刻成为必要的了。

——恩格斯(F. Engels,1820～1895,德国伟大的无产阶级革命导师)

上帝必定是一个几何学家。

——伽利略（G. Galileo，1564～1642，意大利天文学家）

人类各种知识中，没有哪一种知识发展到了几何学这样完善的地步……没有哪一种知识像几何学一样受到这样少的批评和怀疑。

——赫尔姆霍斯（Helmholtz，1821～1894，德国学者）

几何学是对人类和大自然中万物万象共存的空间的"认识论"，是研究"形"的科学。几何学以视觉思维为主导，培养人的观察力、空间想象力和洞察力，理所当然成为了整个自然科学的启蒙者和奠基者，因而被赞誉为第一科学。

在长达数千年的人类历史长河中，文献丰富，源远流长的几何学就是数学史、科学史、人类文明史的一个缩影，从中可以看到人类社会前进的足迹。几何学应用广泛，无处不在。从现代文明的成果看，无论是火箭、卫星的研制发射，还是人类生存空间的保护和改善，无一不用到几何学的知识；从推动科学的发展看，几何学的空间直观引起的直觉思维，构造几何模型产生的结构观念，追求严密逻辑走出的公理化道路，无一不渗透到数学乃至科学的各个领域。

4.2.1 几何学发展概述

人类对几何概念的认识要追溯到史前时代，在实践活动中，人们需要测量长度、估计面积、体积等。有史书记载，几何学最早出现在大约公元前 3000 年的埃及，从测量土地中产生，这是因为尼罗河水经常泛滥，冲去土地的界限，河水退去后，需要重新划分土地，因此对图形的认识、对面积的计算逐渐产生了。古埃及人和巴比伦人在生产和生活实践中积累了大量的几何知识，他们得到了最简单的面积和体积的一些经验公式。例如，他们有计算矩形、三角形和梯形的面积公式，古埃及人对圆面积的计算采用的公式是 $A=(8d/9)^2$，其中 d 表示圆的直径，这等于取 $\pi \approx 3.1605$，已经是估算圆周率 π 的较为精确的值了。他们也有计算立方体、柱体、锥体等立体的体积公式，甚至能够给出计算球的表面积的公式。

公元前 7 世纪，几何从埃及传到希腊，古希腊著名数学家泰勒斯、唯物主义哲学家德谟克利特（Democritus，约公元前 460～前 370）等又将它进一步发展了，毕达哥拉斯和他创建的学派更是对几何做出了卓越的贡献，这些都为几何转变为数学理论奠定了基础。

据考证，几何作为数学理论的系统叙述出现在公元前 5 世纪时的古希腊，但是并没有流传下来。大约在公元前 3 世纪时，古希腊学者欧几里得在前人工作的基础上，对希腊丰富的数学成果进行搜集、整理、总结，用命题的形式重新表述，对一些结论做出严格的证明。他最大的贡献是选择了一系列最原始的、不言自明的定义和公理,并将它们按照逻辑顺序排列,然后进行演绎和证明,形成了具有严密逻辑体系的公理化著作《几何原本》。

《几何原本》的出现,标志着几何学成为数学科学中最古老,最为成熟的一个分支,它统治了数学的舞台达 2000 多年之久。至 17 世纪,几何学上的一个重要成果是笛卡儿创建了解析几何,将代数的方法应用于几何中,实现了数与形的统一。随着透视画的出现,19 世纪初,一门源自于艺术的全新学科——射影几何学诞生了。到 19 世纪上半叶,出现了非欧几何,引起了数学概念、思想、方法等方面的革命性的变化,从根本上改变了人们对数学的性质及其与物质世界的关系的理解,深刻地影响了现代自然科学、数学、哲学的发展,人们的思想得到了极大的解放,各种非欧几何、微分几何、拓扑学相继诞生,几何学进入了一个空前繁荣的时期。

*4.2.2　几何学的范畴

1. 欧氏几何

约公元前 3 世纪,欧几里得撰写的著作《几何原本》诞生,这是数学史上一个伟大的里程碑。《几何原本》被西方科学界奉为“圣经”,是数学史上流传最广的著作之一,具有无与伦比的崇高地位。

几何,英文为“Geometry”,是由希腊文演变而来,其原意为“土地测量”。我国明代学者徐光启(1562~1633)与意大利传教士利玛窦(M. Ricci,1552~1610)合译了欧几里得《几何原本》的前 6 卷,于 1607 年出版,徐光启将“Geometry”一词译为“几何学”,就是从其音译而来。

《几何原本》共分 13 卷,从 23 个定义、5 条公设和 5 条公理出发,演绎出 96 个定义和 465 条命题,构成了历史上第一个数学公理体系。全书精心编排,把命题依照彼此的逻辑关系,从简单到复杂,将内容按照顺序排列起来,几乎涵盖了前人所有的数学成果。

《几何原本》的第 1 卷是全书逻辑推理的基础,给出了一些必要的定义、公设和公理,第 1~4 卷和第 6 卷包括了平面几何的一些基本内容,如全等形、平行线、多边形、圆、毕达哥拉斯定理、初等作图及相似形等。其中的第 2 卷和第 6 卷还涉及用几何形式来处理代数问题,第 5 卷讲比例尺,第 7~9 卷的内容是关于数论方面的,第 10 卷讲不可公度量,第 11~13 卷内容属于立体几何方面。

《几何原本》是欧几里得运用亚里士多德的形式逻辑方法,按照公理化结构建立的第一个关于几何学的演绎体系,其演绎的思想是以人们普遍接受的简单的现象和简洁的数学内容作为起点,去证明复杂的数学结论。欧几里得将那些起点称为公设和公理。在《几何原本》中,公设和公理的区别是:公理是适用于一切科学的真理,而公设是只适用于几何学的原理。公理和公设是不言自明的基本原理,是建立其他命题的共同出发点。

　　欧几里得在《几何原本》中给出的 5 条公设是：

　　Ⅰ. 连接任意两点可以作一直线段。

　　Ⅱ. 一直线段可以沿两个方向无限延长而成为直线。

　　Ⅲ. 以任一点为中心，任意长为半径可以作圆。

　　Ⅳ. 所有直角都相等。

　　Ⅴ. 若同一平面内任一条直线与另两直线相交，同侧的两内角之和小于两直角，则这两直线无限延长必在该侧相交。

　　5 条公理是：

　　Ⅰ. 等于同量的量彼此相等。

　　Ⅱ. 等量加等量，其和相等。

　　Ⅲ. 等量减等量，其差相等。

　　Ⅳ. 彼此能重合的东西是相等的。

　　Ⅴ. 整体大于部分。

　　后人把欧几里得建立的几何理论称为"欧氏几何"，成立欧氏几何的平面称为"欧氏平面"，成立欧氏几何的空间称为"欧氏空间"。欧几里得在《几何原本》中使用的这种建立理论体系的方法称为"公理化方法"（原始公理法）。

　　欧氏几何第一次用公理化方法将零散的数学知识整理成一套复杂而严谨的整体结构，构成了数学史上第一个封闭的演绎体系，使得公理化方法作为组织数学的最好方法成为其后所有数学的范本。另外，欧氏几何中的抽象化的内容给人们提供了一种思维的理性方式，成为训练、培养逻辑推理的有力手段。

　　2. 非欧几何

　　欧几里得的 5 条公理和 5 条公设中的 Ⅰ~Ⅳ 很容易被人们接受，但第 Ⅴ 公设从一开始就受到人们的怀疑，因为它缺乏其他公理和公设的直观性、明显性，兼文字的叙述冗长，还含有直线可以无限延长的含义，古希腊人对无限基本采取一种排斥的态度。因此，在《几何原本》问世的 2000 年中，不少人试图去修正第 Ⅴ 公设，认为可由其余公理和公设所证出，或用更简单或更直观的公设来代替。

　　经过无数次失败的尝试，直到 19 世纪初，大批数学家才开始意识到第 Ⅴ 公设是不可证明的，唯一的办法就是要么承认它，要么重新构筑一个体系。在富有科学想象力的众多数学家的努力下，后一种思路导致了非欧几何的诞生。

　　欧氏几何的第 Ⅴ 公设等价于：在平面内过已知直线外一点，只有一条直线与已知直线平行。因此欧氏几何的第 Ⅴ 公设也称之为平行公设。否定平行公设引出了两种几何——罗巴切夫斯基几何与黎曼几何，平行公设成为三种几何的分水岭。

1826 年俄国数学家罗巴切夫斯基(N. I. Lobachevsky, 1792～1856), 1832 年匈牙利数学家鲍耶(J. Bolyai, 1802～1860)通过各自独立工作, 否定第 V 公设, 将之修改为 V': 过直线外一点, 至少能作两条直线与已知直线平行。推出了一个又一个新奇的结论后仍找不到逻辑上的矛盾, 这些新的结论构成了一个不同的几何体系, 后来被称为罗巴切夫斯基几何(简称罗氏几何)。

1854 年德国数学家黎曼修改第 V 公设为 V'': 过直线外一点, 不能作与已知直线相平行的直线。也推出了一系列新奇的无逻辑上矛盾的结论, 这些新的结论构成的几何体系, 后来被称为黎曼几何。

既然三种几何的基本差别在于平行公设, 故凡是与平行公设无关的欧氏几何的定理在三种几何中均成立。凡是与平行公设有关的欧氏几何的定理在其他两种几何中都不再成立。例如, 关于三角形的内角和, 欧氏几何的结论是: 三角形内角和等于 $180°$; 罗氏几何的结论是: 三角形的内角和小于 $180°$; 黎曼几何的结论则是: 三角形的内角和大于 $180°$。再如, 在一直角三角形中, 用 a, b 表示两直角边, 用 c 表示斜边, 关于勾股定理, 欧氏几何的结论是: $a^2 + b^2 = c^2$; 罗氏几何的结论是: $a^2 + b^2 < c^2$; 黎曼几何的结论是: $a^2 + b^2 > c^2$。

罗氏几何与黎曼几何统称为非欧几何。非欧几何的出现, 是 19 世纪数学发展的一个重大突破。在这之前, 所有的数学家都认为欧氏几何是物质空间和此空间内图形性质的唯一正确描述, 其中的"空间"也专指当时人们所唯一了解的欧氏空间。德国近代著名哲学家康德(I. Kant, 1724～1804)就曾说: "欧氏几何的公理存在于纯粹直觉中, 是不可改变的真理, 欧氏几何是人类心灵固有的, 对于现实空间是客观合理的描述。"

非欧几何能否找到现实的应用, 其命题是否具有合理性? 自其诞生之初, 这些就成为围绕新几何学展开讨论的核心问题。1868 年, 意大利数学家贝尔特拉米(E. Beltrami, 1835～1899)发表了非欧几何发展史上里程碑式的论文《论非欧几何学的实际解释》, 通过构造模型给出了两种几何的解释, 但贝尔特拉米提供的模型较复杂。其后, 德国数学家克莱因和法国数学家庞加莱等先后在欧氏空间中给出了非欧几何的直观模型。他们的主要结论是: 如果非欧几何中存在矛盾, 这种矛盾也将在欧氏几何中出现, 由于一般承认欧氏几何是真的, 所以非欧几何也有了可靠的基础。这些模型化的解释从理论上消除了人们对非欧几何的误解, 从而使之获得了广泛的认可。

现在普遍接受的看法是: 非欧几何是球面上的几何学, 黎曼几何能在球面上实现, 罗氏几何能在伪球面上实现。如果将球面上的大圆视为直线, 则球面上的几何就表现为黎曼几何。在这种几何中任何两条直线都相交, 且交于两个交点, 公设 V'' 则显而易见, 黎曼几何的每一条定理都能在球面上得到合理的解释了, 三角形的内角和大于 $180°$ 也容易证明。伪球面上的几何展现了罗氏几何。**伪球面**是指由一条**曳物线**绕一条固定的轴旋转成的旋转曲面。通俗的解释是：假设有一个人 M 牵着一条狗 A，其间距离（绳子长）为 a，人 M 沿着一条直线 MN 行走，而狗 A 随时随地朝着它主人 M 方向沿着一条曲线 AB 保持 $AM=a$ 的定长距离在行走，线 AB 就是**曳物线**，它绕 MN 旋转而形成的曲面就是**伪球面**。在伪球面上两点之间的"直线"是指测地线，即两点之间的最短连线（图 4.2.1 和图 4.2.2）。

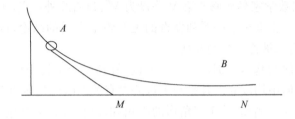

图 4.2.1　曳物线

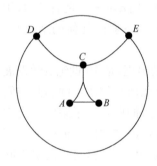

图 4.2.2　伪球面

随着社会的进步和科学研究水平的发展，人们已经认识到欧氏几何不再是在经验能够证实的范围内描述物质空间的唯一正确的几何，非欧几何的现实性在逐渐被证实。例如，爱因斯坦以黎曼几何为工具刻画了广义相对论中的物理空间；罗氏几何可以用来描述视空间（一种从正常的有双目视觉的人心理上观察到的空间）。

非欧几何的影响是巨大的，它一方面摧毁了人们长久建立起来的欧氏几何是绝对真理的信念，深刻揭示了数学的本质问题。另一方面，它为数学提供了一个摒弃实用性，采用抽象与逻辑思维的智慧创造的自由天地。

3. 解析几何

17 世纪前半叶，对欧氏几何局限性的认识及科学技术的发展对数学提出的新要求，促使了解析几何的诞生。解析几何的创始人是法国数学家笛卡儿和费马，他们认为传统几何过多地依赖于图形，缺乏抽象的理性推导，而传统的代数过多地受到法则的约束，缺乏直观的感性认识。两位数学家敏锐地认识到利用代数方法来研究几何问题是改变传统方法的有效途径。

笛卡儿于 1637 年发表长篇著作《更好地指导推理和寻求科学真理的方法论》，该书三个附录之一的《几何学》阐述了他的坐标几何的思想，标志着解析几何的诞生。笛卡儿的理论以两个观念为基础：

（1）坐标观念：其作用是把欧氏平面上的点与一对有序的实数对应起来。

(2) 将带两个未知数的方程和平面上的曲线相对比的观念。例如,二元方程 $x^2+y^2=a^2$,这种通常有无穷多组解的所谓"不定方程"对代数学家来说是无意义的,但笛卡儿注意到当 x 连续地改变时,方程相应地确定 y,于是两个变量 x,y 可以看成平面上运动着的点的坐标,这样的点的运动轨迹形成一条平面曲线。

以上两个观念就是用代数方法去解决几何问题,这就是解析几何的基本思想。

费马是 17 世纪法国最杰出的数学家,他关于解析几何的工作源于对阿波罗尼奥斯的著作《论平面轨迹》中圆锥曲线的研究。费马在 1629 年所著的《平面和立体的轨迹引论》一书阐述了解析几何中坐标几何的原理。他使用了倾斜坐标系,建立了圆锥曲线的代数表述式。但是,费马没有完全摆脱阿波罗尼奥斯的思想方法的影响,其建立的解析几何虽然具有创造性,但不够成熟,主要表现在他对纵坐标如何依赖横坐标注意不够,没有建立自己的坐标系统,没有清楚地说明把一直线上的点与一个实数对应的基本观点,因此他的方法是不纯粹的。

笛卡儿、费马之后,解析几何得到了很大的发展。沃利斯 1655 年出版《圆锥曲线论》,抛弃综合法,引入解析法,引入负坐标;雅各布·伯努利(J. Bernoulli,瑞士,1654~1705)1691 年引入极坐标;约翰·伯努利(J. Bernoulli,瑞士,1667~1748)1715 年引入空间坐标系,等等。

1731 年,克雷洛(A. C. Clairaut,法,1713~1765)出版了《关于双重曲率的曲线的研究》一书,是最早的空间解析几何著作。在空间建立坐标系,可以把点与三个有序实数组成的实数组建立一一对应。从而,可用方程 $F(x,y,z)=0$ 表示曲面,用方程组 $\begin{cases} F_1(x,y,z)=0, \\ F_2(x,y,z)=0 \end{cases}$ 表示空间的曲线。空间解析几何主要研究二次曲面,如椭球面、双曲面、抛物面、二次柱面、锥面等。

解析几何可以解决如下一些问题:通过计算来作图形;求具有某种几何性质的曲线方程;用代数方法证明几何定理;用几何方法解代数方程等。解析几何使得代数和几何领域实现了沟通,它的出现使得数学研究以几何为主导转变为以代数和分析为主导,使得以常量为主导的数学转变为以变量为主导的数学,为微积分的诞生奠定了基础。数和形的和谐统一为人们带来了新的思维方式,帮助人们从三维的现实空间进入更高维的虚拟空间,摆脱了现实的束缚,从有形飞越到无形。

4. 射影几何

19 世纪初,运用欧几里得综合方法,数学家们创造出与解析几何相媲美的射影几何学。射影几何学是一门研究在把点射影到直线或平面上的时候,图形的不变性质的几何学(一度也叫投影几何学)。利用不变性研究图形的性质,为初等几何的研究提供了新的方法。

欧洲几何学创造性的复兴晚于代数学。文艺复兴时期给人印象最深的几何创造的动力却来自艺术,因为画家们在将三维世界绘制到二维画布上时,面临着一些投影的问题。一个画家的作画过程实际上是将景物投射到画布上,投射的中心是画家的眼睛。在这个作画的过程中景物的长度、角度是要改变的,当然改变的方式依赖于各种景物之间所处的相对位置。正是由于绘画、制图中的透视法导致了富有文艺复兴特色的学科——透视学的兴起。

古希腊数学家阿波罗尼奥斯在《圆锥曲线论》中把二次曲线作为正圆锥面的截线来研究。阿尔贝蒂(L. B. Alberti,意,1404~1472)于 1435 年发表《论绘画》一书,阐述了最早的数学透视法思想。他引入投影线和截景概念,提出在同一投影线和景物的情况下,任意两个截景间有何种数学关系或何种共同的数学性质等问题,成为射影几何发展的起点。达·芬奇在《绘画专论》中坚信,数学的透视法可以将实物精确地体现在一幅画中。但是 17 世纪以前的透视法主要是经验的艺术,尚缺乏可靠的数学基础,其真正发展成为一门数学分支是 17 世纪以后。从几何与绘画相结合的热门科学——透视学中逐渐诞生了射影几何学。射影几何学关心图形连续变化、变换的不变性,关心图形的结构,不涉及度量。

德萨格(G. Desargues,法,1591~1661)是射影几何的先驱,他于 1636 年发表了第一篇关于透视法的论文《关于透视绘画的一般方法》,出版于 1639 年的著作《试论锥面截一平面所得结果的初稿》是射影几何早期的代表作。1648 年,画家博斯(A. Bosse,法,1611~1678)发表了著名的“德萨格定理”:如果两个三角形对应顶点的连线共点,那么它们的对应边的交点共线。其逆定理也成立,如图 4.2.3 所示。

1640 年,帕斯卡发表了《圆锥曲线论》,提出了帕斯卡定理:圆锥曲线的内接六边形对边交点共线,如图 4.2.4 所示。

早期发展的射影几何使用的是综合法,而用代数方法处理问题显得更为有效。射影几何产生后很快让位于正在创立,并蒸蒸日上的解析几何和微积分。射影几何方面的工作也渐被遗忘,迟至 19 世纪才又被人们重新发现。

射影几何的复兴主要来自彭赛列(J. V. Poncelet,法,1788~1867)于 1822 年发表的《论图形的射影性质》,他充分认识到射影几何是具有独特方法和目标的新的数学分支,是探索几何图形在任一射影的所有截面所共有的性质。由于距离、角度在射影作用下是改变的,所以他发展了对合与调和点列的理论,并引进了圆上的无穷远点的概念。

5. 拓扑学

1736 年,瑞士大数学家欧拉发表论文《与位置几何有关的一个问题的解》,讨论哥尼斯堡七桥问题。同时提出球面三角形剖分图形顶点、边、面之间关系的欧拉公式(欧拉多面体公式):$V - E + F = 2$,这可以说是拓扑学的开端。1847 年,利斯

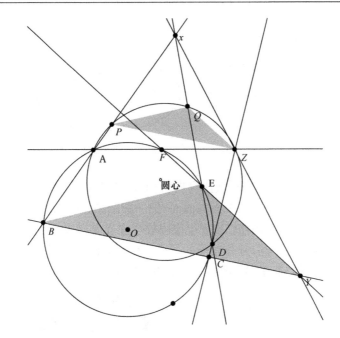

图 4.2.3　德萨格定理图示

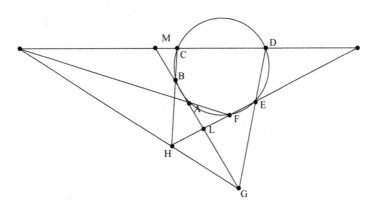

图 4.2.4　帕斯卡定理图示

廷(J. B. Listing,德,1808～1882)出版了专著《拓扑学引论》。

拓扑学也称橡皮几何学。最初是研究图形在连续变换下不变的整体性质,即一个空间经过同胚映射后的不变性质。通俗地讲,拓扑学关注图形这样的性质:当这些图形在任意方向以任意大的力量被拉伸,只要不被撕裂、切割时,保持不变的性质。例如,在这些规则下,球的表面等于立方体的表面,但不等于游泳圈的表面。而游泳圈的表面等于带把咖啡壶的表面(图 4.2.5 和图 4.2.6)。

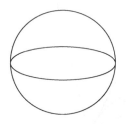　　　　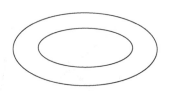

　　图 4.2.5　球的表面　　　　图 4.2.6　游泳圈的表面

　　最著名的拓扑变换有两个：默比乌斯带（1858 年德国数学家默比乌斯（Mobi-us，1790~1868）发现的只有一个面的曲面：把一根纸条扭转 180°后，两头再粘接起来做成的的纸带圈）；克莱因瓶（1882 年德国数学家克莱因发现的不可定向的闭曲面：一个瓶子底部有一个洞，延长瓶子的颈部，并且扭曲地进入瓶子内部，然后和底部的洞相连接而成的"瓶子"）（图 4.2.7 和图 4.2.8）。

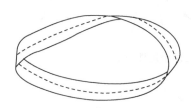　　　

　　图 4.2.7　默比乌斯带　　　　图 4.2.8　克莱因瓶

　　拓扑学本质上属于 20 世纪的抽象学科。1895~1904 年法国数学家庞加莱发表 6 篇论文组成的系列《位置分析》，奠定了组合拓扑学的基础，采用代数组合的方法研究拓扑性质，定义了流形、同胚、同调等基本概念，引入了拓扑不变量，并在 1904 年的第 6 篇论文中提出了庞加莱猜想，开创了现代拓扑学的研究。以后的拓扑学主要按照庞加莱的设想发展的。

　　20 世纪上半叶，豪斯多夫，霍普夫（H. Hopf，瑞士，1894~1971），胡勒维茨（W. Hurewicz，波，1904~1956），外尔，惠特尼（H. Whitney，美，1907~1989）等数学家提出了各种工具和方法，对拓扑学的进一步发展做出了较大贡献。20 世纪 50 年代以后，迎来了微分拓扑学的快速发展时期。

　　迪厄多内（J. A. E. Dieudonné，法，1906~1992）在 20 世纪 70 年代曾说："代数拓扑学与微分拓扑学，通过它们对于所有其他数学分支的影响，才真正名副其实地成为 20 世纪数学的女王。"现在的拓扑学可粗略定义为对连续性的数学研究，其中心内容是研究拓扑不变量。任何几何都可能在某种意义上构成拓扑空间，拓扑学的概念和理论已经成为数学的基础理论之一，渗透到各个分支，且成功地应用于电磁学和物理学的研究。

6. 微分几何

如果要研究更复杂的图形,这些图形可能对应较复杂的代数方程,甚至不能用代数方程表示,而需要借助微积分这一工具,则产生了微分几何。微分几何是以分析的方法来研究几何性质的一门数学学科。

经典微分几何研究的内容大体上分为曲线论与曲面论两部分,采用无穷小的方法来研究曲线与曲面的"局部"性质。

17 世纪,微分几何中的平面曲线理论基本完成。1673 年,惠更斯(C. Huygens,荷,1629~1695)定义了渐伸线、渐屈线。1671 年和 1686 年,牛顿和莱布尼茨分别给出了曲率、曲率半径的概念和计算公式。1691 年和 1692 年,瑞士数学家约翰·伯努利给出了曲线包络的概念。1696 年,洛必达(L'Hôspital,法,1661~1704)的著作《关于曲线研究的无穷小分析》完成并传播了微分几何中的平面曲线理论。

18 世纪,微分几何着眼于研究欧氏空间中曲线和曲面弯曲的情况,如子弹的运行轨迹,建筑物的造型,汽车、飞机的外形等。1731 年,法国数学家克雷洛的《关于双重曲率曲线的研究》一书研究了弧长、曲率。欧拉 1760 年发表的著作《关于曲面上曲线的研究》中建立了曲面理论。蒙日研究了曲面族、可展曲面、直纹面,于 1805 年出版了著作《分析法在几何中的应用》是微分几何学的第一本教材。

1828 年,高斯出版了《关于曲面的一般研究》一书,奠定了曲面微分几何的基础,并把欧氏几何推广到曲面上"弯曲"的几何。他认为,曲面不只是三维欧氏空间中的图形,曲面本身就是一个空间,它有内蕴几何,开创了微分几何的新时代。

黎曼将"弯曲"的几何理论推广到 n 维空间,建立了流形的概念。1868 年,由其学生以《论作为几何学基础的假设》为题出版。爱因斯坦将广义相对论中引力现象解释为黎曼空间的曲率性质。达布的《曲面一般理论的讲义》集曲线和曲面微分几何之大成。

20 世纪初,微分几何研究的对象和方法都发生了极大变化,进入现代微分几何时期,更注意一般和抽象,以流形上的解析结构以及这种结构所蕴涵的几何性质为研究对象。法国数学家嘉当于 1923 年提出了一般联络的理论,是纤维丛概念的发端,嘉当还是利用外微分形式和活动标形法的首创者。美国数学家莫尔斯(H. C. M. Morse,1892~1977)于 1934 年创建了大范围变分学理论,为微分几何提供了有效的工具。美籍华裔数学家陈省身建立了代数拓扑和微分几何的联系,又是纤维丛概念的创建人之一,对推进整体微分几何学的发展做出了重大贡献。

* 4.2.3　爱尔兰根纲领与几何基础的研究

1. 爱尔兰根纲领

非欧几何诞生以后,打破了传统的束缚,大批新几何应运而生。于是,数学家们开始考虑:到底什么是几何学?

1872 年,在爱尔兰根(Erlangen)大学的一次会议上,数学家克莱因在演讲中,给出了关于"几何学"的一个定义:所谓几何学,就是研究几何图形对于某类变换群保持不变的性质的学问,或者说任何一种几何只是研究与特定的变换群有关的不变量。这个定义就当时存在的几种几何学进行了整理,并为几何学的研究开辟了新的、富有成果的途径。这个著名的演讲中提出的几何学的定义、分类及研究规划,就是"爱尔兰根纲领"。

克莱因的基本观点是:每一种几何都是由变换群所刻画的,并且每种几何要做的就是考虑这变换群下的不变量,或者说任何一种几何学只是研究与特定的变换群有关的不变量。因此,变换群的一种分类对应于几何学的一种分类。一种几何的子几何是原来变换群下的子群下的一族不变量,在这个定义下,相应于给定变换群的几何的所有定理仍然是子群中的定理。他还提出对于一一对应的连续变换下具有连续逆变换的不变量的研究,也就是在同胚变换下讨论不变量,这是拓扑学的研究范畴,将拓扑学作为几何学科,这在当时是极其超前的思想。

克莱因把各种几何看成研究它们从属的各种群的不变性质的理论,使得在 19 世纪 80 年代所发现的各种几何之间显示出更加深刻的联系。按照变换群进行分类的思想就是"爱尔兰根纲领"思想的精髓。例如,经过运动不变的性质就是度量性质,研究度量性质的几何叫做度量几何(欧几里得几何);经过仿射变换不变的性质就是仿射性质,研究仿射性质的几何叫做仿射几何,等等。克莱因以射影几何为基础,对几何学做的分类如下:射影几何包括仿射几何、单重椭圆几何、双重椭圆几何(黎曼几何)、双曲几何(罗氏几何);仿射几何又包括抛物几何(欧几里得几何)、其他仿射几何。

在运动群下,距离、角度、面积、平行性、单比、交比都保持不变;在仿射群下,距离、角度、面积都发生改变,但单比、平行性、共线性、交比则保持不变;对射影群来说,单比、平行性都改变,但共线性、交比保持不变。这是因为运动群是仿射群的一个子群,而仿射群是射影群的一个子群。根据以上所述,在某一变换群之下的不变性质必是它子群的性质,但反之未必成立。也就是说,群越大,几何内容越少,群越小,几何内容越多。例如,在欧几里得几何中可以讨论仿射性质(单比、平行性等),而在仿射几何中讨论某些度量性质(距离、角度等)是没有意义的。平面几何是讨论点、直线、面、角、圆等图形在运动下的不变性,如两点之间的距离、两直线之间的夹角、半径一定的圆的面积等都是一些运动的不变量。

爱尔兰根纲领的提出意味着对几何认识的深化,它把所有的几何化为统一的形式,使人们明确了古典几何的研究对象,同时展现出如何建立抽象空间所对应几何的方法,指引了几何研究长达 50 年之久,有着深远的历史意义。但是,现在人们发现,不是所有的几何都可以纳入克莱因的分类中,例如,现在的代数几何、微分几何都不能置于克莱因的分类中。但是爱尔兰根纲领给大部分的几何学提供了一个系统的分类方法,并提出许多可供研究的问题。尤其是克莱因强调的变换下不变的观点已经超出了数学之外进入到其他领域中,例如,在理论物理中,变换下不变的物理问题,或者物理定律的表达式不依赖于坐标系的问题,从掌握了麦克斯韦方程在洛伦兹变换下的不变性后,不变量在物理思想中就变得很重要了。

2. 几何基础的研究

欧几里得的《几何原本》自诞生至 19 世纪上半叶就一直被视为严格数学的典范,但也有少数数学家看到了其中的严重缺陷,非欧几何的创立更加激发人们去探索几何学的严密性问题,研究几何基础之所在。

《几何原本》的主要缺陷在于:欧几里得的定义不是在逻辑意义下的定义,有些定义是对几何对象的直观描述,有些则含混不清。另外,欧几里得的公设和公理是远远不够用的。这些缺陷导致《几何原本》中的许多命题的论证不得不借助直观,或者明显不明显地用到了公设或公理无法证明的结论。例如,公设 II 指出"一直线段可以沿两个方向无限延长而成为直线",但是这并不意味着直线是无限长的,而只意味着,直线是无端点的或是无界的。连接球面上两点的大圆的弧可沿着大圆无限延长,但它不是无限长的。黎曼几何中就将直线的无界和无限长进行了区分。

19 世纪末,德国数学家希尔伯特于 1899 年出版了著作《几何基础》,结束了对欧几里得给出的理论体系进行修改和完善的工作。他在这部著作中弥补了《几何原本》中公理系统的不足之处,指出了欧几里得几何的一个逻辑上完善的公理系统,这就是希尔伯特公理体系,由此解决了用公理法研究几何学的基础问题。希尔伯特的划时代贡献在于他比任何前人都更加清楚公理系统的逻辑结构与内在联系,在历史上第一次明确提出了选择和组织公理系统的三大原则:相容性、独立性、完备性。希尔伯特从叙述 20 条公理开始,其中涉及 6 个本原的术语,即 3 个基本对象:点、直线和平面,3 种基本关系:"属于""介于"和"全等于"。他把公理分为 5 类,分别是

第一组结合公理,共 8 条;

第二组顺序公理,共 4 条;

第三组合同公理,共 5 条;

第四组连续公理,共 2 条;

第五组平行公理,共 1 条。

以五组公理为基础,希尔伯特陆续定义了一些新的概念和证明了一些新的结论,这样建立起了一个依照逻辑关系,排列顺序井然的体系,称为现代公理法。希尔伯特发展起来的现代公理法在 20 世纪已经远远超出了几何学的范畴而成为现代数学甚至某些物理领域中普遍应用的科学方法。

除了欧氏几何,其他几何的公理系统也应具备以上公理系统的三原则。欧氏几何的相容性是人们所公认的,但是任何一个包含算术系统的公理体系都不可能在本系统内部证明它的相容性,这就是美籍奥地利数学家哥德尔(K. Gödel,1906～1978)提出的"哥德尔不完备定理",这个定理使数学基础研究发生了划时代的变化,更是现代逻辑史上一座重要的里程碑。

思 考 题

1. 叙述几何学的英文、其名称来源以及几何学的地位与作用。
2. 欧氏几何与非欧几何的本质区别是什么? 非欧几何的诞生有何意义?
3. 解析几何的创始人是谁? 其基本思想是什么?
4. 什么是爱尔兰根纲领的核心思想? 爱尔兰根纲领有怎样的历史意义?
5. 探究迷宫问题与拓扑学的关联。
6. 默比乌斯带是一种拓扑变换,如何理解?

名 人 小 撰

1. 震古烁今的《几何原本》——欧几里得(Euclid of Alexandria,约公元前325～前265),古希腊最杰出的数学家之一。

欧几里得生于雅典,活跃于托勒密一世(公元前 323～前283)时期的亚历山大里亚。当时的雅典是古希腊文明的中心,浓郁的文化气氛深深地感染了欧几里得,当他还是个十几岁的少年时,就进入柏拉图学园学习,全身心地沉浸在数学王国里。柏拉图学园门口"不懂几何学的人不得入内"的木牌使得前来求教的许多年轻人困惑不解,经过深入学习、潜心研究柏拉图的所有著作和手稿,欧几里得得出结论:图形是神绘制的,所有一切现象的逻辑规律都体现在图形之中。因此,对智慧训练,就应该从图形为主要研究对象的几何学开始。他领悟到了柏拉图思想的要旨,并开始沿着柏拉图当年走过的道路,把几何学的研究作为自己的主要任务,并最终取得了世人敬仰的成就。他最闻名于世的著作是《几何原本》,其中欧几里得创造性的建立了第一个数学的演绎理论体系,标志着人类科学研究的公理化方法的初步形成,他用公理化的方法将古希腊之前的几何学结果集大成,因此被称为"几何学之父"。欧几里得还写了一些关于透视、圆锥曲线、球面几何学及数论的作品。他可能称不上是第一流的数学家,但一定是第一流的教师,他写的《几何原本》是欧洲数学的基础,被认为是历史上最成功的教科书,至今已使用了 2000 余年,很多人都受到深刻的影响。

2. 变量数学的开创者——笛卡儿(R. Descartes,1596~1650),17 世纪法国哲学家、数学家、物理学家,解析几何的奠基人之一。

1596 年 3 月 31 日,笛卡儿出生于法国图伦的一个贵族家庭,他幼年羸弱多病,喜欢安静,善于思考。1612 年去普瓦捷大学攻读法学,1616 年获法学博士学位。笛卡儿毕业后一直对职业选择不定,决心游历欧洲各地,专心寻求"世界这本大书"中的智慧。因此他于 1618 年在荷兰入伍,随军远游。笛卡儿对数学的兴趣就是在荷兰当兵期间产生的。从军、旅游数年,笛卡儿到过多个国家,1628 年他移居荷兰,从事哲学、数学、物理学等多个领域的研究,其著作几乎全部在荷兰完成。1628 年写出《指导哲理之原则》,1634 年完成《论世界》,此后又出版了《形而上学的沉思》和《哲学原理》等重要著作。但是,笛卡儿最著名的著作是 1637 年出版的《更好地指导推理和寻求科学真理的方法论》,《几何学》作为 100 余页的附录包含了笛卡儿对数学的开创性的贡献。《几何学》确定了笛卡儿在数学史上的地位,标志着解析几何的诞生,也成为常量数学与变量数学的分界点,笛卡儿因此被认为是"解析几何之父"。1649 年笛卡儿受瑞典女王克里斯蒂娜之邀来到斯德哥尔摩,但不幸在这片"熊、冰雪与岩石的土地"上得了肺炎,并于 1650 年 2 月 21 日卒于斯德哥尔摩。

3. 坚持真理的数学家——罗巴切夫斯基(N. I. Lobachevsky,1792~1856),19 世纪俄国数学家,非欧几何的创始人之一。

1792 年 12 月 1 日,罗巴切夫斯基出生在俄国的高尔基城,自幼家境贫寒。1806 年,14 岁的罗巴切夫斯基考入喀山大学,1811 年获物理数学硕士学位,1822 年任喀山大学教授,1827~1846 年任喀山大学校长,他卓越的组织才能和教育才能使得喀山大学由混乱不堪的状态转而成为欧洲一流的大学。1826 年 2 月 23 日,罗巴切夫斯基在其任教的喀山大学数理系会议上宣读了一篇与传统几何完全相异的新几何学内容的论文,他在文中指出三角形内角可以小于 180°,导致了一系列新的几何定理。他把这种新的几何称为想象几何或虚幻几何。新几何一出现就遭到了著名学者的冷淡和嘲笑。1829 年,罗巴切夫斯基将关于第五公设问题的发现写成论文《论几何原本》,发表在《喀山通报》上。此后,他又发表了另外 5 篇几何方面的论文,奠定了新几何学的基础。这一重要的数学发现在罗巴切夫斯基提出后相当长的一段时间内,遭到保守派的种种歪曲、非难和攻击,说新几何是"荒唐的笑话",是"对有学问的数学家的嘲讽",使非欧几何这一新理论迟迟得不到学术界的公认。罗巴切夫斯基没有沮丧,继续用俄文、法文、德文发表他的革命性的创见。不仅如此,他还发展了非欧几何的解析和微分部分,使之成为一个完整的、有系统的理论体系。在身患重病,卧床不起的困境下,罗巴切夫斯基也没停止对非欧几何的研究。他的最后一部巨著《论几何学》,就是他双目失明、苦闷和抑郁的情形下,在去世的前一年口授给他的学生完成的。1856 年 2 月 24 日,罗巴切夫斯基逝世。直到他去世后 12 年,非欧几何才逐渐被广泛认同,对几何学和整个数学的发展起到了巨大的作用。罗巴切夫斯基被赞誉为"几何学中的哥白尼",他独创性的研究也得到学术界的高度评价和一致赞美。

4. 富有创造性的几何学家—黎曼(G. F. B. Riemann,1826~1866),19 世纪德国数学家、数学物理学家。

　　1826 年 9 月 17 日,黎曼生于德国汉诺威的布列斯伦茨。父亲是乡村的一名穷苦教师。黎曼早年跟从父亲和当地的一名教师接受初等教育,中学时代广泛涉猎数学知识。1846 年入哥廷根大学学习神学和哲学,后转学数学。在大学期间黎曼有两年去柏林大学就读,在那里受到雅可比和狄利克雷(P. G. Dirichlet,德,1805~1859)的影响。1849 年黎曼回到哥廷根。1851 年他以关于复变函数和黎曼曲面的论文获得博士学位。1854 年,黎曼申请哥廷根大学编外讲师。他准备了两个月,提交了题目为《关于作为几何基础的假设》的一篇数学经典之作,受到了高斯等人的极大认可,使他获得了在哥廷根大学的任教资格。这篇演讲作为数学史上的杰作,为几何学的研究打开了另一扇大门。黎曼几何除了在纯数学上极为重要外,还在问世 60 年后,为爱因斯坦的广义相对论提供了最合适的工具。1857 年黎曼任副教授,1859 年任教授。除了非欧几何,黎曼还在复变函数、微积分、解析数论、组合拓扑、代数几何、数学物理方程等许多数学领域都有贡献。黎曼的著作不多,但都深刻且富于创造力和想象力。他的名字出现在黎曼ζ函数、黎曼积分、黎曼引理、黎曼流形、黎曼映照定理、黎曼-希尔伯特问题和黎曼曲面中。他的工作直接影响了 19 世纪后半叶的数学发展,使许多数学分支取得了辉煌的成就。因长年的贫困和劳累,黎曼在 1862 年 7 月开始患胸膜炎和肺结核,其后四年的大部分时间在意大利治病。1866 年 7 月 20 日,黎曼在意大利的塞纳斯加逝世,年仅 40 岁。

4.3　分　析　学

　　在一切理论成就中,未必再有什么像 17 世纪下半叶微积分的发明那样被看成人类精神的最高胜利了。

　　　　　　　　　　　　　　——恩格斯(F. Engels,1820~1895,德国无产阶级革命导师)

微积分,或者数学分析,是人类思维的伟大成果之一。它处于自然科学与人文科学之间的地位,使它成为高等教育的一种特别的有效工具。遗憾的是,微积分的教学方法有时流于机械,不能体现出这门学科乃是一种撼人心灵的智力奋斗的结晶。

——库朗(R. Courant,1888~1972,美籍德裔数学家)

分析学发展至今,包括许多分支,其中微积分是最古老、最基础的核心内容。微积分的研究对象是函数,采用的主要研究工具是极限。狭义的分析学指数学分析,包含微分学、积分学、级数理论、实数理论等内容。微积分是近代数学的基础,由它又产生出许多新的数学分支,如常微分方程、偏微分方程、复变函数论、实变函数论、变分法、泛函分析等,统称为广义的分析学。

4.3.1 函数概念的演变

1. 函数的概念

函数概念是高等数学中最基本、最重要的概念之一,它的产生至今有 300 多年历史。函数概念的演变过程,是人们在对客观世界深入了解的基础上,为适应新的需要而不断地挖掘、丰富和精确刻画其内涵的历史过程。

16 世纪,数学研究从常量数学转向了变量数学,这个转折主要是由法国数学家笛卡儿完成的,1637 年,笛卡儿在《几何学》一书中首先引入变量思想,称为"未知和未定的量",同时引入了两个变量之间的相互依赖关系,这就是函数概念的萌芽。

17 世纪中叶,德国数学家莱布尼茨最先使用函数这个名词。不过,他指的是变数 x 的幂 x^2,x^3,…,后来才逐步扩展到初等函数,这些函数都是具体的,都有解析表达式,并且和曲线紧密联系在一起。那时的函数就是表示任何一个随着曲线上的点的变动而变化的量。至此,还没有函数的一般定义。

18 世纪初,瑞士数学家约翰·伯努利最先摆脱具体的初等函数的束缚,给函数一个抽象的不用几何形式的定义:"一个变量的函数是指由这个变量和常量的任何一种方式构成的一个量。"瑞士数学家欧拉则更明确地说:"一个变量的函数是该变量和常数以任何一种方式构成的解析表达式。"函数之间的原则区别在于构成函数的变量与常量的组合方式的不同。欧拉最先把函数的概念写进了教科书。在约翰·伯努利和欧拉看来,具有解析表达式是函数概念的关键所在。

1734 年,欧拉用记号 $y=f(x)$ 表示变量 x 的函数,其中的"f"取自英文"function"的第一个字母。

18 世纪中叶,由于偏微分方程中的弦振动问题引起了关于函数概念的争论,迫使数学家接受一个更广泛的概念。1755 年,欧拉给函数一个新定义:如果某些量这样地依赖于另一些量,当后者改变时它经常变化,那么称前者为后者的函数。

19 世纪初,法国数学家傅里叶关于热传导的工作使他发现热传导方程的解是一个可以由三角函数构成的级数表示的函数,动摇了 18 世纪关于函数仅为解析式的观点。

19 世纪 20 年代,微积分严格理论的奠基者柯西提出的函数概念,可以说是现代函数概念的基础,他认识到函数是变量与变量之间的一种依赖关系,但不足之处是仍然没有摆脱"表达式"之说。

1837 年,德国数学家狄利克雷在总结前人工作的基础上,给出了现代意义的函数概念:如果对于给定区间上的每一个 x 的值,都有唯一的一个 y 值与它对应,那么 y 就是 x 的一个函数。至于在整个区间上 y 是按照一种还是多种规律依赖于 x,或者 y 依赖于 x 是否可用数学运算来表达,那都是无关紧要的。

18 世纪以来,随着微积分的发展,函数概念不断变化,经过 200 多年的演变,到 20 世纪,函数概念逐步清晰与稳定。数学家引入了映射的概念,其一般定义为:设集合 X,Y,如果对于 X 中每一个元素 x,都有 Y 中唯一确定的元素 y 与之对应,那么我们就把此对应称为从集合 X 到集合 Y 的映射。记作 $f:X\rightarrow Y,y=f(x)$。

20 世纪初,哈代更明确指出,函数的本质属性在于:y 和 x 之间存在某种关系,使得 y 的值总是对应着某些 x 的值。

随后,维布伦(O. Veblen,美,1880~1960)用集合定义了变量与函数。"变量是代表某个集合中任一元素的记号。""变量 y 的集合与另一个变量 x 的集合之间,如果存在着对于 x 的每一个值,y 有确定的值与之对应,那么 y 叫做 x 的函数。"这个定义比此前的定义更合理、更确切,是一个比较完整的函数概念。

1939 年,布尔巴基学派在《集合论》一书中用集合之间的映射定义了函数:设 E 和 F 是两个集合,E 中的每一个变元 x 和 F 中的每一个变元 y 之间的一个关系 f 称为函数,如果对每一个 $x\in E$,都存在唯一的 $y\in F$,它们满足给定的关系。记作 $f:E\longrightarrow F$,或者记作 $E\overset{f}{\longrightarrow}F$。

在布尔巴基的定义中,E 和 F 不一定是数的集合,只强调函数是集合之间的一个映射。因此,他所定义的函数更加广泛。

现在人们常用的函数概念是中学数学中的函数概念,把变量局限于实数范围:设 x 表示某数集 D 中的变元,若对 D 中每一个 x,按一定的法则 f 有唯一确定的实数 y 与之对应,则称 y 是 x 的函数,记作 $y=f(x)$。称 x 为自变量,D 为函数的定义域,y 的取值范围为函数的值域。

我国最早使用"函数"一词的是清代数学家李善兰。1859 年,李善兰与英国传教士伟烈亚力合译英国数学家德摩根的代数著作 *Elements of Algebra*(《代数学》)时译道:"凡式含天,为天之函数",首次将"function"译成"函数"。中国古代以天、地、人、物表示未知数,"函"字即"含有"和"包含"之意。

20 世纪以来,函数概念不断扩充,函数不仅是变数,还可以是其他变化着的事物,还出现了所谓广义函数以及函数的函数等概念,但大体上可被布尔巴基学派给出的函数概念所涵盖。

以研究函数为核心的分析学,成为数学的三大基本分支之一,形成几何、代数、分析三足鼎立的局面。在分析学中,函数论占有重要地位,按照函数类型的不同以及函数概念的不断拓广,分工越来越精细。

2. 映射的连续性

映射的连续性是分析学的重要内容,连续概念与函数概念一样不断被拓广。

1) 欧氏空间 $\mathbf{R}^n$ 到 $\mathbf{R}^n$ 上映射的连续性

(1) $\mathbf{R}^1$(一维欧氏空间)上函数的连续性

设 x 是任一实数,x 的绝对值 $|x|$ 显然满足下列四个基本特性:

(1) $|x| \geqslant 0, \forall x \in \mathbf{R}^1$;

(2) $|x| = 0 \Leftrightarrow x = 0$;

(3) $|\alpha x| = |\alpha| |x|, \quad \forall x, \alpha \in \mathbf{R}^1$;

(4) $|x+y| \leqslant |x| + |y|, \quad \forall x, y \in \mathbf{R}^1$,

称 $|x|$ 是 $\mathbf{R}^1$ 上的欧几里得范数。利用绝对值可以定义 x, y 两点间的距离 $d(x,y) = |x-y|$。

由绝对值的特性,可知 $d(x,y)$ 满足:

(1) $d(x,y) \geqslant 0, d(x,y) = 0 \Leftrightarrow x = y$;

(2) $d(x,y) = d(y,x)$;

(3) $d(x,y) \leqslant d(x,z) + d(z,y)$。

有了距离,就可以定义收敛性,可以讨论函数 $f(x)$ 的连续性。函数 $f(x)$ 在 x_0 点连续是指:是对任意 $\varepsilon > 0$,存在 $\delta > 0$,使得当 $|x-x_0| < \delta$ 时,有 $|f(x)-f(x_0)| < \varepsilon$。

如果 G 是 $\mathbf{R}^1$ 内一个集合,$f(x)$ 在 G 内每一点都连续,则称 $f(x)$ 在 G 内连续。利用极限还可以研究函数的微分和积分。

除此之外,利用距离还能定义 x_0 点的邻域。例如,x_0 点的 δ 邻域,就是指满足 $|x-x_0| < \delta$ 的那些 x 的全体,记为 $O(x_0, \delta) = \{x \in \mathbf{R}^1 \mid |x-x_0| < \delta\}$,有了邻域之后,还可以把 $f(x)$ 在 x_0 点的连续性表示为:对任意 $\varepsilon > 0$,存在 $\delta > 0$,使得 $f(O(x_0, \delta) \cap G) \subset O(f(x_0), \varepsilon)$。

此外,还可以定义 $\mathbf{R}^1$ 上一个集合 G 的内点。设 $x_0 \in G, x_0$ 称为 G 的内点是指:存在 x_0 的一个邻域 $O(x_0, \delta)$,使得这个邻域包含在 G 内,即 $O(x_0, \delta) \subset G$。如果一个集合 G 是由内点所组成的,则这个集合 G 就称为是 $\mathbf{R}^1$ 上的开集。

开集具有以下重要特性：①$\mathbf{R}^1$，$\varnothing$是开集（$\varnothing$表示空集）；②有限个开集的交集是开集；③任意个开集的并集是开集。

有了开集，就可以把连续函数的概念换成另一种说法：设 G 是 $\mathbf{R}^1$ 内的一个开集，$f:G\to\mathbf{R}^1$，则称 $f(x)$ 在 G 内连续是指对 $\mathbf{R}^1$ 内的任一个开集 V，它的逆象 $U=f^{-1}(V)=\{x\in G\,|\,f(x)\in V\}$ 也是 $\mathbf{R}^1$ 内的一个开集。

（2）$\mathbf{R}^n$（n 维欧氏空间）上函数的连续性

$\mathbf{R}^1$ 上关于距离、极限、开集、函数连续性等概念，完全可以推广到 n 维欧氏空间 $\mathbf{R}^n$ 上。设 $x=(x_1,\cdots,x_n)\in\mathbf{R}^n$，则 x 到原点 $O(0,\cdots,0)$ 的距离为 $|x|=\sqrt{\sum_{i=1}^{n}x_i^2}$。

若 $x=(x_1,\cdots,x_n),y=(y_1,\cdots,y_n)$ 是 $\mathbf{R}^n$ 内任意两个点，则它们之间的距离为

$$d(x,y)=\sqrt{\sum_{i=1}^{n}(x_i-y_i)^2}=|x-y|\ 。$$

和一维欧氏空间一样，上式中定义的 $d(x,y)$ 满足三个基本条件。有了距离，就可以定义极限和函数的连续性等。

设 D 是 $\mathbf{R}^n$ 内的一个子集，f 是从 D 到 $\mathbf{R}^m$ 的一个映射，即

$f:D\to\mathbf{R}^m,D\subset\mathbf{R}^n,x\to y$，其中 $x\in D,x=(x_1,\cdots,x_n)$，$x$ 的象 $y=f(x)$ 是 $\mathbf{R}^m$ 中的一个点 $y=(y_1,\cdots,y_m)$。因此，f 也称为是 D 内的向量值函数。这个向量值函数也可以写成

$$y_1=f_1(x_1,\cdots,x_n),y_2=f_2(x_1,\cdots,x_n),\cdots,y_m=f_m(x_1,\cdots,x_n),x\in D。$$

$f(x)$ 称为在 $x_0\in D$ 是连续的，是指：对任意 $\varepsilon>0$，存在 $\delta>0$，使得当 $|x-x_0|<\delta$ 时，有 $|f(x)-f(x_0)|<\varepsilon$。

这里要注意的是 $|x-x_0|$ 是 $\mathbf{R}^n$ 上的距离，即 $|x-x_0|=\sqrt{\sum_{i=1}^{n}(x_i-x_i^0)^2}$，其中 $x_0=(x_1^0,\cdots,x_n^0)$，而 $|f(x)-f(x_0)|$ 是 $\mathbf{R}^m$ 上的距离，即 $|f(x)-f(x_0)|=\sqrt{\sum_{i=1}^{m}(y_i-y_i^0)^2}$，其中 $y_i=f_i(x_1,\cdots,x_n),y_i^0=f_i(x_1^0,\cdots,x_n^0),1\leqslant i\leqslant m$。

如果用邻域表达连续性，就是：f 在 x_0 连续是指：$f(O(x_0,\delta)\bigcap D)\subset O(f(x_0),\varepsilon)$，其中 $O(x_0,\delta)=\left\{x\in D\,\middle|\,d(x,x_0)=\sqrt{\sum_{i=1}^{n}(x_i-x_i^0)^2}<\delta\right\}$，$O(f(x_0),\varepsilon)=\left\{y\in\mathbf{R}^m\,\middle|\,d(y,f(x_0))=\sqrt{\sum_{i=1}^{m}(y_i-y_i^0)^2}<\varepsilon\right\}$。显然，按这种方式定义的邻域，就是 $\mathbf{R}^n$（或 $\mathbf{R}^m$）中的一个开球。

若利用开集，也可以把连续性陈述为：若 $f:D\to\mathbf{R}^m,D\subset\mathbf{R}^n$ 是开集，则 f 在 D 内是连续的是指：对 $\mathbf{R}^m$ 内任一开集 V，它的逆像 $U=f^{-1}(V)=\{x\in D\,|\,f(x)\in V\}$ 是 $\mathbf{R}^n$ 内一个开集。

2) 无穷维空间上映射的连续性

从前面的讨论可知,在欧氏空间 $\mathbf{R}^n$ 内讨论一个映射的连续性时,只需要用到距离。所以,即使在无穷维空间内考虑问题,只要能定义距离,也可以照样讨论映射的性质。

设 X 是一个非空的集合(不一定是有限维的),X 称为距离空间,是指在 X 上定义一个双变量的实值函数 $d(x,y):X\times X\to\mathbf{R}^1$,满足下列条件:

(1) $d(x,y)\geqslant 0, d(x,y)=0\Leftrightarrow x=y$;

(2) $d(x,y)=d(y,x)$;

(3) $d(x,z)\leqslant d(x,y)+d(y,z)$。

满足上述条件的函数 $d(\cdot,\cdot)$ 称为 X 上的距离。

例如,X 是 $[a,b]$ 上连续函数的全体,即 $X=C[a,b]$,若 $x(t),y(t)\in X$,则可定义 $d(x,y)=\max\limits_{a\leqslant t\leqslant b}|x(t)-y(t)|$,于是 $C[a,b]$ 就成了一个距离空间,它是无穷维的。

在距离空间内就可以定义收敛性、开集、映射的连续性等。但是对许多分析问题,只考虑空间的距离是不够的,还要考虑空间中元素的代数运算。

若 X 是一个线性空间,所谓线性空间是指:若 $x,y\in X$,α 与 β 是任意实(或复)数,则 $\alpha x+\beta y\in X$(当然对加法和乘法还应满足一些规律)。如果对 X 中的任一点 x 都可以定义一个函数,记成 $\|x\|$,满足:① $\|x\|\geqslant 0$,$\|x\|=0\Leftrightarrow x=0$;② $\|\alpha x\|=|\alpha|\|x\|$,$x\in X$,$\alpha\in\mathbf{R}$ 或 $\alpha\in\mathbf{C}$;③ $\|x+y\|\leqslant\|x\|+\|y\|$,则称 $\|x\|$ 为 x 的范数。这里 $\mathbf{R}$ 与 $\mathbf{C}$ 分别表示实数域及复数域。

在 X 上定义了范数之后,X 就称为线性赋范空间。有了范数就可以得到 X 中任意两点 x 与 y 的距离 $d(x,y)=\|x-y\|$,从而就可以定义开集及映射的连续性。只要用范数代替 $\mathbf{R}^n$ 中的距离就可以定义一个点的邻域及开集,有了开集就可以用上述形式来定义线性赋范空间中映射的连续性。

3) 拓扑空间上的连续映射

在欧氏空间 $\mathbf{R}^n$ 或者在线性赋范空间内,有了距离就可以定义开集及映射的连续性等一系列重要概念。然而,如果我们利用开集的逆像是开集的观点来叙述映射的连续性,就可以完全脱离距离和范数。这似乎说明,可以把开集作为出发点来建立整个数学分析。那么在一般的空间内如何合理地定义开集?仔细分析就会发现凡是和开集有关的概念、定理和论证都只用到前面所述的开集的三条基本特征。因此,只要引入满足三条性质的开集,就可以建立内点、收敛、连续等一系列基本概念。

设 X 是一个集合,τ 是 X 中某些子集组成的集类,如 τ 满足下面三条性质:① τ 内任意个集合的并集仍属于 τ;② τ 内有限个集合的交集仍属于 τ;③ X 和空集 $\varnothing$ 属于 τ。则称 τ 是 X 上的一个拓扑,又称 τ 中的集合是 X 内的开集,(X,τ) 称为拓扑空间。

由于拓扑空间非常一般,在这个空间中只有开集满足的三条性质可以作为出发点加以运算,所以它不像欧氏空间那样细腻。例如,在欧氏空间中,可以用不相交的开集将两个不同的点分开,但在一般的拓扑空间中没有这种隔离性。

在拓扑空间也可以定义连续性。设 $f:(X,\tau_x)\to(Y,\tau_y)$,如对 Y 中任意一个开集 V ,它的逆像 $U=f^{-1}(V)=\{x\in X\mid f(x)\in V\}$ 是 X 中的开集,则称 f 是从 X 到 Y 的一个连续映射。

还有一个重要的概念。设 (X,τ_x) 和 (Y,τ_y) 是两个拓扑空间, f 是从 X 到 Y 的双射(即逆映射 f^{-1} 存在),如果 f 又是从 X 到 Y 的连续映射,则称 f 是同胚映射。当两个拓扑空间之间存在一个同胚映射时,就称这两个空间同胚。如果两个空间是同胚的,则这两个空间之间不仅点与点一一对应,而且开集与开集之间也一一对应,这表明它们有相同的拓扑结构。从拓扑学的观点看,可以把同胚的两个拓扑空间看成相同的。直观上,如果将拓扑空间看成一块有弹性的橡皮薄膜,那么同胚映射就是将这块橡皮薄膜作拉伸、压缩或弯曲,但不撕开或粘贴,薄膜经同胚映射后,形状可能发生了改变,但两者的点与点之间、开集与开集之间是一一对应的。

4.3.2　微积分及其发展道路

1. 微分与积分的起源

微积分学主要研究函数微分与积分的性质与应用。微积分的出现,是由初等数学向高等数学转变的一个具有划时代意义的大事。

微积分的思想,特别是积分学思想可以追溯到古代。中国战国时期的思想家庄子(公元前 369～前 286),在所著《庄子·天下篇》中所述的"一尺之棰,日取其半,万世不竭",就含有无限细分的思想。公元 263 年,中国魏晋南北朝时期的数学家刘徽(约 225～295)撰写的《九章算术注》中提出计算圆的周长和面积的"割圆术",他从圆的内接正六边形出发,逐次将边数二倍增加,一直计算到 192 边形,得到圆周率 π 的近似值 3.14,被后人称为"徽率"。刘徽指出的"割之弥细,所失弥少,割之又割,以至于不可割,则与圆合体而无所失矣",体现的就是微积分中的"无限细分"的思想方法。中国南北朝时期的数学家祖冲之的儿子祖暅(5～6 世纪,生卒不详)对体积的计算做过重要的贡献,祖暅于 5 世纪提出并证明了"幂势既同,则积不容异"这个原理,即两等高立体图形,若在所有等高处的水平截面积均相等,则这两个立体体积相等。利用这一主要原理,在中国数学史上,祖暅首次得到了计算球体积的正确公式。

2000 多年前的古希腊,学者们在尝试求圆形面积的精确值时,已经有了将圆的面积用其内接和外切正多边形的边数无限倍增的方法来接近的思想,认为圆的面积可以取为边数无限增加时它的内接和外切正多边形面积的平均值。欧多克索斯(Eudoxus,公元前408～前355)对这一思想做出了重大发展,其提出的思想为后人称为"穷竭法",欧几里得将之收录到《几何原本》一书中。后来,阿基米德更是将穷竭法发展到了顶峰,他不仅用"穷竭法"推算出 $3\frac{10}{71}<\pi<3\frac{10}{70}$,还求出了抛物线弓形的面积、球的体积等,在推导球的体积公式时,所用的方法实质上就是处理定积分问题时常用的"微元法"。

第一个试图阐明阿基米德的方法,并给予推广的人是德国的天文学家和数学家开普勒,他在1615年写的《酒桶的新立体几何》一书中介绍了用无数个无限小元素之和求曲边形面积和旋转体体积的许多问题,其中求出了87种旋转体的体积。为了求圆的面积,他把圆分成无数个无限小的小扇形,因为无限小,再把小扇形用小等腰三角形来代替,得到圆的面积:

$$S=\frac{1}{2}r\cdot AB+\frac{1}{2}r\cdot BC+\cdots$$

$$=\frac{1}{2}r\cdot(AB+BC+\cdots)=\frac{1}{2}r\cdot 2\pi r=\pi r^2$$

(其中 r 表示圆的半径,$AB,BC,\cdots$ 表示圆弧的长度)。

意大利数学家卡瓦列利(B. Cavalieri,1598～1647)是开普勒所做工作的继承者,他于1635年出版了《不可分量的几何学》一书,书中引入了所谓的"不可分量",并提出了卡瓦列利原理,它是计算面积和体积的有力工具。他认为线是由无限多个点组成的,面是由无限多条平行线段组成的,立体则是由无限多个平行平面组成的,并将这些元素分别称为线、面和体的"不可分量",并建立了关于这些不可分量的普遍原理,即卡瓦列利原理。

关于面积的卡瓦列利原理:位于两条平行线之间的两个平面片,如果平行于这两条平行线的任何直线与平面片相交所得的截线段长度都相等,则这两个平面片的面积相等。

关于体积的卡瓦列利原理:位于两个平行平面之间的两个立体,如果平行于这两个平面的任何平面与立体相交所得的截面的面积都相等,则这两个立体的体积相等。

祖暅首次提出和使用上述原理的时间要比卡瓦列利早了1000多年。卡瓦列利还在1639年利用平面上的不可分量原理算出了整数次幂的幂函数的定积分:$\int_0^a x^n \mathrm{d}x=\frac{a^{n+1}}{n+1}$,使早期的积分学从对个别现实模型的探讨向一般的算法过渡。

1656年,沃利斯把卡瓦列利方法系统化,使"不可分量"更接近于定积分的计算,在其所著的《无穷算术》中明确提出了极限思想。法国数学家费马于1638年在所著《求最大值和最小值的方法》一书中给出了求曲线的切线和函数极值的方法。

　　牛顿在剑桥大学的老师巴罗(I. Barrow,英,1630~1677)不仅给出了求曲线切线的方法,而且揭示了求曲线的切线和求曲线所围成面积这两个问题的互逆性。

　　在欧洲处于资本主义萌芽时期的 16 世纪,生产力得到了很大的发展,工业、交通、战争的需要向自然科学提出了新的研究课题,迫切需要力学、天文学等基础学科给予回答。归纳起来,主要有两类基本问题:①已知路程求速度;②已知速度求路程。在等速运动的情况下,这两个问题可以用初等数学来解决,但在变速运动的情况下,只用初等数学就无法解决了。

　　17 世纪前半叶,由于笛卡儿等创立了解析几何学,开始有了变量的概念,并把描述运动的函数关系和几何中曲线或曲面问题的研究统一了起来。前面所讲的力学中两个最基本的问题正好与初等几何一直未解决的两类问题完全一致。这两类问题是:①求任意曲线的切线;②求任意曲线所围图形的面积。

　　英国物理学家、数学家牛顿和德国数学家、哲学家莱布尼茨在前人工作的基础上,分别从力学和几何学出发独立地创立了微积分学。牛顿侧重于力学研究,突出了速度的概念,考虑了速度的变化,建立了微积分的计算方法。他于 1665 年创造了"流数法",并利用这个方法从行星运动三大定律推出了万有引力定律,再根据万有引力定律解决了许多力学和天文学的问题。莱布尼茨则突出了切线的概念,从变量的有限差出发引入微分概念,他特别重视运算符号和法则。牛顿和莱布尼茨大体上完成了微积分的构建。

　　2. 微积分理论的奠基

　　微积分刚一形成,就在解决实际问题中显示出强大的威力。例如,在天文学中,利用微积分能够精确地计算行星、彗星的运行轨道和位置。英国天文学家哈雷(E. Halley,1656~1742)就通过这种计算断定 1531 年、1607 年、1682 年出现过的彗星是同一颗彗星,并推测它将于 1758 年底或 1759 年初再次出现,这个预见后来果然被证实(虽然哈雷已在此前的 1742 年逝世,但为了纪念他,这颗彗星称为"哈雷彗星")。海王星——太阳系最远的行星(之一)也是在数学计算的基础上发现的。1846 年,法国天文学家勒威耶(Le Verrier,1811~1877)分析了天王星运动的不规律性,通过计算,推断出这是由其他行星的引力而产生的,并指出它应处的位置,后来德国天文学家伽勒(J. G. Galle, 1812~1910)在柏林天文台果然发现了该行星。

　　虽然微积分的应用越来越丰富,但当时的微分和积分并没有确切的数学定义。特别是一些定理的证明和公式的推导,在逻辑上前后矛盾,不好理解,使人感到可疑,但推出的结论往往是正确无误的。这样,微积分就具有了一些"混乱"和一种"神秘性"。这些"混乱"和"神秘性"主要集中在"无穷小量"上,并直接导致了第二次数学危机(见第 6 章)。

牛顿在 1704 年发表了《曲线的求积》一文,其中他确定了 x^3 的导数。牛顿称变量为"流量",称流量的微小改变量为"瞬",即"无穷小量",变量的变化率称为"流数"。下面以求函数 $y=x^3$ 的导数为例,说明牛顿的流数法。设流量 x 有一改变量"瞬",牛顿记为"o"(拉丁字母),相应的,y 便从 x^3 变为 $(x+o)^3$,则 y 的改变量为

$$(x+o)^3 - x^3 = 3x^2o + 3xo^2 + o^3,$$

求比值

$$\frac{(x+o)^3 - x^3}{o} = 3x^2 + 3xo + o^2,$$

再舍弃有因数 o 的项,于是得到 $y=x^3$ 的流数为 $3x^2$。

牛顿认为他引入的无穷小量"o"是一个非零的增量,但又承认被"o"所乘的那些项可以看作没有。先认为"o"不是数 0,求出 y 的改变量后又认为"o"是数 0,这违背了逻辑学中的排中律。这个推导中关于"无穷小量",到底是不是数"0"或者究竟是什么,说不清楚! 整个推导充满了逻辑上的混乱。

奇怪的是,这样所推导的公式在力学和几何学的应用中证明了它们都是正确的。这种用逻辑上自相矛盾的方法推导出正确结论的事实,使微积分运算表面看来有很大的随意性。正如马克思所说:"这种新发现的计算法,就是通过数学上肯定是不正确的途径而得出了正确的,而且在几何学应用上简直是惊人的结果。"

进入 19 世纪后,埋藏在数学内部的逻辑基础问题最终还是由科技领域提出的"热传导"这一大课题的研究为导火线而爆发出来。1811 年,法国数学家傅里叶发表了一篇名为《关于热传导问题的研究》的论文。文中他提出了对数学物理具有普遍意义的方法,即将任意函数表示为无穷多项三角函数之和,简称为三角级数。这种表达函数的方式与函数的传统表达方式相违背,给数学带来了新的混乱,即什么叫"无穷多项求和问题"? 这个问题不解决,处理热传导问题的方法就缺乏理论依据。事实上,这个问题仍然归结为如何认识无穷小量的问题。至此,微积分中逻辑上的混乱,即对无穷小量的理解,已经到了必须澄清的时候了。也就是说,必须给微积分建立严格的理论基础。

在为微积分作奠基性工作方面,瑞士数学家约翰·伯努利和欧拉、捷克数学家波尔查诺、德国数学家狄利克雷等都做过贡献。但起决定作用的是法国数学家柯西,他于 1821 年在《分析教程》中给出了极限概念比较精确的分析定义,并以极限概念为基础,给出了无穷小量、无穷级数的"和"等许多概念的较明确的定义。德国数学家魏尔斯特拉斯总结了前人的工作,于 1855 年给出了极限的严格定义,即今天教材上通用的定义,并把分析基础归结为对实数理论的研究。魏尔斯特拉斯与德国数学家戴德金、康托尔一起创立了实数理论,这是分析学的逻辑基础发展史上的重大成就。

从 1665 年牛顿创造的流数法到 1855 年魏尔斯特拉斯给出极限的严格定义,经历了 190 年。如果从我国魏晋时代就有微积分计算方法的萌芽——割圆术算起,大约经历了 1600 多年,若再从阿基米德于公元前 3 世纪提出"穷竭法"算起,则经历了 2000 多年。

微积分这个漫长的发展史,给我们的重要启示就是:①一个新的理论(或新的学科)的诞生,需要许多人付出艰辛的劳动,甚至要经过几代人的努力,科学研究的道路从来就不是平坦的。②人们对客观世界中数量关系的认识是逐步深化的,需要从感性认识能动地跃进到理性认识,又要从理性认识能动地指导实践,并取得进一步的发展,这个过程就是"实践、认识、再实践、再认识"的过程。

微积分学产生和完善之后,为数学在其他学科中的应用以及数学自身的发展提供了广阔的空间和坚实的基础,从而在分析学领域内又产生了许多新的分支。

*4.3.3　分析学的分支

1. 常微分方程

包含未知函数和它的导数的等式称为常微分方程。常微分方程理论的形成和发展是与力学、天文学、物理学及其他自然科学相互推动的结果。

常微分方程差不多是和微积分同时产生的,英国数学家纳皮尔创立对数的时候,就讨论过微分方程的近似解。牛顿在建立微积分的同时,对简单的微分方程采用过级数求解方法。后来瑞士数学家雅各布·伯努利、欧拉,法国数学家克雷洛、达朗贝尔、拉格朗日等又不断地研究和丰富了常微分方程的理论。

牛顿研究天体力学和机械力学的时候,利用了常微分方程这个工具,从理论上得到了行星运动规律。后来,法国天文学家勒威耶使用常微分方程计算出那时尚未发现的海王星的位置。这些都使数学家更加深信常微分方程在认识自然、改造自然方面的巨大力量。

常微分方程可以精确地表述事物变化所遵循的基本规律,只要列出相应的微分方程,有解方程的方法,常微分方程也就成了最有生命力的数学分支,例如,可以利用常微分方程研究单种群模型与人口数量、凶杀案时间的推断、琴弦的振动、电磁波的传播等问题。常微分方程主要内容包括常微分方程解的存在唯一性问题、常微分方程的初等解法、边值问题,幂级数解法等。

近年来,数学的其他新分支的发展,如复变函数、组合拓扑学等,都对常微分方程的发展产生了深刻的影响,当前计算机的发展更是为常微分方程的应用及理论研究提供了强有力的工具。

2. 偏微分方程

微积分对弦的振动等力学问题的应用引出一门新的数学分支——偏微分方程,包含未知函数(未知函数和几个变量有关)偏导数的等式称为偏微分方程。

偏微分方程理论研究一个方程(组)是否存在满足某些条件的解,有多少个解,解的各种性质与求解方法及其应用。

偏微分方程产生于18世纪,瑞士数学家欧拉在他的著作中最早提出了弦振动的二阶偏微分方程,随后不久,法国数学家达朗贝尔也在他的著作《论动力学》中提出了特殊的偏微分方程,这些著作当时没有引起多大注意。1746年,达朗贝尔在他的论文《张紧的弦振动时形成的曲线的研究》中从对弦振动的研究开创了偏微分方程这门学科。欧拉1766发表的论文中将弦振动方程作了推广,讨论了二维鼓膜的振动和声波的三维传播,分别得到了二维和三维的波动方程,获得了解的初步性质。和欧拉同时代的瑞士数学家丹尼尔·伯努利(D. Bernoulli,1700~1782)也研究了数学物理方面的问题,提出了解弹性系振动问题的一般方法,对偏微分方程的发展产生了较大的影响。

1772年法国数学家拉格朗日和1819年法国数学家柯西发现可将一阶偏微分方程转化为一阶常微分方程组来求解。

二阶偏微分方程的突破口是弦振动方程。给定一根拉紧的均匀柔软的弦,两端固定在 x 轴的某两点上,考察该弦在平衡位置附近的微小横振动。弦上各点的运动可以用横向位移 $u(x,y)$ 表示,则 $\dfrac{\partial^2 u}{\partial t^2} = a^2 \dfrac{\partial^2 u}{\partial x^2}$,这个方程称为弦振动方程,或一维的波动方程。

另一类重要的二阶偏微分方程是位势方程,是1752年欧拉在研究流体力学时提出的。欧拉证明了对于流体内任一点的速度分量 x,y,z,一定存在函数 $v(x,y,z)$(速度势)满足 $\dfrac{\partial^2 v}{\partial x^2} + \dfrac{\partial^2 v}{\partial y^2} + \dfrac{\partial^2 v}{\partial z^2} = 0$,这就是位势方程。在热传导过程中,当热运动达到平衡状态时,温度 u 也满足上述方程,所以它也称为调和方程。1785年拉普拉斯用球调和函数求解,稍后又给出了这方程的直角坐标形式,现在称这方程为拉普拉斯方程,属于椭圆型偏微分方程。

对二阶偏微分方程的求解构成了19世纪数学家和物理学家关注的中心问题之一。

偏微分方程在19世纪得到迅速发展,许多数学家都对数学物理问题的解决做出了贡献。值得一提的是法国数学家傅里叶,在从事热流动的研究中,发表了《热的解析理论》一文,在文章中他提出了三维空间的热方程,也是一种偏微分方程,其研究对偏微分方程的发展有很大影响。

3. 复变函数论

以复数作为自变量的函数称为复变函数,与之相关的理论就是复变函数论。解析函数是复变函数中一类具有解析性质的函数(即区域上处处可微分的复函数),复变函数论主要研究复数域上的解析函数,因此通常也称复变函数论为解析函数论。

复变函数论产生于18世纪。1774年,欧拉在他的一篇论文中考虑了由复变函数的积分导出的两个方程。在此之前,达朗贝尔在他的关于流体力学的论文中,就已经得到了它们。因此,后来人们提到这两个方程,把它们称为"达朗贝尔-欧拉方程"。19世纪,上述两个方程在柯西和黎曼研究流体力学时,作了更详细的研究,所以这两个方程也被称为"柯西-黎曼条件"。

复变函数论的全面发展是在19世纪,它统治了19世纪的数学。当时的数学家公认复变函数论是最丰饶的数学分支,并且称为这个世纪的数学享受,也有人称赞它是抽象科学中最和谐的理论之一。

为复变函数论后来的发展作了大量奠基工作的主要是柯西、黎曼和魏尔斯特拉斯。20世纪初,瑞典数学家列夫勒(Mittag-Leffler,1846~1927)、法国数学家庞加莱、阿达马(J. Hadamard,1865~1963)等都作了大量的研究工作,开拓了复变函数论更广阔的研究领域,为这门学科的发展做出了贡献。

复变函数论应用很广,有很多复杂的计算都是用它来解决的。例如,物理学上有很多不同的稳定平面场,所谓场就是每点对应有物理量的一个区域,对它们的计算就是通过复变函数来处理的。再如飞机设计的过程中,可以用复变函数论解决飞机机翼的结构问题,以及流体力学和航空力学方面的其他问题。

复变函数论不但在其他非数学学科得到了运用,而且在数学领域的许多分支也都得到了应用。它已经深入到微分方程、积分方程、概率论和数论等学科,对它们的发展有一定影响。

4. 实变函数论

实变函数论是19世纪末20世纪初形成的一个数学分支,它的最基本内容已成为分析数学各分支的普遍基础。

实变函数是自变量(也包括多变量)取实数值的函数,而实变函数论就是研究一般实变函数的理论,内容包括实值函数的连续性质、微分理论、积分理论和测度论等。它的基础是点集论:专门研究点所在的集合性质的理论。也可以说实变函数论是在点集论的基础上研究分析数学中的一些最基本的概念和性质及实变函数的分类问题、结构问题。实变函数论的积分理论研究各种积分的推广方法和它们的运算规则。由于积分归根到底是数的运算,所以在进行积分的时候,必须给各种点集以一个数量的概念,这个概念叫做测度。

在微积分学中,主要是从连续性、可微性、黎曼可积性三个方面来讨论函数。如果说微积分学所讨论的函数都是性质"良好"的函数(例如,往往假设函数连续或只有有限个间断点),那么,实变函数论是从连续性、可微性、可积性三个方面讨论最一般的函数,包括从微积分学来看性质"不好"的函数。它所得到的有关的结论自然也适用于性质"良好"的函数。实变函数论是微积分学的发展和深入。

在函数连续性方面,实变函数论考察了定义在直线的子集 M 上的函数的不连续点的特征:第一类不连续点最多只有可列个,第二类不连续点必是可列个(相对于 M 的)闭集的并集的结论;还讨论怎样的函数可以表示成连续函数序列处处收敛的极限;引入半连续函数,更一般地是引入贝尔函数,并讨论它们的结构。实变函数论在函数可微性方面所获得的结果是非常深刻的。函数可积性的讨论是实变函数论中最主要的内容,包括勒贝格的测度、可测集、可测函数和积分以及少许更一般的勒贝格-斯蒂尔杰斯测度和积分的理论。这种积分较之黎曼积分是更为普遍适用和更为有效的工具。

5. 变分法

变分法是研究泛函(从函数空间到数域的映射)的极值方法。早期变分法来源于三大问题:最速降线问题、等周问题、测地线问题。

1756 年,欧拉在论文中将变分法正式命名为"the calculus of variation",这起源于 1696 年约翰·伯努利提出的最速降线问题:求两点之间的一条曲线,使质点在重力作用下沿着它由一点至另一点降落最快,即所需时间最短。这个问题的正确答案是连接两个点上凹的唯一一段旋轮线。1697 年,牛顿、莱布尼茨、洛必达、约翰·伯努利、雅各布·伯努利等都独立解决了这个问题 。1673 年,惠更斯证明了旋轮线是摆线。因为钟摆做一次完全摆动所用的时间相等,所以摆线又称等时曲线。

变分法成为一门学科应归功于欧拉。1728 年欧拉解决了测地线问题,1736 年提出欧拉方程,1744 年发表《寻求具有某种极大或极小性质的曲线的方法》,提出最小作用原理,标志着变分法的诞生。欧拉之后,在 18 世纪对变分法做出最大贡献是法国数学家拉格朗日和勒让德。1760 年,拉格朗日引入变分的概念,在纯分析的基础上建立变分法。1786 年起,勒让德讨论了变分的充分条件,但在 18 世纪这一问题一直没有得到解决。19 世纪,数学家关于极值条件进行了一系列的工作,克内泽尔(A. Kneser,德,1862~1930)的著作《变分法教程》使这个问题得到系统发展。

6. 泛函分析

　　泛函分析是 20 世纪 30 年代形成的分析学分支,是从变分问题,积分方程和理论物理的研究中发展起来的。它综合运用函数论、几何学、现代数学的观点来研究无限维向量空间上的函数、算子和极限理论。泛函分析可以看成无限维向量空间的解析几何及数学分析。

　　泛函分析研究的主要对象是函数构成的空间。泛函分析是由对变换(如傅里叶变换等)性质的研究和对微分方程以及积分方程的研究发展而来的。使用泛函作为表述源自变分法,其中将泛函表示为作用于函数的函数。波兰数学家巴拿赫是泛函分析理论的主要奠基人之一,而意大利数学家兼物理学家伏尔泰拉(V. Volterra,1860~1940)对推广泛函分析的应用有重要贡献。

　　19 世纪以来,数学的发展进入了一个新的阶段。由于对欧几里得第五公设的研究,引出了非欧几何这门新的学科。对于代数方程求解的一般思考,最后建立并发展了群论。对数学分析的研究又建立了集合论。这些新的理论都为用统一的观点把古典分析的基本概念和方法进行一般化准备了条件。

　　20 世纪初,瑞典数学家弗雷德霍姆(E. I. Fredholm,1866~1927)和法国数学家阿达马发表的著作中,出现了把分析学一般化的萌芽。随后,希尔伯特开创了"希尔伯特空间"的研究。到了 20 世纪 20 年代,在数学界已经逐渐形成了一般分析学,也就是泛函分析的基本概念。

　　泛函分析的特点是不仅把古典分析的基本概念和方法一般化了,而且还把这些概念和方法几何化了。比如,不同类型的函数可以看成"函数空间"的点或矢量,这样最后得到了"抽象空间"这个一般的概念。它既包含了以前讨论过的几何对象,也包括了不同的函数空间。从现代观点来看,泛函分析研究的主要是实数域或复数域上的完备赋范线性空间,这类空间被称为巴拿赫空间。巴拿赫空间中最重要的特例被称为希尔伯特空间,其上的范数由一个内积导出,这类空间是量子力学数学描述的基础。更一般的泛函分析也研究弗雷歇空间和拓扑向量空间等没有定义范数的空间。泛函分析所研究的一个重要对象是巴拿赫空间和希尔伯特空间上的连续线性算子,这类算子可以导出 C^* 代数和其他算子代数的基本概念。

　　半个多世纪来,泛函分析一方面从其他学科中提取自己研究的对象和研究手段,并形成了许多重要分支,如算子谱理论、巴拿赫代数、拓扑线性空间理论、广义函数论等;另一方面,它也有力地推动着其他学科的发展,如微分方程、概率论、函数论、量子物理、计算数学、控制论、最优化理论等,还是建立群上调和分析理论的基本工具,也是研究无限个自由度物理系统的重要而自然的工具。今天,它的观点和方法已经渗入到不少工程技术性的学科之中,成为近代分析的基础之一。

思 考 题

1. 微积分学主要是由哪些数学家完成的？无穷小量的实质是什么？

2. 简述函数概念的演变过程。

3. 分析学的基础是什么？分析学是由哪些数学家奠基的？

4.（1）通过实例说明微积分的理论基础对于微积分的进一步发展的作用。

（2）分析学发展道路给人们怎样的启发？

5. 分析学有哪些分支？

6. 分析学与代数学，分析学与几何学的思想方法有何不同之处？

7. 摆线来源于最速降线问题。在高等数学中，你了解的摆线有怎样的性质？

（摆线的参数方程是：$x = a(\theta - \sin\theta)$，$y = a(1 - \cos\theta)$，其中 a 为圆的半径，θ 是圆的半径所经过的角度（滚动角），当 θ 由 0 变到 2π 时，动点就画出了摆线的一支，称为一拱。）

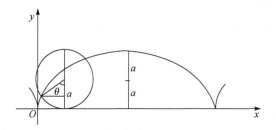

名 人 小 撰

1. 上帝的宠儿——牛顿（I. Newton，1642～1727），英国数学家，物理学家。

1642 年 12 月 25 日，牛顿出生于英格兰林肯郡伍尔索普村的一个农民家庭，是个遗腹子。17 岁读中学时，牛顿曾被母亲从学校召回田庄务农，后校长亲自出面劝说"在繁杂的农务中埋没这样一个天才，对世界来说将是一个巨大的损失"，牛顿才得以重回学校。1661 年，牛顿考入剑桥大学三一学院，受教于巴罗，同时钻研伽利略、开普勒、笛卡儿、沃利斯等的著作。1665 年夏至 1667 年春，剑桥大学因为瘟疫流行而关闭，牛顿离校返乡幽居了 18 个月，这段时间，成为了牛顿的科学生涯中的黄金岁月，他奠定了微积分的基础，发现了万有引力定律，提出了光学颜色理论……。1667 年，牛顿当选为三一学院院委，1669 年，由老师巴罗推荐，牛顿接替了他担任卢卡斯教授职位。1672 年，牛顿当选为英国皇家协会会员。

1687 年，牛顿划时代的伟大著作《自然哲学之数学原理》出版，在整个欧洲产生了巨大影响，书中运用微积分的工具，严格证明了包括开普勒行星运动三大定律、万有引力定律在内的一系列结果，将其应用于流体运动、声、光、潮汐、彗星乃至整个宇宙系统,把经典力学确立为完整而严密的体系,把天体力学和地面物理力学统一起来,实现了物理史上的第一次大的综合。

1689 年,牛顿被选为国会议员,同年任伦敦造币局局长,1703 年任英国皇家学会会长,1705 年封爵。牛顿终生未娶,将一生的全部精力献给了科学研究工作,1727 年 3 月 20 日,牛顿在伦敦病逝。

作为 17 世纪科学革命的领军人物,牛顿说过一句广为人知的自谦的话"如果说我比别人看得远些,那是因为我站在巨人们的肩上。"牛顿晚年评价自己时说:"我不知道世人如何看我,可我自己认为,我好像只是一个在海边玩耍的孩子,不时为捡到比通常更光滑或更美丽的贝壳而高兴,而展现在我面前的是完全未被探明的真理之海。"

英国诗人波普(A. Pope,1688~1744)有诗赞美牛顿:"Nature and nature's laws lay hid in night; God said, let Newton be! And all was light."英国著名博物学家赫胥黎(T. H. Huxley,1825~1895)则评价牛顿:"作为凡人无甚可取,作为巨人无与伦比。"

2. 寻求创造发明的普遍方法——莱布尼茨(G. W. Leibniz,1646~1716),德国数学家,哲学家。

1646 年 7 月 1 日,莱布尼茨出生于德国莱比锡。1661 年入莱比锡大学学习法律,期间曾到耶拿大学学习几何。1665 年,莱布尼茨向莱比锡大学提交了博士论文,次年学校审查委员会因其太年轻而拒绝授予其博士学位。1667 年,他在纽伦堡阿尔特多夫大学取得法学博士学位。随后,莱布尼茨投身外交界,在此期间,他到欧洲各国游历,接触了许多数学界的名流,并同他们保持着密切的联系。特别是,1672~1676 年留居巴黎期间,莱布尼茨受到惠更斯的启发,决心钻研数学,研究了笛卡儿、费马、帕斯卡等的著作,开始了创造性的工作,他的许多重大成就,包括微积分的创立,都是在这一时期完成或奠定了基础的。1677 年,莱布尼茨来到汉诺威,任布伦瑞克公爵府法律顾问兼图书馆馆长,从此在汉诺威定居,直到 1716 年 11 月 4 日在孤寂中病逝。莱布尼茨和牛顿一样,终身未娶。

莱布尼茨终生奋斗的主要目标是寻求一种可以获得知识和创造发明的普遍方法,这种努力导致了许多数学发现,最突出的就是微积分学。他所创设的微积分的符号 $\int$,$\mathrm{d}x$ 对微积分的发展影响深远。他第一个系统阐述了二进制计数法,制作了能进行四则运算的计算机。他在哲学上提出数理逻辑的许多概念和命题。莱布尼茨博学多才,他的研究领域及其成果遍及数学、物理学、力学、逻辑学、生物学、化学、地理学、解剖学、动物学、植物学、航海学、地质学、语言学、法学、神学、哲学、历史、外交等。

他热心从事科学院的筹划、建设。1700 年,建立了柏林科学院。当时全世界的四大科学院:英国皇家学会、法国科学院、罗马科学院、柏林科学院都以莱布尼茨作为核心成员。他也是第一位全面认识东方文化尤其是中国文化的西方学者,曾与康熙大帝来往密切。

1679 年,莱布尼茨在著作《中国新事萃编》中写道:"我们从前谁也不信世界上有比我们的伦理更美满,立身处世之道更进步的民族存在。现在从东方的中国,给我们以大觉醒! 东西双方比较起来,我觉得在工艺技术上,彼此难分高低。关于思想理论方面,我们虽优于东方一筹,而在实践哲学方面,实在不能不承认我们相形见绌。"

3. 严格数学的代表——柯西(A. L. Cauchy,1789~1857),法国数学家,严格分析的创始人。

1789 年 8 月 21 日,柯西生于巴黎,出身于高级官员家庭,从小受到良好的教育。幼年时,就接触了拉普拉斯、拉格朗日等大数学家。1805 年入巴黎综合工科学校,1807 年就读于道路桥梁工程学校,1809 年成为工程师,随后在一些工程部门工作。1813 年,柯西任教于巴黎综合工科学校,1816 年取得教授职位,同年,被任命为法国科学院院士。1830 年,波旁王朝被推翻,柯西离开祖国前往瑞士,从事教育活动。1838 年,回到巴黎,继任巴黎综合工科学校教授,1848 年任巴黎大学教授,1857 年 5 月 23 日卒于巴黎。

柯西对数学的最大贡献是在微积分中引进了清晰和严格的表述与证明方法,使微积分摆脱了对于几何与运动的直观理解和物理解释,形成了微积分的现代体系。柯西给出了无穷小量是极限为零的变量的定义,定义了数列的上下极限,给出了数列收敛的充要条件(柯西收敛原理),最早证明了 $\lim\limits_{n\to\infty}\left(1+\dfrac{1}{n}\right)^n$ 的存在性,并在其中第一次使用极限的符号,他对微积分的见解被普遍接受并沿用至今。柯西在数学的许多领域有很高的建树和造诣,他所发现和创立的定理、公式常常是最本原的事实,所以其数学成就影响深远。很多数学的定理和公式也都以他的名字来命名,如柯西不等式、柯西积分公式、柯西收敛原理……柯西一生著作颇丰,他的全集从 1882 年开始出版到 1974 年才出齐最后一卷,总计 28 卷。

4. 精细推理的数学家——魏尔斯特拉斯(K. Weierstrass,1815~1897),德国数学家。

1815 年 10 月 31 日,魏尔斯特拉斯生于德国的奥斯滕费尔德。1834 年他遵照父亲的意愿入波恩大学学习法律和经济,1838 年开始学习数学,从 1842 年到 1856

年他一直在中学任教,期间生活甚是困窘,但没有间断对数学孜孜不倦的研究,凭借对数学的执著热爱和严谨的思维,1854年获得了哥尼斯堡大学的名誉博士学位。1856 年他受聘于柏林大学,任助理教授,同年成为柏林科学院成员,1864 年升任正教授。1897 年 2 月 19 日,魏尔斯特拉斯卒于柏林。

魏尔斯特拉斯的主要贡献在函数论和分析数学方面,被誉为"现代分析之父"。他给出了表述函数极限的"ε-δ"量化语言,发现了函数项级数的一致收敛性,借助级数构造了复变函数,开始了分析的算术化过程,他利用级数构造的处处连续处处不可导函数的例子震动了数学界,使数学家对数学的理解更为深刻。他也是给出了代数学中行列式的严格定义的第一人。

魏尔斯特拉斯还是一位伟大的教师,培养了许多优秀的学生。他严谨的思维、精细的推理影响了一代又一代的数学家。

4.4　概率论与数理统计

概率论是生活真正的领路人,如果没有对概率的某种估计,那么我们就寸步难行,无所作为。

————杰文斯(W. S. Jevons, 1835～1882,英国逻辑学家和经济学家)

生活中最重要的问题,其中绝大多数在实质上只是概率的问题。严格地讲,我们的一切知识几乎都是或然性的,只有很少的事物对我们来说是知其所以然的。即使是在数学中,归纳类比这些发现真理的基本方法也是建基于概率的。因此,人类知识的整个系统都和概率论息息相关。

————拉普拉斯(P. S. M. de Laplace,1749～1827,法国数学家)

概率论与数理统计(Probability theory and mathematical statistics,常简称概率统计)属于随机数学,是有别于确定性数学的一个数学分支。它研究的是随机现象的统计规律性。

概率论与数理统计是两个并列的数学分支,并无从属关系。统计方法的数学理论要用到很多近代数学知识,如函数论、拓扑学、矩阵代数、组合数学等,但关系最密切的是概率论。可以认为,概率论是数理统计的基础,数理统计是概率论的一种应用。

今天,概率统计所提供的数学模型和方法应用极其广泛,几乎遍及科学技术领域、工农业生产和国民经济的各个部门中。例如,气象预报、人口预测、产品的抽样验收、传染病流行、电话通信、患者候诊等问题,均涉及有关概率统计的数学模型。

目前,概率统计进入其他科学领域的趋势还在不断扩展,如在社会科学领域,特别是经济学中,研究最优决策和经济的稳定增长等问题都大量采用概率统计的方法。

4.4.1 概率论的发展史

1. 概率论的诞生和发展

我们生活的大千世界里充满了不确定性,从投硬币、掷骰子、玩扑克等简单的机会游戏,到复杂的社会现象;从婴儿的诞生,到世间万物的繁衍生息;从流星坠落,到大自然的万千变化⋯⋯人们无时无刻不面临着不确定性和随机性。我们的生活和随机现象有着不解之缘。

概率,又称几率,或然率,指一种不确定情况出现可能性的大小。在西方语言中,概率(Probability)一词是与探究事物的真实性联系在一起的。概率论的目的就是从偶然性中探究必然性,从混沌中探究有序。例如,投掷一枚硬币,“正面朝上”是一个不确定的情况。因为投掷前我们无法确定所指情况(“正面朝上”)是否发生,若硬币是均匀的且投掷有充分的高度,则两面的出现机会均等,我们说“正面朝上”的概率是 1/2;同样地,投掷一个均匀骰子,“出现 2 点”的概率是 1/6。除了这些简单情形,概率的计算并不容易,往往需要一些理论上的假定,在现实生活中则往往用经验的方法确定概率。

概率论起源于关于赌博问题的研究。中世纪的欧洲,当时流行用骰子赌博,15世纪至 16 世纪意大利数学家帕乔利(L. Pacioli,1445~1517)、塔尔塔里亚和卡丹的著作中曾探讨过许多概率问题,有一个著名的“分赌本问题”曾引起热烈的讨论。1654 年左右,法国数学家费马与帕斯卡在一系列通信中讨论类似的合理分配赌金的问题,并用组合的方法给出了的解答。他们的通信引起了荷兰数学家惠更斯的兴趣。惠更斯在 1657 年出版了《论赌博中的计算》一书,这本书成为了概率论的奠基之作,曾长期在欧洲作为教科书。这些数学家的著述中所出现的一批概率论概念(如事件、概率、数学期望等)与定理(如概率加法、乘法定理),标志着概率论的诞生。由此看来,“分赌本问题”经历了长达一百多年的探究,才得到正确的解决。在解决的过程中孕育了概率论一些重要的基本概念。

“分赌本问题”的一个简单情形是:甲、乙二人赌博,各出赌注 30 元,共 60 元,每局甲胜、乙胜的机会均等,都是 1/2。事先约定:谁先胜满 3 局则他赢得全部赌注 60 元,现已赌完 3 局,甲 2 胜 1 负,因故中断赌博,问这 60 元赌注该如何分给二人,才算公平? 最初人们认为应按 2:1 分配,即甲得 40 元,乙得 20 元,还有人提出了一些另外的解法。最终公认正确的分法是应考虑到若在前面的基础上继续赌下去,甲、乙最终获胜的机会如何,至多再赌 2 局即可分出胜负,这 2 局有 4 种可能结果,其中 3 种情况都是甲最后取胜,只有一种情况才是乙取胜,二者之比为 3：1,故赌注的公平分配应按 3：1 的比例,即甲得 45 元,乙得 15 元。

17 世纪中叶的学者们对机会游戏和赌博问题的研究使原始的概率和有关概念得到了发展和深化,这一阶段的工作称为**古典概率时期**,计算概率的工具主要是排列组合。

瑞士数学家雅各布·伯努利的著作《推测术》是概率论发展史中最重要的里程碑之一,这部发表于 1713 年的著作堪称概率论的第一部重要著作。《推测术》除了总结前人关于赌博的概率问题的成果并有所提高外,还有一个极其重要的内容,即今天以他的名字命名的"伯努利大数定律",刻画了大量经验观测中频率呈现的稳定性,作为大数定律的最早形式而在概率论发展史上占有重要地位。此后,德国数学家棣莫弗(A. De Moivre, 1667～1754),高斯,法国数学家蒲丰、拉普拉斯、泊松等对概率论做出了进一步的奠基性的贡献。其中棣莫弗由中学熟知的二项式公式 $(p+q)^n$ 推出正态分布曲线。高斯奠定了最小二乘法和误差估计的理论基础。蒲丰提出了投针试验和几何概率。泊松陈述了泊松大数定律。特别是法国数学家拉普拉斯于 1812 年出版了专著《分析概率论》,给出了概率的古典定义,全面系统地总结了前一时期概率论的研究成果,以强有力的微积分为工具研究概率,开辟了现代概率论发展的新阶段,史称**分析概率时期**。

19 世纪后期,极限理论的发展成为概率论研究的中心课题,俄国数学家切比雪夫(P. L. Chebyshev, 1821～1894)在这方面做出了重要贡献,他在 1866 年建立了关于随机变量序列的大数定律,使伯努利大数定律和泊松大数定律成为其特例。切比雪夫还将棣莫弗-拉普拉斯极限定理推广为更一般的中心极限定理,他的成果后来被他的学生马尔可夫等发扬光大。

19 世纪末,概率论在统计物理等领域的应用提出了对概率论基本概念与原理进行解释的需要。同时,科学家们发现的一些概率论悖论也揭示出古典概率论中基本概念存在的矛盾与含糊之处。1899 年,法国学者贝特朗(M. A. Bertrand, 1847～1907)提出了著名的"贝特朗悖论":在一给定圆内所有的弦中任选一条弦,求该弦的长度大于圆的内接正三角形边长的概率。从不同方面考虑,即根据"随机选择"的不同意义,可得不同结果:

(1) 如图 4.4.1(a)所示,由于对称性,可预先指定弦的方向。作垂直于此方向的直径,只有交直径于 1/4 点与 3/4 点间的弦,其长才大于内接正三角形边长。所有交点是等可能的,则所求概率为 1/2 。

(2) 如图 4.4.1(b)所示,由于对称性,可预先固定弦的一端。仅当弦与过此端点的切线的交角为 60°～120°,其长才合乎要求。所有方向是等可能的,则所求概率为 1/3 。

(3)如图 4.4.1(c)所示,弦被其中点位置唯一确定。只有当弦的中点落在半径缩小了一半的同心圆内，其长才合乎要求。中点位置都是等可能的，则所求概率为 1/4。

这导致同一事件有不同概率，因此为悖论。

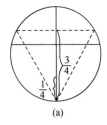 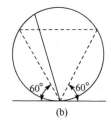 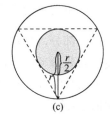

图 4.4.1

这类悖论说明概率的概念是以某种确定的试验为前提的，这种试验有时由问题本身所明确规定，有时则不然。这些悖论的矛头直指概率概念本身，特别地，拉普拉斯的古典概率定义开始受到猛烈批评。此时，无论是概率论的实际应用还是其自身发展，都要求对概率论的逻辑基础做出更严格的考察。

1917 年，苏联数学家伯恩斯坦(S. N. Bernstein，1880~1968)最早尝试给出概率论的公理体系，但并不完善。作为测度论的奠基人，法国数学家博雷尔首先将测度论方法引入概率论中重要问题的研究，他的工作激起了数学家们沿这一崭新方向的一系列探索，其中尤以苏联数学家柯尔莫哥洛夫的研究最为卓著。从 20 世纪 20 年代中期起，柯尔莫哥洛夫就开始从测度论途径探讨整个概率论理论的严格表述，1933 年以德文出版了经典著作《概率论基础》。他在这部著作中建立起集合测度与事件概率的类比、积分与数学期望的类比、函数正交性与随机变量独立性的类比等，这种广泛的类比终于赋予了概率论以演绎数学的特征，完成了概率论的公理体系，在几条简洁的公理之下，发展出概率论整座的宏伟建筑。

柯尔莫哥洛夫公理化概率论中的第一个基本概念，是所谓的"基本事件集合"进行某种试验，这种试验在理论上应该允许任意次重复进行，每次试验都有一定的、依赖于机会的结果，所有可能结果的总体形成一个集合（空间）E，称之为基本事件集合。E 的任意子集，即由可能的结果事件组成的任意集合，被称为随机事件。在柯尔莫哥洛夫的公理化理论中，对于所考虑的每一个随机事件，都有一个确定的非负实数与之对应，这个数就称为该事件的概率。

柯尔莫哥洛夫的公理体系逐渐获得了数学家们的普遍承认。由于公理化，概率论成为一门严格的演绎科学，取得了与其他数学分支同等的地位，并通过集合论与其他数学分支密切地联系着，概率论严格的数学基础被建立起来，古典问题得到了解决。从那以后，概率论成为现代数学的一个重要分支，使用了许多深刻和抽象的数学理论，新的概念和工具不断出现，概率论也成为了数学的一个活跃分支。在其影响下,数理统计学也日益深化,它以概率论为理论基础,又为概率论提供了有力的工具,两者互相推动,迅速发展。而概率本身的研究则转入以随机过程为中心课题,进入了**现代概率时期**。

*2. 概率论中的重要概念和思想

在这一部分,将概率论中的某些重要概念与思想作一梳理,其详细与准确的数学描述还需要参考概率论教材。

为了用数学方法对某种统计规律进行研究,我们首先要对随机现象给出规范的数学描述,或说为其建立一个数学模型。

1) 随机变量

随机变量是用以描述随机现象的基本数学工具。对随机现象的研究必然联系到对客观事物的"试验"(包括调查、观察、实验等),一般地,我们总可以将试验的结果通过数值来描述,数学上能用一个数 ξ 表示,数 ξ 是随着试验的结果不同而变化的,即它是样本点的函数,这种量就是随机变量。

随机变量的严格数学定义如下:设 $\xi(\omega)$ 是定义于概率空间 (Ω, F, P) 上的单值实函数,如果对于直线上的任一博雷尔点集 B,有 $\{\omega : \xi(\omega) \in B\} \in F$,则称 $\xi(\omega)$ 为随机变量。

随机变量是定义在样本空间上的具有某种可测性的实值函数。对于随机变量,人们关心的是它取哪些值以及以怎样的概率取得这些值。这是随机变量与函数的不同之处。

在理论和实际问题中有重要的两类随机变量:离散型随机变量和连续性随机变量,它们的取值特征不同,对它们的描述和处理方法也不同。

2) 概率的各种定义

(1) 概率的直观意义——统计概率及概率的统计定义。

随机事件有其偶然性的一面,也有其必然性的一面,这种必然性表现为大量试验中随机事件出现的频率的稳定性,即一个随机事件出现的频率常在某个固定的常数附近摆动,这种规律性称为统计规律性。

若在 N 次重复试验中,事件 A 出现了 n 次,则 A 出现的频率为 $F_N(A) = \dfrac{n}{N}$,频率的稳定性提供了求某事件概率的一种方法,即当 N 足够大时,用频率作为概率的近似值,这就是概率的统计定义

$$P(A) \approx F_N(A) = \frac{n}{N}.$$

概率的统计定义,在历史上一直是概率论研究的一个重大课题。事实上,在很一般的条件下,这个结论成立,但同时数学理论上,还需要对问题的提法进一步明确。

（2）古典概型与概率的古典定义。

古典概型是一类最简单的随机现象的数学模型，是概率论发展初期人们研究的主要模型，在概率论发展史上占有重要地位。

古典概型有两个特征：

（i）在试验中它的全部可能结果只有有限个，且这些事件是两两互不相容的；

（ii）每个事件的发生或出现是等可能的，即它们发生的概率一样。

古典概型中，事件 A 的概率是一个分数，其分母是样本点的总数 n，而分子是事件 A 中所包含的样本点的个数 m，计算公式为

$$P(A) = \frac{m}{n} = \frac{A \text{ 中所含样本点的个数}}{\text{样本点总数}}。$$

拉普拉斯在 1812 年把上式作为了概率的一般定义，现在通常称为概率的古典定义。

古典概型可应用于类似产品抽样检查的一大类具体问题，其计算常用到一些排列和组合的知识，有时富于技巧性或者很困难。

概率史上著名的生日问题就是用古典概率解决的。

生日问题 求 $n(n \leqslant 365)$ 个人的集体中没有两个人生日相同的概率（假设一年的 365 天里，人的出生率都是一样的，即在哪一天出生具有等可能性）。可以计算当 $n=10$ 时，此概率约为 0.883；当 $n=40$ 时，此概率约为 0.109。从中可以看到 40 个人的集体中，两个人生日相同的概率接近 0.891。

（3）几何概型与几何概率。

几何概型有两个特征：

（i）在试验中它的全部可能结果有无限多个，且这些事件是两两互不相容的；

（ii）每个事件的发生或出现是等可能的，即它们发生的概率一样。

几何概型中，试验的可能结果是某个区域 Ω 中的一个点，这个区域可以是一维的、二维的、三维的，也可以是 n 维的，试验的全体可能结果是无限的。但事件发生的等可能性使得落在某区域 A 的概率与区域 A 的测度（长度、面积、体积等）成正比且与其位置和形状无关。几何概率的定义为

$$P(A) = \frac{A \text{ 的测度}}{\Omega \text{ 的测度}}。$$

在几何概型中，以下的会面问题和投针问题是两个典型且著名的模型，几何概率的计算一般可以通过几何方法来求解。

会面问题 两人相约 7 点到 8 点在某地会面，先到者等候另一个人 20 分钟，过时就离开，求这两个人能会面的概率。

投针问题 平面上画着一些平行线，它们之间的距离都等于 a，向此平面任投一长度为 $l(l < a)$ 的针，求此针与任一平行线相交的概率。

（4）概率的公理化定义。

定义在事件域 F 上的一个集合函数 P 称为概率，如果它满足如下三个条件：

（i）（非负性）对一切 $A \in F, P(A) \geqslant 0$；

（ii）（规范性）$P(\Omega) = 1$（Ω 为概率空间）；

（iii）（可列可加性）若 $A_i \in F, i = 1, 2, \cdots$ 且两两互不相容，则

$$P\left[\sum_{i=1}^{\infty} A_i\right] = \sum_{i=1}^{\infty} P(A_i)。$$

在公理化定义中，概率是定义在事件域上的一个集合函数，它只规定概率应满足的三条性质，而不具体给出计算公式。

3）大数定律

经验告诉人们：具有接近 1 的概率的随机事件在一次试验中几乎一定发生，概率接近于 0 的事件在一次试验中可以看成不可能事件。因此，在实际工作和理论研究中，这两类事件具有重大意义。建立概率接近于 1 或 0 的规律是概率论的基本问题之一，大数定律就是反映这个问题的重要结论。

大数定律又称大数法则，指数量越多，则其平均就越趋近期望值。人们发现，在重复试验中，随着试验次数的增加，事件发生的频率趋于一个稳定值。例如，在对物理量的测量实践中，测定值的算术平均值就具有稳定性。

伯努利大数定律建立了在大量重复独立试验中事件出现频率的稳定性。其现代形式的定义如下：

若 $\xi_1, \xi_2, \cdots, \xi_n, \cdots$ 是随机变量序列，令

$$\eta_n = \frac{\xi_1 + \xi_2 + \cdots + \xi_n}{n},$$

如果存在这样一个常数序列 $a_1, a_2, \cdots, a_n, \cdots$，对任意的 $\varepsilon > 0$，恒有

$$\lim_{n \to \infty} P(|\eta_n - a_n| < \varepsilon) = 1$$

则称序列 $\{\xi_n\}$ 服从大数定律。

19 世纪下半叶，俄国数学家切比雪夫建立了切比雪夫大数定律，将伯努利大数定律进行了推广，切比雪夫大数定律是关于大数定律的一个相当普遍的结论。在此基础上，前苏联数学家马尔可夫建立了马尔可夫大数定律。而法国数学家泊松提出了不同于伯努利试验的另一种独立试验模型，并建立了泊松大数定律。在独立同分布的场合，苏联数学家辛钦（A. J. Hincen, 1894～1959）建立了著名的辛钦大数定律，伯努利大数定律又是辛钦大数定律的特殊情况。上述的大数定律只要求依概率收敛，称为弱大数定律。若要求以概率 1 收敛，则得到的大数定律称为强大数定律。20 世纪初，法国数学家波雷尔，前苏联数学家柯尔莫哥洛夫等建立起了强大数定律。

4) 正态分布与中心极限定理

正态分布(也常称高斯分布)是概率论中最重要的分布,在应用和理论研究中占有头等重要的地位。一方面,正态分布是自然界中最常见的一种分布,例如,测量一物体的长度,多次测量结果的平均值随着测量次数的增加逐渐稳定于一常数,并且诸测量值大多落在此常数的附近,越远则越少。因而其分布状况呈现"两头小,中间大,左右基本对称",分布曲线呈钟形,故有时又称为"钟形曲线"(图4.4.2)。它反映了这样一种极普通的情况:天下形形色色的事物中,"两头小,中间大"的居多,如人的身高,太高太矮的都不多,而居于中间者占多数,这只是一个极粗略的描述,需用高等数学的知识进行精确刻画。再如炮弹弹着点的分布,人的体重等其他生理特征,工厂产品的各种质量指标等都近似服从正态分布。

教育统计学统计规律表明,学生的智力水平,包括学习能力,实际动手能力等都呈正态分布,因而正常的考试成绩分布应基本服从正态分布。考试分析要求绘制出学生成绩分布的直方图,以"中间高,两头低,左右对称"来衡量成绩符合正态分布的程度。其评价标准认为:考生成绩分布情况直方图,基本呈正态曲线状,属于好,如果略呈正态状,属于中等,如果呈严重偏态或无规律,属于差(图4.4.3)。

另一方面,正态分布具有非常良好的性质,很多分布可以通过正态分布来近似或导出,在理论研究中,正态分布发挥了重要的作用。

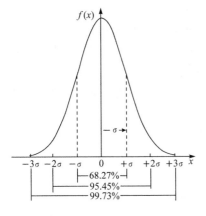

图 4.4.2 正态分布曲线

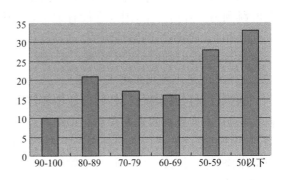

图 4.4.3 不符合正态分布的成绩分布直方图

中心极限定理是概率论基础上较深刻的结果,自从高斯指出测量误差服从正态分布后,人们发现,现实世界许多现象看来是杂乱无章、毫无规则,但它们在总体上服从正态分布。正态分布在自然界中极为常见。一般地,若影响某一数量指标的随机因素很多,而每个因素所起的作用不太大,则这个指标服从正态分布。古典的中心极限定理就解释了正态分布为什么最常见的原因,后来数学家又将中心极限定理推广到更一般的场合。

*3. 随机过程

随机过程是现代概率论所研究的主要和活跃的方向。它不仅研究单个的随机变量,而且考虑随时间演变的一族随机变量的数学规律。许多学科关注自然现象中一族随机变量的特定关系。例如,1826 年英国植物学家布朗(R. Brown,1773～1858)用显微镜观察悬浮在水中的花粉时,发现花粉随时间变化做无规则运动(后称之为布朗运动),在每一时刻质点的运动位置是随机变量。事实上,对于液体中各种不同的悬浮微粒,都可以观察到布朗运动。人们需要知道悬浮微粒从某一点出发到达某区域的概率有多大。1923 年,美国数学家维纳(N. Winner,1894～1964)利用三角级数首次给布朗运动以严格的数学定义,并证明了布朗运动轨道的连续性,描述了随机过程的经典例子——维纳过程。

1907 年,苏联数学家马尔可夫提出了一种无后效性的随机过程,即在已知现在状态的条件下,系统将来的演变不依赖于它过去的演变,现统称为马尔可夫过程。马尔可夫过程来源于马尔可夫链,马尔可夫链是满足下面两个假设的一种随机过程:

(i) $t+1$ 时刻系统状态的概率分布只与 t 时刻的状态有关,与 t 时刻以前的状态无关。

(ii) 从 t 时刻到 $t+1$ 时刻的状态转移与 t 的值无关。

马尔可夫过程形象化的例子是荷花池中的一只青蛙的跳跃过程,青蛙从一片荷叶跳到另一片荷叶上,因为它没有记忆,当现在所处的位置已知时,它下一步跳到何处和它以往跳过的路径无关。如果将荷叶编号并用 $X_0,X_1,X_2,X_3,\cdots$ 分别表示青蛙最初处的荷叶号码以及第一次、第二次……跳跃后所处的荷叶号码,那么 $\{X_n,n\geqslant 0\}$ 就是一种马尔可夫过程。

随机过程在科学技术、公共事业中有广泛的应用,例如,在战争中,可用于火炮自动控制、估计敌机的未来位置;在医学、生物学领域中,可用于传染病传播与控制、基因构成分析、遗传模型分析;另一个大量使用随机过程理论的是服务系统,如电话维修、患者候诊、水库调度、船舶装卸等大量实际问题使用排队过程——一种特定的随机过程。

4.4.2 统计学的诞生和发展

统计学(statistics)是研究收集数据、分析数据并据此对所研究的问题做出一定结论的科学和艺术。统计学所考察的数据都带有随机性的误差,这给根据这种数据所做出的结论带来了不确定性,因此,统计学要借助于概率论的概念和方法,数理统计学与概率论这两个学科就有了密切联系。

统计学起源于收集数据的活动,小至个人的事情,大至一个国家的事务,都需要收集各种数据,如在我国古代典籍中,就有不少关于户口、钱粮、兵役、地震、水灾和旱灾等的数据记载。我国周朝就设有统计官员,称为司书。《周礼·天官·冢宰》中记载设立"司书上士二人,中士四人,府二人,史四人,徒八人"负责"邦之六典……,以周知入出百物……,以知田野夫家六畜之数。"汉代刘向编写的《管子·问》中提到春秋时期的 65 问,即 65 个调查科目,均为管理国家所需要的数据。例如,"问少壮而未胜甲兵者几何人?""为一民有几年之食也?"等。其中涉及了平均数、众数等统计学的名词。现今各国都设有统计局或相当的机构。

单是收集、记录数据并不能等同于统计学这门科学的建立,需要对收集来的数据进行整理,对所研究的事物进行定量或定性估计、描述和解释,并预测其在未来可能的发展状况。例如,根据人口普查或抽样调查的资料对我国人口状况进行描述;根据适当的抽样调查结果,对受教育年限与收入的关系,对某种生活习惯或嗜好(如吸烟、酗酒)与健康的关系作定量的评估;根据以往一段时间某项或某些经济指标的变化,预测其在未来一段时间的走向等,处理这些事情的理论与方法构成了数理统计学的内容。

英国学者葛朗特(J. Graunt,1620~1674)在 1662 年发表的著作《关于死亡公报的自然和政治观察》,标志着统计学这门学科的诞生。中世纪欧洲流行黑死病,不少人死亡。自 1604 年起,伦敦教会每周发表一次"死亡公报",记录该周内死亡人的姓名、年龄、性别、死因,后来还包括该周的出生情况。几十年来,积累了很多资料,葛朗特是第一个对这一庞大的资料加以整理和利用的人,提出了数据简约、频率稳定性、数据纠错、生命表等原创概念。他因此被选入英国皇家学会,这也反映了学术界对他这一著作的承认和重视。

葛朗特的方法被英国政治经济学家佩蒂(W. Petty,1623~1687)引进到社会经济问题的研究中,他提倡对这类问题的研究需要实际数据说话,他的工作总结在他去世后于 1690 年出版的《政治算术》一书中。但是,葛朗特和佩蒂的工作还停留在描述的阶段,不是现代意义下的数理统计学,因为当时的概率论尚处在萌芽阶段,数理统计学的发展缺乏充分的理论支持。统计学成为近代意义上的数理统计学,是从引进概率论开始的,其奠基人是比利时天文学家兼统计学家凯特勒(A. Quetelet,1796~1874),他给出著名的"平均人"思想,首次在社会科学的范畴内提出了大数定律思想,并把统计学的理论建立在大数定律的基础上,认为一切社会现象也受到大数定律的支配。凯特勒 19 世纪在人口、社会、经济等领域的工作,对促成现代数理统计学的诞生起了很大的作用。

数理统计学的另一个重要源头来自天文和测地学中的误差分析问题。早期的测量工具精度不高,人们希望通过多次测量获得更多的数据,以便得到精度更高的估计值。测量误差有随机性,适合于用概率论的方法处理。伽利略曾对测量误差的性态作过一般性的描述,拉普拉斯曾对这个问题进行了长时间的研究,概率论中著名的"拉普拉斯分布"就是他研究的成果。误差分析中最著名且影响深远的研究成果有二：一个是 19 世纪初法国数学家勒让德和德国数学家高斯各自独立发明的"最小二乘法"。另外一个重要成果是高斯在研究行星绕日运动时提出用正态分布刻画测量误差的分布。正态分布在数理统计学中占有极重要的地位，现今仍在常用的许多统计方法，就是建立在"所研究的量具有或近似地具有正态分布"这个假定的基础上，而经验和理论（概率论中的"中心极限定理"）都表明这个假定的现实性。

19 世纪后期，高尔登（Galton，1822～1911）和 K · 皮尔逊（K. Pearson，1857～1936）等一些英国学者所发展的统计相关与回归理论，属于描述统计学，成为了现代统计学的起点。所谓统计相关，是指一种非决定性的关系，如人的身高 X 与体重 Y，存在一种大致的关系，表现在 X 大（小）时，Y 也倾向于大（小），但非决定性的。现实生活中和各种科技领域中，这种例子很多，如受教育年限与收入的关系，经济发展水平与人口增长速度的关系等，都有这种性质，统计相关的理论把这种关系的程度加以量化。统计回归则是把有统计相关的变量，如身高 X 和体重 Y 的关系的形式作近似的估计，建立所谓的回归方程。现实世界中的现象往往涉及众多变量，它们之间有错综复杂的关系，且许多属于非决定性的，相关回归理论的发明，提供了一种通过实际观察去对这种关系进行定量研究的工具，有着重大的意义。

20 世纪初，由于上述几方面的发展，数理统计学已积累了很丰富的成果，如抽样调查的理论和方法方面的进展等，但直到 20 世纪上半叶统计学统一的理论框架才得以完成，现代意义下的数理统计学才建立起来。现代统计学的主体是推断统计学（即数理统计学），这方面的杰出贡献是提出试验设计的英国学者费希尔（R. A. Fisher，1890～1962），发展统计假设检验理论的美籍波兰统计学家奈曼（J. Neyman，1894～1981）与英国的皮尔逊和提出统计决策函数理论的美籍罗马尼亚数学家沃尔德（A. Wald，1902～1950）等。

自第二次世界大战结束以来，数理统计学有了迅猛的发展，主要有以下三方面的原因：一是数理统计学理论框架的建立以及概率论和数学工具的进展，为统计理论的深入发展打开了大门，并不断提出新的研究课题；二是实用上的需要，不断提出的复杂的问题与模型，吸引了学者的研究兴趣；三是电子计算机的发明与普及，使涉及大量数据处理与运算的统计方法的实施成为可能。计算机的出现赋予统计方法以现实的生命力，同时，计算机对促进统计理论研究也大有助益，统计模拟是其表现之一。

4.4.3　数理统计的现实意义与应用

1. 数理统计的重要方法举例

下面介绍数理统计中的几个基本问题的主要思想。

1) 数据抽取问题

在抽取数据 $x_1, x_2, \cdots, x_n$ 时，面临着如何保证这些数据是随机抽取的(指这些数据是有代表性的，反映了被抽取数据的状况而不带有倾向性，没有偏向)，以及 n 取多大合适的问题。例如，当从某地区随机抽取 $n=100$ 个农户以考虑其家庭收入时，若该地区农户有 30％在山区，70％在平原。抽取数据时，是从全体农户中任取 100 户好？还是在山区农户中任取 30 户，在平原农户中任取 70 户好？对这些问题的讨论构成了数理统计中的抽样理论。粗略地说，人们希望，当 n 固定时，数据 $x_1, x_2, \cdots, x_n$ 能提供的信息越多越好，它们应分布均匀，从而有"代表性"。在上面的例子中，在山区取 30 户，在平原取 70 户是一个更好的方案。至于 n 的选取，当然是 n 越大越好，但受到抽取数据所需的财力、人力、时间等的限制，n 太大不一定合算。n 的选择应使得在多选一个数据 x_{n+1} 增加的信息得到的"好处"比不上抽取 x_{n+1} 时在财力、人力、时间等方面的损失，从而愿意抽取 n 个数据时停止。

2) 试验设计问题

20 世纪 30 年代，由于农业试验的需要，英国学者费希尔在试验设计和统计分析方面做出了一系列先驱工作，他被认为是"现代统计学的鼻祖"。他的名著《试验设计》(*The Design of Experiments*)出版于 1935 年，至今仍不失为试验设计和统计分析领域的经典著作。

试验设计(DOE)是以概率论和数理统计为理论基础，经济地、科学地安排试验的一项技术。简单地解释如下：假设有 a, b, c 三个品种的水稻种子，要通过种地来检测哪种种子的产量高。如果将一块地，分成三等份(图 4.4.4)，种植三个品种的水稻，从最终的产量中找到产量高的种子，而没有考虑种植土壤的肥沃贫瘠之分，则认为是不科学的。DOE 的方法就是对一块方块地，横竖各分三等份，在 9 块方地分别种植 a, b, c 三个品种种子，要求横行、竖行的各 3 块地三个品种都种植(图 4.4.5)。这样某个品种，例如，a 品种产量比其余两个品种的产量高得多，就说明 a 品种的水稻种子产量高。这样的结果就很有说服力、科学性。

图 4.4.4　　　　　图 4.4.5

图 4.4.5 的形式称为拉丁方,这样的试验将不可控因素去掉,让主要因素显露。试验设计的方法迅速在农业、工业、生物学、医学等领域得到应用和发展,一般原理与各领域的特殊规律紧密结合,产生了具有鲜明个性的各种各样的试验设计方法,使该分支在理论上日趋完善,在应用上日趋广泛。其中的正交试验设计于 1926 年在美国农业科研中已经开始运用。第二次世界大战中,英国军火局把它作为一项秘密的军事技术,来提高军火质量,起到了很大的作用。

美国学者戴明(W. E. Deming,1900~1993)将试验设计方法引进日本,日本的田口玄一(Genichi Taguchi,1924~)在 20 个世纪 50 年代将这一方法研究、简化并大力推广。60 年代,他将试验设计中应用最广的正交设计表格化,在方法解说方面深入浅出,为试验设计的更广泛使用做出了贡献。到 70 年代末,日本利用正交试验设计,在各项生产中做出明显成绩的项目达到 150 万个以上。正交试验设计已经成为日本工程人员与管理人员必备的技术。东京复印机厂平均每月做 200 次正交试验,丰田汽车公司的分公司电气株式会社一年内有 2000 个项目使用正交试验设计。同时,日本应用正交试验设计与产品和生产过程的三次设计(系统设计、参数设计和容差设计)的后两次设计中,在"性能好,成本高"与"性能差,成本低"的零部件中权衡取舍,适当搭配组合,使得产品的总经济效益达到最好。正交试验设计大大增强了日本产品的竞争力。

20 世纪 70 年代,我国对田口玄一的方法进一步加以改进,并向工厂、企业、科研单位的工程技术人员推广,取得了显著的经济效益。

3)极大似然估计

一个鱼塘的主人如果希望知道鱼塘中有多少鱼——至少使准确率的误差在 $\pm 5\%$ 左右,逐一数数鱼的个数是不可能的。他可以采用极大似然估计的方法。

池塘中的鱼种的平均寿命大约为 3 年,所以花一个月左右的时间获取鱼的数量的过程不会被出生与死亡所产生的总数量的频繁变化所扰乱。他以天为单位在鱼塘的不同角落网起一些鱼,并在鱼鳍上做标记并放回池塘。一旦完成约 400 条鱼的标记,他就再一次开始到鱼塘的不同角落网鱼,但这次只要数清楚捕捉到的鱼的条数和其中贴有标签的鱼的条数。他就可以通过下述方法获得鱼塘内鱼的数量了。

设他最后一次网鱼后,发现捕获的 300 条鱼中有 60 条贴有标签。由此得到鱼塘中贴有标签的鱼的比例的最佳估计为

$$p = \frac{60}{300} = 0.2 。$$

然而,此估计的标准差(见概率论的专门教材)为

$$\sigma_p = \sqrt{\frac{p(1-p)}{300}} = 0.0231 。$$

查表可知,对于我们假设的正态分布而言,到均值 $2\sigma_p$ 范围内的概率约为 0.95。这里,距离均值不超过两倍标准差的 p 的界限为

$$p_{低} = 0.2 - 2 \times 0.0231 = 0.1538$$

$$p_{高} = 0.2 + 2 \times 0.0231 = 0.2462。$$

若池塘中鱼的数量为 N,则 p 的真实值为 $400/N$,因为已知 400 条鱼被贴了标签。因而在 0.95 的概率下,池塘中鱼的数量范围是

$$\frac{400}{N_1} = 0.1538, \quad 即 \ N_1 = 2601,$$

$$\frac{400}{N_2} = 0.2462, \quad 即 \ N_2 = 1625。$$

可能性最大的数是 $N = 2000$,此时 $p = 0.2$。

2. 数理统计的现实意义与应用

数理统计学的理论和方法与人类活动的各领域都有或多或少的关联,因为人类各领域内的活动,都在不同程度上与数据打交道,都有如何收集和分析数据的问题。数理统计研究的是带有随机性影响的数据,这正是现实生活中普遍存在的问题。

现代社会越来越需要与数据打交道。这不仅限于自然科学,在经济生活中,不论是个人、企业家或经济学家,都要面对物价、工资、存贷款利率、税收、保险、失业率等各种数据,需要从中得到尽可能多的信息从而做出决策。事实上,对数据的分析、运用已遍布各个领域,也深入到社会科学的研究之中。许多原本定性问题,例如,不同年龄的人对某一道德标准的认同是否有差异;男女观众对某一文艺作品的喜好是否相同;城市噪声是否影响人的精神疾病等问题都可以通过各种社会调查,以数据的形式分类,然后对这些数据加以整理分析,做出判断。

20 世纪末,有美国学者发表了题为"学生必须掌握哪些知识和技能才能在 21 世纪立于不败之地"的报告,该文提到的知识和技能是"运用数学、逻辑和推理的技能;熟练的读写能力以及了解统计学",这里的"了解统计学",就是指要具备研究及解释和运用数据的能力。

在农业上,有关选种、耕作条件、肥料选择等一系列问题的解决,都与统计方法的应用有关,前面已经指出过,现行的一些重要的统计设计与分析方法,就是近代伟大的数理统计学家费希尔于 20 世纪 20 年代在英国一个农业试验站工作时,因研究田间试验的问题而发明的。

在工业生产中,生产一种产品,首先有设计的问题,包括选择配方和工艺条件,

"试验设计"是研究怎样在尽可能少的试验次数之下,达到尽可能高效率的分析结果。其次,在生产过程中,由于原材料,设备调整及工艺参数等条件可能的变化,而造成生产条件不正常并导致出现废品。"工序控制"则是通过在生产过程中随时收集数据并用统计方法进行处理,可以监测出不正常情况的出现以便随时加以纠正,避免出现大的问题。然后,大批量的产品生产出来后,将通过"抽样检验"以检验其质量是否达到要求,是否可以出厂或为买方所接受的问题,整个过程中数理统计方法被大量使用。

医学与生物学是统计方法应用最多的领域之一,统计学是在有变异的数据中研究和发现统计规律的科学。就医学而言,人体变异是一个重要的因素,不同的人的情况千差万别,其对一种药物和治疗方法的反应也各不相同。因此,对一种药物和治疗方法的评价,是一种统计性规律的问题。不少国家对一种新药的上市和一种治疗方法的批准,都设定了很严格的试验和统计检验的要求。许多生活习惯(如吸烟、饮酒、高盐饮食之类)对健康的影响,环境污染对健康的影响,都要通过收集大量数据进行统计分析来研究。例如,为了判断某人是否有心脏病,从健康的人和患心脏病的人这两个总体中分别抽取样本,对每人各测两个指标 X_1, X_2。做平面 X_1OX_2(假设只考虑第一象限),可用直线 A 将平面分成两部分,落在上面(G_1 区域)的绝大部分为健康者,落在下边(G_2 区域)的只有患心脏病的人(图 4.4.6),这样给出某个人的上述两个指标就可以很容易的分析和判断他是否有心脏病了。

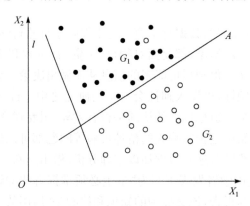

图 4.4.6 判别分析图(●表示健康者,○表示心脏患者)

对社会现象的研究也大量地使用统计方法,因为组成社会的单元——人、家庭、单位、地区等,都有很大的变异性,如果说,在自然现象中还不乏一些在误差可以允许的限度内严格的、确定性的规律,在社会现象中这种规律则绝少,因此只能从统计的角度去考察。人们常说,某某措施,某某政策对大多数人是有利的,这就是一种统计性规律,因为这种"有利"是指对大多数人,而非一切人。20 世纪初,就有统计学家研究过英国的几种贫困救助方式的效果评估,这都是借助抽样调查并通过复杂的统计分析得出的结果。如今,抽样调查已经成为研究社会现象的一种最有力的工具,因为全面调查往往不可行,而抽样调查,从其方案的制订到数据的分析,都是以数理统计学的理论和方法为基础的。

随着信息化时代的到来,数理统计的理论和方法已经广泛应用于工业、农业、商业、军事、社会科学、IT 业、医疗卫生等许多领域,特别是随着计算机的普及和发展,各种统计软件的出现使得数理统计的方法越来越成为人们进行数据处理的主要方法。现在的统计学研究正努力与其他实用学科结合而形成交叉或边缘学科,如生物统计、医药统计、工业统计、金融统计等。

思 考 题

1. 概率论与数理统计之间有何联系? 它们各是怎样的学科?

2. "天有不测风云"和"天气可以预报"矛盾吗?

3. 概率的定义有哪几种? 古典概型与几何概型各有什么特点?

4. 可否用概率的公理化定义计算出事件的概率? 例如,设抛一枚均匀硬币正面朝上的概率为 1/3,反面朝上的概率为 2/3,则符合公理化定义的 3 条,可否认为硬币正面朝上的概率为 1/3,而不是大家熟知的 1/2 呢?

5. 概率论中的大数定律的实质是什么?

6. 为什么说在概率公理化以后,贝特朗悖论不再是一个问题了?

7. 描述随机事件发生的可能性大小是如何数量化的? 随机变量和函数的区别是什么?

8. 举例说明何谓"极大似然估计"? 说说数理统计在生产生活等领域的应用。

名 人 小 撰

1. 分析概率论的先驱——拉普拉斯(P. S. M. de Laplace,1749～1827),法国数学家、天文学家,分析概率论的创始人。

1749 年 3 月 23 日,拉普拉斯出生于法国诺曼底的博蒙。他从青年时期就显示出卓越的数学才能,18 岁时离家赴巴黎,决定从事数学工作。于是带着一封推荐信去找当时法国著名学者达朗贝尔,但被后者拒绝接见。拉普拉斯就寄去一篇力学方面的论文给达朗贝尔。这篇论文出色至极,以至于达朗贝尔忽然高兴得要当他的教父,并推荐他到军事学校教书。拉普拉斯曾任巴黎军事学院数学教授。1795 年任巴黎综合工科学校教授,后又在巴黎高等师范学校任教授。1799 年他还担任过法国经度局局长,并在拿破仑政府中任过 6 个星期的内政部长。1816 年被选为法兰西科学院院士,1827 年 3 月 5 日卒于巴黎。

在研究天体问题的过程中,拉普拉斯创造和发展了许多数学方法,以他的名字命名的拉普拉斯变换、拉普拉斯定理和拉普拉斯方程在科学技术的各个领域有着极为广泛的应用。

　　拉普拉斯最有代表性的专著有《宇宙体系论》《天体力学》和《概率分析理论》。1796 年出版的《宇宙体系论》一书提出了对后来有重大影响的关于行星起源的星云假说。1799～1825 年出版的 5 卷 16 册巨著《天体力学》之中第一次提出天体力学这一名词,是经典天体力学的代表作,他也因此被誉为"法国的牛顿"和"天体力学之父"。1812 年出版的《分析概率论》一书奠定了他"分析概率论创始人"的地位。

　　拉普拉斯曾任拿破仑的老师,在数学上他是个大师,在政治上却是个两面派。拿破仑的兴起和衰落,并没有显著影响他的工作,应归功于他不值得称道的见风使舵的本领。

　　2. 星光闪烁的数学家族——伯努利家族

雅各布·伯努利　　　　约翰·伯努利　　　　丹尼尔·伯努利

　　瑞士的伯努利(Bernoulli)家族是著名的数学世家,3 代人中产生了 8 位著名数学家。其中的 3 位:雅各布·伯努利、约翰·伯努利、丹尼尔·伯努利无疑是最杰出的。

　　雅各布·伯努利(J. Bernoulli,1654～1705)早年时期,父亲希望他成为一名牧师,后来受笛卡儿等的影响,转而致力于数学研究。他从 1687 年起直至逝世任巴塞尔大学的教授。在 1713 年出版的《推测术》一书中,他叙述了概率论中称之为"伯努利大数定律"的基本原理:若某事件的概率是 p,且若 n 次独立试验中有 k 次出现该事件,则当 $n \to \infty$ 时,$k/n \to p$。雅各布·伯努利的研究还包括悬链线问题、等周问题、对数螺线等诸多物理力学和几何学问题。他醉心于对数螺线的研究,发现对数螺线经过诸多变换后仍是对数螺线的奇妙性质。他的墓碑上刻着对数螺线,并题词"纵然变化,依然固我",以象征死后的不朽。

　　约翰·伯努利(J. Bernoulli,1667～1748)是雅各布·伯努利的弟弟,早年被父亲送去经商,后转而学医,在 1694 年获得巴塞尔大学医学博士学位,论文是关于肌肉收缩问题的。他同时跟随哥哥学习数学,很快就喜爱并掌握了微积分,并用之来解决几何学、微分方程和力学上的许多问题。1691 年,约翰·伯努利在巴黎做过洛必达的私人教师,1694 年他最先提出洛必达法则。1695 年他成为荷兰格罗宁根大学的数学物理学教授,后在哥哥雅各布·伯努利去世后继任巴塞尔大学教授。

约翰•伯努利在 1701 年对等周问题的解法研究中发现了变分法。

丹尼尔•伯努利(D. Bernoulli,1700~1782)是约翰•伯努利的儿子,起初他和他父亲一样学医,1721 年获得巴塞尔大学医学博士学位,论文是关于肺的作用的。后来又与他父亲一样,马上放弃原专业而改攻他天生擅长的专长——数学。1725 年,丹尼尔•伯努利任俄国圣彼得堡科学院的数学教授。1733 年回到巴塞尔,先后任植物学、解剖学与物理学教授。他于 1738 年出版了名著《流体动力学》,其中讨论了流体力学并对气体动力理论作了最早的论述。他曾 10 次获得法国科学院颁发的奖项,贡献涉及天文、重力、潮汐、磁学等多个方面。许多人认为他是第一位真正的数学物理学家。

伯努利家族在当时的欧洲享有盛誉。但是非常不幸的是,这个家族的上述 3 位杰出人物却长期兄弟、父子失和。

3. 品德高尚的数学巨匠——柯尔莫哥洛夫(A. N. Kolmogorov,1903~1987),20 世纪苏联最杰出的数学家,20 世纪世界上为数极少的几个最有影响的数学家之一。

1903 年 4 月 25 日,柯尔莫哥洛夫出生于俄罗斯的坦博夫城。柯尔莫哥洛夫童年生活不幸,母亲早逝,他由姨妈抚养长大。早年当过列车乘务员,业余学习数学。1920 年考入莫斯科大学,1931 年担任莫斯科大学教授,1933 年任莫斯科大学数学力学研究所所长。1935 年获得苏联首批博士学位,1939 年当选为苏联科学院院士,1966 年当选为苏联教育科学院院士。他的研究领域包括实变函数、拓扑空间、泛函分析、概率论、数理统计等多个分支,几乎遍及数论之外的一切数学领域。在纯粹数学、应用数学、随机数学等领域他都有开创性贡献。

柯尔莫哥洛夫同时是一位伟大的教育家。他热爱学生,严格要求,指导有方,培养了一大批优秀的数学家。柯尔莫哥洛夫热爱生活,兴趣极其广泛,喜欢旅行、滑雪、诗歌、美术和建筑。更难能可贵的是,他谦逊淡泊,不注重名利,将得到的奖金捐给学校,不去领取高达 10 万美元的沃尔夫奖。他是一位具有高尚道德品质和崇高的无私奉献精神的科学巨人。1987 年 10 月 20 日,柯尔莫哥洛夫在莫斯科逝世。

4.5 运 筹 学

只要一门科学分支能提出大量的问题,它就充满着生命力,而问题缺乏则预示着独立发展的终止或衰亡。

——希尔伯特(D. Hilbert,1862~1943,德国数学家)

数学主要的目标是公众的利益和自然现象的解释。

——傅里叶(J. B. J. Fourier,1768~1830,法国数学家)

数学享有盛誉的一个原因正是数学给了各种精密自然科学一定程度的可靠性,没有数学,它们不可能获得这样的可靠性。

——爱因斯坦(A. Einstein,1879~1955,美籍德裔物理学家)

运筹学是近代的一门新兴学科,主要目的是运用科学技术知识和数学理论及方法,研究各种系统的优化途径和方案,为决策者提供定量依据,以便科学决策。随着科学技术的迅猛发展,尤其是计算机科学的快速发展和广泛应用,运筹学在自然科学和社会科学的诸多领域都得到了卓有成效的应用。

4.5.1 运筹学的起源与发展

1. 运筹学的起源

运筹学的英文为 operational research(在美国习惯称为 operations research,OR),直译为"运作研究"。

运筹学是运用科学的方法(如分析、试验、量化等)来决定如何最佳地运营和设计各种系统的一门学科。

中国古代早有运筹学的思想,春秋战国时期的孙武(约公元前 535~不详)所著《孙子兵法》体现了丰富的运筹学思想。与战国中期的著名军事家孙膑(约公元前 380~前 432,孙武的后世子孙)有关的"围魏救赵"和"增兵减灶"是军事运筹学脍炙人口的典型例子。战国时期的李冰(生卒年不详)父子创建的都江堰水利工程,是管理运筹的杰出体现。北宋年间的著名科学家沈括(1031~1095)所著《梦溪笔谈》中体现了军事后勤问题中许多运筹思想。北魏时期(公元 386~543)的贾思勰(生卒年不详)所著《齐民要术》是古代农业科学的一部杰出学术著作,蕴涵了丰富的农业运筹思想。

古代西方也有运筹学思想的运用实例。古希腊数学家阿基米德利用几何知识防御罗马人围攻叙拉古城的策略体现了军事运筹思想。意大利的达·芬奇、伽利略都研究过作战中的运筹问题。

近代运筹学的起源可以分为三个方面。

1) 运筹学的军事起源

第一次世界大战期间,以希尔(A. V. Hill,1886~1977)为首的英国国防部防空实验小组进行高射炮系统利用研究是最早的运筹学工作。之后,英国人莫尔斯建立的分析美国海军横跨大西洋护航队损失的数学模型,英国科学家兰彻斯特(F. W. Lanchester,1868~1946)建立的兰彻斯特方程(描述军队的数量优势、火力和胜负的动态关系的方程)都是运筹学的早期工作。

第二次世界大战期间,英国建立了秘密的雷达站,对德空袭进行预警和拦截,但当时的雷达送来的信息常常互相矛盾,需要加以协调和关联,改进作战效能。1938 年皇家空军提出进行防空作战系统的研究。1939 年,以英国曼彻斯特大学的物理学家布莱凯特(M. S. Blackett,1897~1974,1948 年诺贝尔物理学奖得主,通常被人们称为"现代运筹学之父")为首组建了代号为"Blackett 马戏团"的研究小组,这个小组包括多个领域背景的研究人员,他们跨学科合作,专门就改进防空系统进行研究。他们运用自然科学和工程技术的方法,对雷达探测、信息传递、作战指挥、战斗机与防空火力的协调做出了系统的研究并获得成功,在后来对抗德国纳粹的空袭战斗中发挥了极大的作用,大大提高了英国本土的防空能力。"Blackett 马戏团"的贡献也使得英国被希特勒称为"不沉的英伦岛"。战后,"Blackett 马戏团"所从事的工作被命名为"运筹学"。

2) 运筹学的管理起源

第一次世界大战前就已经发展成熟的古典管理学派对运筹学的产生和发展影响很大。1911 年,美国有"科学管理之父"之称的泰勒(F. W. Taylor,1856~1915)出版了著作《科学管理原理》,对管理改革做出了贡献。与泰勒同时代的学者甘特(H. L. Gantt,1861~1919)及杰尔布雷斯夫妇(F. Gilreth,1868~1924;Gilreth,1878~1972)对科学管理做了更加细致广泛的研究。美国的福特(H. Ford,1863~1947)在泰勒的单工序动作研究的基础上,设计创造了第一条流水生产线——汽车流水线,从而提高了整个企业的生产效率,降低了成本。福特为企业扩大再生产,进行了多方面的标准化工作,包括产品系列化、零件规格化、工厂专业化、机器及工具专用化、作业专门化等。近代运筹学的发展,同样是基于管理实践和管理科学的许多问题。1909 年至 1920 年,丹麦哥本哈根电话公司的工程师爱尔朗(A. K. Er-lang,1879~1929)研究电话服务的等候问题,陆续给出了关于电话通路数量等方面的分析与计算公式。特别是,他在 1909 年发表的论文《概率与电话通话理论》标志着运筹学的重要分支——排队论的诞生。

3) 运筹学的经济起源

经济学对运筹学的影响是和数理经济学派密不可分的。数理经济学对运筹学的影响,可以从 1758 年魁奈(F. Quesnay,法,1694~1774)发表的《经济表》算起。19 世纪至 20 世纪最著名的经济学家沃尔拉斯(L. Walras,法,1834~1910)研究了经济平衡问题,后来的经济学家对其数学形式进行了深入研究。20 世纪 30 年代,奥地利和德国的经济学家推广了沃尔拉斯的工作。1928 年,美籍匈牙利数学家冯·诺依曼以研究两人零和对策的一系列论文为运筹学的分支——对策论奠基,1932 年,他提出一个广义经济平衡模型,1939 年,提出一个属于宏观经济优化的控制论模型。1944 年,冯·诺依曼与经济学家摩根斯坦(O. Morgenstern,德-美,1902~1977)合著的《博弈论与经济行为》一书出版,标志着系统化与公理化的对策论分支的形成。1939 年,苏联数理经济学家康托尔洛维奇(L. V. Kantorovich, 1912～1986)基于长期从事生产组织与管理中的定量化方法研究,出版了《生产组织和计划中的数学方法》一书,被认为是运筹学的分支——规划论的开始。上述工作都可以看成运筹学的经济起源。

2. 运筹学的发展

第二次世界大战以后,英美各国不但在军事部门继续保留了运筹学的研究中心,而且在研究方面给予大力支持,使得研究人员、组织配备及研究范围和水平都得到了提高和发展。同时,运筹学的研究成果被应用到生产、经济领域,并向政府和工业等部门扩展。有许多大学参与这些新领域的合作研究,也有大批专门从事研究的公司成立,例如,1949 年成立的著名的兰德(RAND)公司。大批运筹学的有关理论和方法的研究与实践不断深入,迅速发展。

1948 年,美国麻省理工学院率先开设了运筹学课程,许多大学群起效法,运筹学成为一门学科,内容也日益丰富。1950 年,美国出版了第一份运筹学杂志。1951 年,莫尔斯(P. M. Morse,美,1903～1985)和金博尔(G. E. Kimball,美,1906～1967)出版了《运筹学的方法》一书,这是第一本以运筹学命名的专著。

我国学术界 1955 年开始研究运筹学时,华罗庚、许国志(1919～2001)等学者从《史记·高祖本记》"运筹帷幄之中,决胜千里之外"一语中摘取"运筹"一词作为 operations research 的意译,是"运用筹划,以智取胜"的含义。"运筹"二字,既显示该学科的军事起源,也表明它在我国已早有萌芽。1958 年后,运筹学的研究和应用在全国范围内广泛展开,"打麦场的选址问题"(研究在当时手工收割为主的情况下如何节省人力和时间的问题)、"中国邮路问题"(国际上著名的模型,由中国学者管梅谷(1934～)提出)等纷纷被提了出来。华罗庚和他的同事们从 1965 年起在全国开始普及推广统筹法,1970 年开始还增加了普及推广优选法,此后 20 年中,他们走访全国 23 个省市中几百个城市的几千个工厂,向数百万人开设讲座,开展工作,取得了巨大的社会效益和经济效益。

近年来,数学理论和方法以及计算机技术快速发展,为运筹学提供了更加准确的数学模型工具,高速、可靠的计算。在现代管理领域的许多方面都应用运筹学的方法解决问题,提高经济效益。例如,①生产计划问题中的生产作业的计划、日程表的编排、合理下料、配料问题、物料管理等。②库存管理问题中的多种物资库存量的管理,库存方式、库存量等。③运输问题中确定最小成本的运输线路、物资的调拨、运输工具的调度以及建厂地址的选择等。④人力资源管理问题中的对人员的需求和使用的预测,确定人员编制、人员合理分配,建立人才评价体系等。⑤市场营销问题中广告预算、媒介选择、定价、产品开发与销售计划制定等。⑥财务和会计问题中预测、贷款、成本分析、定价、证券管理、现金管理等。

有统计表明,运筹学方法的应用不断增加,运筹学的各个分支、各种方法都在不同程度被使用,社会尤其是工商企业对运筹学应用分析人员的需求也逐年增长,运筹学在国内外的推广应用前景非常广阔。

4.5.2 运筹学的性质和特点

运筹学应用范围广泛,性质特点鲜明。其性质包括如下四点。

1) 普适性

运筹学是一种普遍适用的科学方法,可以应用于同一大类问题并能够传授和有组织的活动。例如,在工商管理、民政事业、教育事业、军事等部门内的统筹协调问题上的应用。

2) 定量性

运筹学强调以量化为基础,用运筹学解决问题则首先需要建立数学模型,为决策者提供有较强科学性的定量依据,而非仅仅是定性分析。

3) 交叉性

运筹学的使用过程中需要多学科的交叉,如根据问题的不同,综合运用物理、化学、生物学、经济学、管理科学、系统学甚至心理学等的一些方法。

4) 整体性

运筹学强调"整体最优",从系统的观点出发,对所研究的问题寻求最优解,而不强求局部问题的最优化。

运筹学的特点包括如下四点。

1) 目的明确

研究一个问题,制定一个决策,人们首先要明确目的。运筹学解决问题首先要明确追求哪方面的最优。例如,军事上,敌我双方作战,目的可以是最大限度杀伤敌方的有生力量,也可以是迅速占领敌方战略要塞,也可以是我方保存实力而竭力突围等,这些需要一开始就清楚目的并贯穿始终,直至实现目的。

2) 系统协调

系统性问题研究如何使整体达到最优。描述一个系统的指标有多个,如彩色电视机的参数指标包括色彩度、稳定性、音质等,系统的多个指标同时达到最优的情况一般不存在,而局部最优不等于全局最优。要达到全局最优,就必须进行统一规划、协调管理,在多个可能的方案中找出相对最优的方案。

3) 科学有效

解决现实问题,凭感觉的决策方式具有盲目性,往往给生产生活带来不应有的损失。运用运筹学就大大增强了决策的科学性,因为这样的决策是以定量分析为基础,有较准确的符合实际的数学模型、合适的算法及计算机的快速计算,这就保证了运筹学决策的科学性。而有效性对不同的问题有不同的含义,如对复杂的运输系统,怎样以最小的油耗,在限定的时间内,使运输车辆尽快到达多个指定目的,是有效性问题;对于生产管理问题,怎样在限定的工作时数、限定的原材料消耗下,使产品利润最大化,也是有效性问题,类似问题的解决并非轻而易举,其中要求的几个方面效果实现起来往往相互矛盾。运筹学为这类问题提供了切实可行的方法。

4) 决策参考

运筹学是用数学模型从定量的角度制定的最优决策,但在处理实际问题时,各种人为因素会干扰最终的决策执行,所以,利用运筹学得到的结果只是给决策者提供决策时的参考,提高其决策的预见性和科学性,故不能将运筹学得到的结果认为是一定被采用的结果。

运筹学作为一门用来解决实际问题的学科,在处理各种实际问题时,一般采用以下几个步骤:①确定目标,即提出问题、认清问题,确定评估目标及方案的标准或方法、途径。②制订方案,即分析诸多因素,评估各个方案,进行解的检验、灵敏性分析等,选择最优的可行方案。③建模求解。根据问题的性质,建立适当的数学模型,确定解决相应模型的算法。④方案实施。将可行的最优决策运用到实践中。⑤决策评估。考察问题是否得到圆满解决。

4.5.3　运筹学的内容与简单实例

1. 运筹学的内容

1) 规划论

规划论包括线性规划、非线性规划、整数规划、动态规划、多目标规划、随机规划、模糊规划等。规划论是运筹学的一个重要分支。规划论的研究对象是计划管理工作中有关安排和估值的问题。其目的是在给定的条件下,按某一衡量指标来寻找最优的安排方案。它可以表示为求函数在满足一定的约束条件下的极大极小值的数学模型。

规划论中最简单的一类问题是线性规划,即约束条件和目标函数都是呈线性关系,许多实际问题可以化为线性规划问题。要解决线性规划问题,理论上都要解线性方程组,因此解线性方程组的方法,以及行列式、矩阵的知识是必要的工具。单纯形法是解决线性规划问题的有效方法,它有十分有效的算法,计算机的出现,为一些复杂的线性规划问题的解决提供了便利。

非线性规划、整数规划、动态规划、多目标规划、随机规划、模糊规划等是线性规划的进一步发展和延伸。许多实际的规划论问题,涉及的对象的特征多种多样,描述它们的数学模型也就各不相同,因此,数学工作者又面临着许多基本的理论问题,在研究规划论的过程中,各种分析方法得到了发展,并且不断成功地应用于实践中。

2）图论

1736 年，瑞士数学家欧拉在解决哥尼斯堡七桥问题时始创了图论。100 年后，1847 年，基尔霍夫（G. R. Kirchhoff，德，1824～1887）首次应用图论的原理分析电网，从而将图论引入到工程技术领域。20 世纪 50 年代以来，图论的理论得到了进一步发展，许多庞大复杂的工程系统和管理系统的问题，例如，完成工程任务时间最短、费用最省等的问题可以采用图论分析和解决，由于这种数学模型和方法直观形象，富有启发性，图论因此受到了越来越多的重视。如今，图论是古老但又十分活跃的运筹学的分支，它还是现代网络技术的基础。

3）决策论

决策论是研究决策问题的理论。所谓决策就是根据客观可能性，借助一定的理论、方法和工具，科学地选择最优方案的过程。决策问题由决策者和决策域构成，决策域包含决策空间、状态空间和结果函数。研究决策理论与方法的科学就是决策科学。决策问题是多种多样的，从不同的角度有不同的分类方法，按照决策者面临的自然状态的确定与否可分为：确定型决策、风险型决策和不确定型决策；按照决策所依据的目标个数可分为：单目标决策和多目标决策；按照决策问题的性质可分为：战略决策与策略决策等。决策的基本步骤为：确定问题，提出决策目标；发现、探索和拟定各种可行方案；从多种可行方案中，选出最满意的方案；进行决策的执行与反馈，以寻求决策的动态最优。

4）博弈论

创见这个运筹学分支的是美籍匈牙利数学家、计算机之父——冯·诺依曼。在现实生活中，有利害冲突的诸方为了各自的利益需要在某种竞争的场合下做出决策，各自的决策能相互影响、制约，这种决策就称为博弈。博弈论就是研究博弈行为中竞争各方是否存在最合理的行动方案，以及如何找到这个方案的数学理论和方法。例如，在军事上，数学家对水雷和舰艇、歼击机和轰炸机之间的作战、追踪等问题进行研究，提出了追逃双方都能自主决策的数学理论。再如在体育比赛、公司的经济谈判等具有竞争性质的活动中，都必须考虑对手的各种可能的行动方案，并选取对自己最为有利或合理的决策。近年来，随着人工智能研究的进一步发展，对博弈论提出了更多新的要求。

5）排队论

排队论又称为随机服务系统理论。主要研究各种系统的排队队长、排队的等待时间及所提供的服务等各种参数，以便寻求更好的服务。1909 年，丹麦工程师爱尔朗研究电话服务的等候问题标志着排队论的诞生。1930 年，爱尔朗开始了更为一般情况的研究，1949 年前后，他又开始对机器管理、陆空交通等方面进行具体研究，研究的目的是改进服务机构的效率或组织被服务的对象，使得某种指标达到最优。爱尔朗的理论研究工作在 1951 年以后逐渐奠定了现代随机服务系统的理论基础。排队论在日常社会生活中的应用也十分广泛,例如,水库水量的调节、生产流水线的安排、电网的设计等。

排队现象是一个随机现象,故排队论是研究系统随机聚散现象的理论。因此在对排队论的研究中,主要采用的数学工具是概率论和随机微分方程。

6) 可靠性理论

可靠性理论是研究系统故障,以提高系统可靠性问题的理论。可靠性理论研究的系统一般分为两类:不可修复系统(如导弹),这种系统的参数是寿命、可靠度等;可修复系统(如一般的机电设备),这种系统的重要参数是有效度,其值是系统的正常工作时间与正常工作时间加上事故修理时间之比。

7) 搜索论

搜索论是在第二次世界大战中出现的。主要研究在资源和探测手段受到限制的情况下,如何设计寻找某种目标的最优方案,并加以实施的理论和方法,目的是以最大的可能或最短的时间找到特定的目标。

搜索论在实际运用中取得了成效,最成功的例子是 20 世纪 60 年代,美国在大西洋寻找到失踪的核潜艇"打谷者号"和"蝎子号",以及在地中海寻找到丢失的氢弹。现在,搜索论的发展和应用已经不囿于传统的军事领域,在非军事领域,例如,海域勘探资源、书籍检索、逃犯搜捕等问题中,搜索论也得到了推广运用。

2. 运筹学的实例

本节简介几个运筹学中的实例,大致了解一下运筹学所关心的问题和解决问题的方法。

1) 规划论的实例

线性规划是研究如何求得一组变量的值(称为可行解),使它满足一组线性式子(称为约束条件),并使一个线性函数(称为目标函数)的值达到最大或最小的数学方法和问题。线性规划是研究较早、理论较完善、应用最广泛的一个运筹学分支。线性规划所研究的问题包括一是在一项任务确定后,如何以最低成本(如人力、物力、资金、时间等)完成任务;二是如何在现有资源的条件下进行组织和安排,以产生最大收益(如利润最大、成本最小等)。

例 1　利润最大化问题。

某企业生产三种产品 A_1, A_2, A_3,这些产品分别需要甲、乙两种原料。生产每种产品一吨,所需原料和每天原料总限量及每吨不同产品可获利润情况如下表,问企业如何安排生产才能使每天的利润最大(表 4.5.1)?

表 4.5.1　企业生产数据表

原料 ＼ 产品	A_1	A_2	A_3	原料限量/吨
甲	1	2	2	100
乙	3	1	3	100
利润/(千元/吨)	4	3	7	

解　设该企业每天生产三种产品 A_1,A_2,A_3 的数量分别是 x_1,x_2,x_3（单位：吨），则总利润的表达式为

$$f=4x_1+3x_2+7x_3（目标函数），$$

现有资源的限制为

$$x_1+2x_2+2x_3\leqslant100（约束条件 1），$$
$$3x_1+x_2+3x_3\leqslant100（约束条件 2）。$$

由于未知数（称为决策变量）x_1,x_2,x_3 是计划产量，应有 $x_1,x_2,x_3\geqslant0$（约束条件 3）。

综上，得到问题的数学模型为

$$\max\{f=4x_1+3x_2+7x_3\},$$
$$\text{s. t.}\ \ x_1+2x_2+2x_3\leqslant100,$$
$$3x_1+x_2+3x_3\leqslant100,$$
$$x_1,x_2,x_3\geqslant0。$$

利用单纯形法（方法介绍略）或利用适于处理规划问题的一种应用软件 Win-QSB 求解，得到问题的解为：当取 $x_1=0,x_2=25,x_3=25$ 时，得 f 的最大值为 250，从而解决了企业的最优生产安排问题。

动态规划是一种求解多阶段决策问题的系统技术。解决问题的基本思路是：把整体较复杂的大问题划分为一系列较易解决的小问题，通过逐个求解，逐步调整，最终取得整体最优解。动态规划在工程、经济、管理等领域的一些较难解决的复杂问题中显示出优越性，被广泛应用并获得了显著的效果。动态规划不像线性规划那样有一个标准的数学表达式和明确的规则，而必须对具体问题进行具体的分析处理。对于非大型的问题，WinQSB 软件也可用于动态规划的求解问题。

例2　背包问题。

设有一位旅行者携带背包去登山，已知他所能承受的背包重量为 a 千克。现有 n 种物品供他选择装入背包，其中第 i 种物品的重量是 a_i 千克，其价值（可以是表明该物品对登山的重要性的数量指标）是携带第 i 种物品的数量 x_i 的函数 c_ix_i（c_i 为第 i 种物品单位数量的价值，$i=1,2,\cdots,n$）。问题：旅行者如何选择携带各种物品的件数，使得总价值最大？

车、船、飞机、潜艇、人造卫星等的最佳装载问题都可以等同于上述的背包问

题。例如，已知 1 吨的集装箱最大载重量为 800 千克。现有单位物品的重量、价值已知的 5 种物品各 10 件可供选择装箱。求使得价值达到最大的装载方案。

只要选用 WinQSB 软件中的子程序"Dynamic Programming"，选择问题类型"Knapsack Problem"，将所给的具体数据输入计算机就可以容易地解决这类问题。

2）博弈论的实例

博弈论有三个基本的假设：参与人是理性的；他们有这些理性的共同知识；他们知道博弈规则。

任何一个博弈问题都包含三个要素：局中人、策略和支付函数。

局中人是指在一场具有竞争性的决策中，有制定对付对手的行动与方案权，并有权作出决策的参加者。两个局中人的博弈现象称为两人博弈，多于两个局中人的博弈称为多人博弈。

在一局博弈中，每个局中人都有一套可供选择的指导自始至终如何行动的方案，以期寻求较好的结果，称此行动方案为这个局中人的一个策略，而把这个局中人策略的全体称为这个局中人的策略集。

在一局博弈中，各个局中人选定的策略构成一个策略组，称为一个局势。

如果在一局博弈中，各个局中人只有有限个策略，称为有限博弈；否则称为无限博弈。

在一局结束后，随局中人选取策略组的变化，输赢或得失的局面随之变化，局中人选定一个策略组，必然对应着一个博弈结果，因此，可以用一个函数来表示输赢或得失，将这个函数称为支付函数。对应策略组的支付函数的各个取值可以用一个矩阵来表示，称为支付矩阵。

对一个博弈问题，如果在每一局势中，全体局中人的得失相加都是零，则称此博弈为零和博弈，否则称为非零和博弈。

在众多博弈模型中，占重要地位的是两人有限零和博弈，即在博弈中只有两个局中人，各自策略集只含有限个策略，每局中的两个局中人的得失总和为零，这类博弈又称矩阵博弈。

例 3　囚徒困境问题——博弈论的经典案例。

两个小偷甲和乙联手作案，因私入民宅被警方抓获，但未获得证据。警方将两人分别置于两个房间分开审讯。政策是若一人招供但另一人未招，则招者立刻被释放，未招者判入狱 10 年；若两人都招，则两人各判刑 8 年；若两人都不招，则未获证据但因私入民宅各拘留 1 年。将这些数据列表如下：

	甲	
乙	(−8, −8)	(0, −10)
	(−10, 0)	(−1, −1)

尽管甲乙双方都不知道对方是否会招供,但都各自认为选择"招"对自己最有利,结果两人各判入狱 8 年。若两人均不招,结果每人将只判入狱 1 年,但在基本假设"人是理性的,即人人都会在约束条件下最大化自身的利益"下,这种结果不会出现。

这里甲和乙是"局中人",表中每个方格中的数字称为局中人的支付,表中数据构成的双变量矩阵就是博弈支付矩阵,两个局中人所选择的策略构成的组合(招,招)是博弈均衡。这个组合中前后两个策略分别表示甲和乙选择的策略。显然,甲乙两人在决策时都采取"不招"的策略比采取理性策略的结果对他们更有利。

类似囚徒困境的博弈问题在商业上广泛存在,如商家的价格战,出售同类商品的商家之间本来可以将价格共同维持在高价位而获利,但实际上却常常是互相攀比降价促销,结果都赚不到钱。

在两人有限零和博弈中,双方局中人寻求的最优解是一种纳什均衡。当达到这种均衡时,无论是纯策略解还是混合策略解,只要其他局中人不改变自己的策略,则任何一方单独改变自己的策略,只能带来收益或效用的减少。纳什均衡是一种策略组合,它是每个局中人的策略对其他局中人策略的最优反映。

例 4 甲乙双方军队进行攻守作战,甲方进攻,乙方守卫,甲方在人数上劣于乙方,鉴于不同的攻守道路和兵力部署,甲方有 a,b,c 三种战略,乙方有 A,B,C,D 四种战略。现用"$+$","$-$"分别表示胜和败,假设攻守双方采用不同策略的结果如下表。

	乙方			
	A	B	C	D
甲方 a	$(-,+)$	$(-,+)$	$(+,-)$	$(+,-)$
b	$(+,-)$	$(-,+)$	$(-,+)$	$(+,-)$
c	$(+,-)$	$(+,-)$	$(-,+)$	$(-,+)$

分析 甲方无劣势战略,但乙方有 A 劣于 B,D 劣于 C,故乙方会剔除 A 和 D。剔除后的博弈变成了

	乙方	
	B	C
甲方 a	$(-,+)$	$(+,-)$
b	$(-,+)$	$(-,+)$
c	$(+,-)$	$(-,+)$

甲方知道乙方不会选择 A 和 D,由此知道博弈变成上表,此时,甲方就有一个

劣势战略 b ,剔除 b 后得到新的博弈

乙方

甲方		B	C
	a	$(-,+)$	$(+,-)$
	c	$(+,-)$	$(-,+)$

此时双方的形势相同,获胜的可能性相同。

第二次世界大战期间,盟军在欧洲西线战场发起的诺曼底登陆战的策略谋划中,盟军有多佛和诺曼底两个登陆目的地可供选择,但德国守军人数超过了盟军人数,并且在人数相同的情况下,进攻一方比守卫一方处于不利的形势。此时,盟军就面临以弱敌强的博弈问题。在正确的指挥下,诺曼底登陆成功,使第二次世界大战的战略态势发生了根本性变化。

3) 决策论实例

美国运筹学家萨蒂(T. L. Saaty)在 20 世纪 70 年代提出了一种简便、灵活又实用的多目标决策方法——层次分析法,特别适用于那些难于完全定量分析的问题。层次分析法对决策问题的处理思路是:首先分析问题内在因素间的联系,并把它划分为若干层次:方案层、准则层、目标层等。方案层指决策问题的可行方案,准则层指评价方案优劣的准则,目标层指解决问题追求的总目标。将各层之间要求的联系用直线表示出来,形成层次结构图。最后通过两两比较确定某一层次元素对上一层次元素的数量关系,进行简单的数学运算,做出决策。

复杂的决策问题往往涉及许多因素,如社会、政治、经济、科技、自然环境乃至心理因素等,处理起来会比较困难,而层次分析法是处理这类问题的有效方法。随着计算机辅助决策支持系统的产生和完善,许多问题在计算机的帮助下解决,在一定程度上代替了人们对一些常见问题的决策分析过程。

例 5　某市中心有一家商场,由于街道狭窄,经常造成交通拥堵,市政府决定解决这个问题,经过有关专家会商研究,制订出三个可行方案:

F_1:在商场附近修建一座环形天桥;

F_2:在商场附近修建地下人行通道;

F_3:搬迁商场。

决策的总目标是改善市中心交通环境(记为 G)。根据当地实际情况,专家组拟定 5 个评价准则:

Z_1:通车能力;Z_2:方便群众;Z_3:基建费用;Z_4:交通安全;Z_5:市容美观。试对该市改善市中心交通环境问题提出决策建议。

解　首先建立层次结构模型,如图 4.5.1 所示。

将各种准则、关系量化后,利用层次分析法(略)可以解决该问题,也可以直接

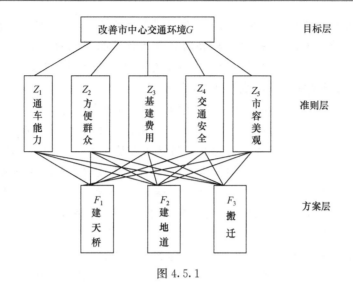

图 4.5.1

选用针对层次分析法模型编写的一种应用软件——"AHP算法",将所给的具体数据输入计算机最终得到三个可行性方案的排序结果。

思 考 题

1. 运筹学是怎样的一门学科?

2. (1) 举一中国古代的运筹典故的例子;

(2) 举例说明运筹学在现代管理领域中的应用。

3. 运筹学有哪些性质和特点?

4. 现代运筹学的发源地在哪里? 谁被称为现代运筹学之父?

5. 运筹学有哪些内容?

名 人 小 撰

1. 现代电子计算机之父 ——冯·诺依曼(J. Von Neumann,1903~1957),美籍匈牙利人,数学家、物理学家、发明家。

1903 年 12 月 28 日,冯·诺依曼出生在匈牙利布达佩斯的一个富裕家庭。他从小受到良好教育,聪颖过人,兴趣广泛,记忆超群。中学时期就崭露头角,不到 18 岁就发表了第一篇数学论文。1921~1923 年,冯·诺依曼在瑞士苏黎世联邦工业大学学习,1926 年以优异的成绩获得了布达佩斯大学数学博士学位,1927~1929 年,他相继在柏林大学和汉堡大学担任数学讲师。1930 年,冯·诺依曼接受了美国普林斯顿大学客座教授的职位,次年成为普林斯顿大学的第一批终身教授,1933 年转到该校的高级研究所,并在那里工作了一生。冯·诺依曼是普林斯顿大学、哈佛大学等很多名校的荣誉博士,是美国国家科学院、秘鲁国立自然科学院等院的院士。1954 年他任美国原子能委员会委员,1951～1953 年任美国数学会主席。1957 年 2 月 8 日,冯·诺依曼因罹患癌症在华盛顿逝世,终年 54 岁。

冯·诺伊曼是 20 世纪最杰出的数学家之一,在纯粹数学、计算数学和应用数学方面,都取得了众多影响深远的重大成果。他在数理逻辑、泛函分析、测度论、格论、连续几何学、近世代数等方面都有开创性的贡献。第二次世界大战期间,冯·诺伊曼因战事的需要研究可压缩气体运动,建立冲击波理论和湍流理论,发展了流体力学。从 1942 年起,他与人合著《博弈论和经济行为》一书,该书是博弈论中的经典著作,这使他成为数理经济学的奠基人之一。1945 年 3 月,冯·诺伊曼起草 EDVAC(电子离散变量自动计算机,是世界上第一台现代意义的通用计算机)设计报告初稿,明确计算机的结构,采用存储程序和二进制编码的思想,发明"流程图"沟通了数学语言与计算机语言,开创了现代计算机理论。1946 年,冯·诺依曼开始研究程序编制问题,他是现代数值分析的缔造者之一。他协助发展了一些算法,特别是著名的蒙特卡罗方法。20 世纪 40 年代末,冯·诺伊曼研究自动机理论,一般逻辑理论及自复制系统。在生命的最后时刻,他深入比较天然自动机与人工自动机。他逝世后,未完成的手稿在 1958 年以《计算机与人脑》为名出版。而且早在 20 世纪 40 年代他就已预见到计算机建模和仿真技术对当代社会将产生深远影响。

2. 美丽心灵——约翰·纳什(J. F. Nash,1928～2015),普林斯顿大学数学系教授。

1928 年 6 月 13 日,约翰·纳什出生于美国西维吉尼亚州。父亲是电子工程师与教师。纳什小时候孤独内向,虽然父母对他照顾有加,但老师认为他不合群、不善社交。纳什在上大学时就开始从事纯数学的博弈论研究,1948 年进入普林斯顿大学读博士后更是如鱼得水。1950 年,纳什获得美国普林斯顿高等研究院的博士学位,他那篇仅仅 27 页的博士论文中有一个天才发现——非合作博弈的均衡。1950 年和 1951 年,纳什的两篇关于非合作博弈论的重要论文,彻底改变了人们对竞争和市场的看法。他证明了非合作博弈及其均衡解,并证明了均衡解的存在性,即著名的纳什均衡,从而揭示了博弈均衡与经济均衡的内在联系。纳什的研究奠定了现代非合作博弈论的基石,后来的博弈论研究基本都是沿这条主线展开的。纳什天才的发现曾受到爱因斯坦的冷遇,还遭到冯·诺依曼的断然否定。由于纳什均衡的提出和不断完善为博弈论广泛应用于经济学、管理学、社会学、政治学、军事科学等领域奠定了坚实的理论基础。在 20 世纪 50 年代末,纳什已是闻名世界的科学家了,在经济博弈论领域,他做出了划时代的贡献,是继冯·诺依曼之后最伟大的博弈论大师之一。正当他的事业如日中天的时候,30 岁的纳什患上了严重的精神分裂症。他的家人、朋友和同事没有抛弃他,而是不遗余力地帮助和挽救他。漫长的半个世纪后,纳什渐渐康复,并在 1994 年获得了诺贝尔经济学奖。2015 年 5 月 23 日,纳什因车祸不幸离世。

附录——中国古代的运筹案例

1. 军事运筹案例——围魏救赵、减灶之法

公元前 354 年,魏国大将庞涓(不详~公元前 342)率领大军 8 万,突袭包围了赵国的都城邯郸。赵国无力抵挡,遂向齐国求救。齐王派田忌为大将,孙膑(约公元前 380~前 432)为军师,也发兵 8 万,前去解围。田忌欲直奔邯郸,孙膑则提出应趁魏国国内兵力空虚之际,发兵直取魏国都城大梁(今河南开封),迫使魏军放弃赵国而回救。这一战略思想,既避免了齐军长途奔袭的疲劳,又使魏军处于奔波被动之中,此计谋被田忌采纳。庞涓得知大梁告急,忙率军驰援。齐军在魏军必经之路——桂陵(今河南长垣南),占据有利地形,以逸待劳,打败了魏军,这就是历史上著名的"围魏救赵"案例。

公元前 342 年,庞涓率领 10 万大军进攻韩国,韩国向齐国求救。公元前 341 年,齐王决定派兵救韩,仍派田忌为大将,孙膑为军师。按照孙膑的计策,战役之初齐军直奔魏国的都城大梁,庞涓立即回援,但齐军已经进入魏国境内。孙膑认为魏国军队素来彪悍勇猛,看不起齐国军队,因此要因势利导,迷惑敌人。为了让魏军以为齐军大量掉队,孙膑建议使用"减灶之法"——齐军进入魏国境内后,先设 10 万个灶,过一天则设 5 万个灶,再过一天设 3 万个灶,造成齐军大量减灶的假象。庞涓行军三天,见到齐军留下的灶迹,自负的以为齐军士兵已经逃跑大半,所以丢弃步兵,只率领轻车锐奇加速追赶齐军。孙膑早计算好魏军行程,日暮时魏军赶到马陵(今河南范县西南),马陵地势险峻,道路狭窄。孙膑设下伏兵,集中优秀弓弩手夹道伏击。庞涓果然日暮时分到达马陵,进入齐军伏击圈,庞涓兵败自刎,10 万魏军被全歼。

"围魏救赵"和"减灶之法"都充分体现了军事上如何运用筹划兵力,选择最佳时间、地点,趋利避害,集中优势兵力以弱克强的运筹学思想。

2. 水利管理运筹案例——李冰父子与都江堰水利工程

公元前 256 年,秦国蜀郡太守李冰(生卒年不详)和他的儿子,吸收前人的治水经验,率领当地民众,主持修建了著名的都江堰水利工程。都江堰的整体规划是将岷江水流分为两条,其中一条引入成都平原,这样既可以分灾减洪,又可以引水灌溉、变害为利。都江堰主体工程包括鱼嘴分水堤、飞沙堰溢洪道和宝瓶口进水口三部分。"鱼嘴"位于岷江中心,是都江堰的分水工程,它把岷江分内外两部分,外江是岷江正流,主要用于排洪,内江是人工引水渠道,主要用于灌溉。飞沙堰用于泄洪排沙,功用非凡。宝瓶口起到节制闸的作用,能自动控制内江进水量。都江堰水利工程的三部分,科学解决了江水分流、自动排沙、控制水量等问题,有效地消除了水患。

3. 后勤管理运筹案例——沈括与运粮

沈括(1031~1095)是北宋时期的大科学家、军事家。在率领军队抗击西夏侵扰的征途中,

曾经从行军中各类人员可以背负的粮食的基本数据出发,分析计算了后勤人员与作战兵士在不同行军天数的不同比例关系,同时分析计算了用各种牲畜运送军粮与人力运粮的利弊,最后做出从敌国就地征粮,保障前方供应的重要决策,从而减少了后勤人员的比例,增强了前方的作战能力。

沈括的分析计算过程记录在他的著作《梦溪笔谈》中。译文如下:如何从敌方取得军粮是行军作战的当务之急。自己运粮耗费大且难以远行。假设一个民夫可背 6 斗(60 升)米,士兵自带 5 天干粮(相当于 10 升米)。如果一个民夫供应一个士兵,单程只能进军 18 天(每人每天吃 2 升米。士兵干粮连同民夫背的米共 70 升,每天吃 4 升,实际是维持 17.5 天,但取整数天数。以下同)。若往返,只能行军 9 天。如果两个农夫供应一个士兵,单程可行军 26 天(两个农夫背一石二斗米,三人每天吃 6 升米。8 天后,遣返一个民夫,给他 6 天的口粮,后 18 天,剩下两人每天 4 升米)。若往返,只能行军 13 天(前 8 天每天吃 6 升米,后 5 天及回程每天吃 4 升米)。如果三个农夫供应一个士兵,单程可行军 31 天(三人背一石八斗,前 6 天半四个人,每天吃 8 升米,之后遣返一个农夫,给他 4 天口粮;中间 7 天三人同吃,每天吃 6 升米,之后再遣返一个农夫,给他 9 天口粮;最后 18 天两人吃,每天 4 升米)。如果要计算往返,只可以行军 16 天(开始 6 天半每天吃 8 升米,中间 7 天每天吃 6 升米,最后 2 天半以及 16 天回程每天吃 4 升米)。三个农夫供应一个士兵,已经到极限了,如果要出动十万军队,辎重占去三分之一的兵源,能够上阵打仗的士兵不足七万人。这就要用三十万农夫运粮,再要扩大规模很困难了。每人背 6 斗米的数量是根据农夫的总数平均来说的,其中的队长不背、伙夫减半,他们所减少的要摊在众人头上。更何况还会有患病和死亡的人,他们所背的米又要众人分担。所以军队中不容许多余的饭口,一个多余的人吃饭,两三个人供应他,还有可能供不够。如果用牲畜运输,骆驼可以驮 3 石,马或骡可以驮一石五斗,驴子可以驮一石,与人工相比,虽然能驮得多,花费也少,但如果不能及时放牧或喂食,牲口就会瘦弱而死。一头牲口死了,只能连他驮的粮食一同丢弃,所以与人工相比,实际上是利害相当的。

4. 农业运筹的案例——贾思勰与《齐民要术》

贾思勰(生卒年不详)是北魏时期的农业科学家,宜都(今山东寿光南)人。贾思勰的祖父辈都善于经营,有丰富的劳动经验,而且非常重视农业技术方面的学习和研究。他从小在田间地头长大,对许多农作物非常熟悉,并跟随父亲身体力行参加各种农业劳动,学习掌握了大量农业技术。同时,贾思勰家拥有大量藏书,使他有机会博览群书,汲取各方面的知识,为编写《齐民要术》打下了良好的基础。约北魏永熙二年(533 年)到北魏武定二年(554 年)期间,贾思勰将自己积累的许多古书上的农业技术资料、询问老农获得的经验及自己的亲身实践,进行分析、整理、总结,写成了农业科学技术巨著《齐民要术》。这本书记载了我国古代农民如何根据天时、地利和生产条件去合理筹划农事的经验,蕴涵丰富的运筹思想。

第5章 有限和无限问题

在几何中,我们不仅承认无穷量——就是比任何指定的量都大的量。而且,我们承认那些无穷量无穷增大,一个比一个大。这的确令我们的大脑感到惊奇。人类最大的脑袋也仅仅只有约 6 英寸长、5 英寸宽和 6 英寸深。

——伏尔泰(Voltaire,1694~1778,法国思想家、文学家、哲学家)

过去关于数学无穷小与无穷大的许多纠缠不清的困难问题在今天的逐一解决,可能是我们这个时代必须夸耀的伟大成就之一。

——罗素(B. Russell,1872~1970,英国哲学家、数学家、逻辑学家)

一沙一世界,一花一天堂。无限掌中置,刹那成永恒。(To see a world in a grain of sand,and a heaven in a wild flower. Hold infinity in the palm of your hand,and eternity in an hour.)

——布莱克(W. Blake,1757~1827,英国浪漫主义诗人)

高等数学是重视"无限"的学科。学习高等数学,一个重要的问题就是需要清楚有限(又称"有穷")与无限(又称"无穷")的区别和联系。事实上,有限与无限总是交织在一起的,正是由于它们之间的相互转化,才有了人类认识的发展和科学的进步。

20 世纪伟大的德国数学家外尔曾说过"数学是无穷的科学"。这句话蕴涵数学的研究领域之深远,范围之广阔。初等数学研究有限,高等数学则主要研究无限,这是因为微积分是近代科学和数学的开端,而微积分则是无穷小演算的现代名称,无穷在近代数学中的作用非凡。19 世纪末,德国数学家康托尔把无穷大引入数学,20 世纪几乎所有新的数学分支都由此产生。事实上,早在 2500 年前无理数的发现就已经显示了无穷的威力以及无穷带来的无穷的麻烦。从那时起,无穷在数学中已经是必不可少的要素了。

5.1 无限的发展简史

最初,"无限"只不过是一个简单的否定,即不是有限的。后来,随着数学的发展,不可避免地要涉及无限。无限是指数量上的无限大或无穷多,数学上用∞表示"无限大",∞这个符号并没有精确定义,最早出现在沃利斯 1656 年出版的《无穷算术》一书。

此后,人们常用∞这一符号表示一个变量无限地增大,来表达一个过程、一种趋势的意思,常与极限相联系。譬如,高等数学中常常说正整数 n 趋于无穷大,记作 $n \to \infty$,或自变量 x 趋于 x_0 时,因变量 $f(x)$ 趋于无穷,记作 $f(x) \to \infty(x \to x_0)$ 等。

从有限到无限是一个巨大的飞跃,无限至少是通过下面几个路径进入数学的:

(1) 由"数"引进的。在人类对数的概念的认识过程中,经历了区分"1"与"多";区分"小的数"与"大的数";区分"有限数"与"无穷数";区分无穷数的不同层次这一步步的飞跃,每一步飞跃都代表对数、对无穷认识的深化。

(2) 由"量"引进的。量是随着测量进入数学的。对于那些不能由有限个整数的加减乘除四则运算来表示的量(即不能用有理数表示的量),数学上至少提供了三种无穷的表示方法:无穷级数、无穷乘积和无穷连分数。这些表示法包含了无穷多次运算或无穷多次操作。

例如,$1 + \dfrac{1}{2^2} + \dfrac{1}{3^2} + \cdots + \dfrac{1}{n^2} + \cdots = \dfrac{\pi^2}{6}$;

$$\prod_{n=1}^{\infty}\left[1 - \frac{1}{(2n+1)^2}\right] = \frac{\pi}{4};$$

$$\sqrt{2} = \cfrac{1}{2 + \cfrac{1}{2 + \cfrac{1}{2 + \cdots}}}。$$

(3) 由几何学引进的。几何学的对象是几何图形,最初人们为了求出圆的精确面积,从圆的内接正多边形开始,需要无穷多次运算。例如,中国魏晋时期的数学家刘徽求圆周率时采用"割圆术",他在公元 263 年撰写的《九章算术注》中形容"割圆术"说:割之弥细,所失弥少,割之又割,以至于不可割,则与圆合体,而无所失矣。

17 世纪,数学家引入了"无穷小量"的概念,这里"无穷"的含义是某种事物的无限微小的过程,而微积分中的"积分法"和"微分法"均与无穷小量的运算有关。由于无穷小演算的引进,"无穷"正式进入了数学。

对无穷的认识也和众多引起人们好奇的悖论及看似不可能的情形相联系。希尔伯特就曾说过:"无穷大!任何一个其他问题都不曾如此深刻地影响人类的精神;任何一个其他观点都不曾如此卓有成效地激励人类的智力;然而,也没有任何概念像无穷大那样,是如此迫切地需要予以澄清。"

例 1　芝诺悖论。

公元前 400 多年,古希腊的哲学家芝诺提出了著名的阿基里斯(Achilles)悖论。阿基里斯是古代神话中跑得很快的人。芝诺的叙述是这样的:如果让阿基里斯和爬得很慢的乌龟一起赛跑,则阿基里斯永远也追不上乌龟。这是因为假如乌龟比阿基里斯先行一段距离 AB,阿基里斯在 A 点起跑,乌龟在 B 点起跑。当阿基

里斯跑到 B 点时, 乌龟已爬到了 B_1 点; 当阿基里斯跑到 B_1 点时, 乌龟又前进到了 B_2 点; 当阿基里斯跑到 B_2 点时, 乌龟又前进到了 B_3 点······如此继续下去, 以致阿基里斯永远也追不上乌龟。

为方便和确切, 不妨设 $AB=100$ 米, 阿基里斯的速度是 $v_1=10$(米/分), 乌龟的速度 $v_2=1$(米/分), 把阿基里斯追赶乌龟的时间列出来, 得到一列数

$$10, 1, 0.1, 0.01, 0.001, \cdots, 10^{2-n}, \cdots (n \text{ 为正整数})。$$

因为这一列数有无穷多个, 所以芝诺用这样的叙述来说明阿基里斯在有限的时间内永远追不上乌龟。而善跑的阿基里斯可以轻而易举地追上乌龟是常识, 这就是阿基里斯悖论。

芝诺还给出了飞矢不动、游行队伍(附录 1)、运动二分法等著名的悖论。罗素曾经说过, 芝诺的悖论"为从他那时起到现在所创立的几乎所有关于时间、空间以及无限的理论提供了土壤"。

古希腊的亚里士多德对阿基里斯悖论的解释是: 当追赶者与被追者之间的距离越来越小时, 追赶所需的时间也越来越小, 无限个越来越小的数加起来的和是有限的, 所以阿基里斯可以在有限的时间追上乌龟。不过他的解释并不严格, 因为人们可以很容易地举出反例: 调和级数 $1+\dfrac{1}{2}+\cdots+\dfrac{1}{n}+\cdots$ 的每一项都递减, 可是它的和却是正无穷大量。古希腊的阿基米德发明了一种类似于几何级数求和的方法, 而问题中每次追赶所需的时间相加是一个收敛的几何级数, 所以可以算出追上的总时间是一个有限值(几何级数是形如 $\sum\limits_{n=1}^{\infty} aq^{n-1}$ 的级数, 其中 a 为非零常数)。这个悖论才总算是得到了一个过得去的解释。芝诺的叙述将连续的时间一段一段叙述, 造成了"追 - 爬 - 追"这个过程无限进行, 从而追赶时间是无限的假象。

例 2　伽利略悖论。

1638 年, 意大利数学家伽利略在他的科学著作《两种新科学》中提到一个问题: 对于每一个正整数 n, 都有一个平方数 n^2 与之对应, 且仅有一个平方数与之对应, 即

正整数集合 $\{n\}$ 和平方数集合 $\{n^2\}$ 哪个包含元素的数目大呢?

一方面, 正整数集合里包含了所有的平方数, 前者显然比后者大; 可另一方面, 每个正整数平方之后都唯一地对应了一个平方数, 两个集合大小应该相等。导致矛盾。

与伽利略悖论相似, 我们还可以证明不等长的两条线段上有相同数量的点, 如

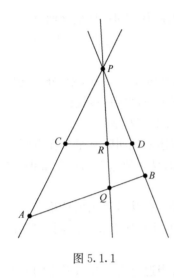

图 5.1.1

图 5.1.1，过点 P 作直线与 AB 交于 Q 点，与 CD 交于 R 点，此时线段 AB 上的点 Q 与线段 CD 上的点 R 对应，同样地，线段 CD 上的点 R 与线段 AB 上的点 Q 对应，当直线 PQ 从 PA 旋转到 PB 时，就可以将 AB 上的每一点与 CD 上的一个点对应起来，而 CD 上的每一个点也与 AB 上的点对应。于是 AB 与 CD 上有相同数量的点。

伽利略比较早地使用了一一对应的思想，但他没有沿着这个思路更进一步思考下去。最后他得出的结论就是，无限集是无法比较大小的。19 世纪末，德国伟大的数学家康托尔建立了集合论，并系统地研究了集合（特别是无穷集合）的大小，即集合的势。他指出：如果两个集合间的元素能建立起一一对应的关系，就称它们等势。在这样的定义下，正整数集合 $\{n\}$ 和平方数集合 $\{n^2\}$ 的元素数目一样多。

例 3　希尔伯特旅馆。

希尔伯特旅馆是德国大数学家希尔伯特提出的著名悖论。

希尔伯特旅馆有无限个房间，并且每个房间都住了客人。一天来了一个新客人，旅馆老板说："虽然我们已经客满，但你还是能住进来的。我让 1 号房间的客人搬到 2 号房间，2 号房间的客人搬到 3 号房间，依此类推，n 号房间的客人搬到 $n+1$ 号房间，你就可以住进 1 号房间了。"又一天，来了无限个客人，老板又说："不用担心，大家仍然都能住进来。我让 1 号房间的客人搬到 2 号房间，2 号房间的客人搬到 4 号房间，3 号房间的客人搬到 6 号房间，依此类推，n 号房间的客人搬到 $2n$ 号房间，然后你们排好队，依次住进奇数号的房间吧。"

如同有限个房间的情形，无限多个房间且已客满的旅馆自然会被认为此时将无法再接纳新的客人，但事实上并非如此。因为与人们对有限世界的认知常识相悖，所以希尔伯特旅馆被称作一个"悖论"，但它在逻辑上却是完全正确的，只是太过奇妙，出人意料。

历史上，很多思想家都研究过无穷大。古希腊的哲学家们就一条线段，是不是可无限地被分割，或者说是不是可以最终得到一个不可分割的点（即"原子"）等问题，展开了无休止的争论。现代物理学家们仍然在解决同一个问题，他们使用粒子加速器寻找"基本粒子"——那些构成整个宇宙的基本物质。天文学家则从极端的无限广阔的尺度上思考着无穷大问题——宇宙是否无穷无尽，或是有一个边界，在这个边界之外什么东西也不存在？

对无穷大的澄清和去神秘化仅仅是在 20 世纪才全部完成的，与各门学科一样,对科学的绝对的和最终的理解,是一个难以捉摸的目标,然而正是这种难以捉摸才使得对任何一个科学领域的研究都那么富有刺激性,数学也不例外。

5.2 两种无限观——潜无限和实无限

无限对于数学是重要的,因为从数学诞生伊始,人们就不可避免地与无限打交道,例如,自然数、整数和有理数的个数都是无限的。随着数学发展到变量数学,人们就更多地在无限的领域内讨论问题了,例如,极限、导数与定积分这些微积分学的基本概念,都属于无限的范畴。对无限问题的深入研究,产生了集合论,奠定了数学大厦的基础,也正是无限将数学一步步引入深入……

在对待数学无限的思想中,自古希腊以来,一直存在着两种观念:潜无限思想与实无限思想,并因此形成两大哲学流派。

所谓潜无限思想是指:把"无限"看成是永远在延伸着,不断在创造着,永远完成不了的潜在的变程或进程的解释。

所谓实无限思想是指:把无限的整体本身作为一个现成的单位,是已经构造完成了的东西,即把"无限"对象看成为可以自我完成的过程或无穷整体的思想。

数学中对于无限的使用和认识的历史实际上是基于两种无限观在数学中合理性的历史。

古希腊的亚里士多德是第一个明确承认潜无限而反对实无限的代表人物,而柏拉图则是第一个明确承认实无限而反对潜无限的学者。

亚里士多德认为:无限只能是一种潜在的存在,而不能是一种实在的存在。他说:"因为分割的过程将永远不会终结;这个事实保证了这种活动存在的潜在性,但并不能保证无限独立地存在。""空间和时间是可以无限地划分的,但并没有被无限地划分开来。"他不承认实无限的概念,并声称"直线不是由点组成的","直线上的点组成的集合是没有意义的"。直到黑暗的中世纪结束为止,数学上潜无限思想都是占优势的。在这一漫长的过程中,古希腊的欧多克索斯和阿基米德的"穷竭法";中国战国时期的《庄子·天下篇》中最脍炙人口的"一尺之棰,日取其半,万世不竭"说;三国时期刘徽创立的"割圆术";南北朝时期祖冲之的《缀术》中关于圆周率的计算,凡此种种使古代潜无限思想达到高峰。

实无限与潜无限几乎是同时产生的。在《庄子》中有"至大无外,谓之大一;至小无内,谓之小一"之说。这里,至大无外和至小无内的含义是:最大的东西是包括一切、不可穷尽、了无边际、没有别的东西可以在它外面的;而最小的东西,是可以进入没有缝隙的处所、不可分割、没有别的东西可以在它里面的。所谓"大一"就是实无限大;所谓"小一",是实无限小。古希腊哲学家德谟克利特(Democritus,约公元前 460~前 370)的"原子论"体现的就是数学中的实无限小。西方客观唯心主义的创始人柏拉图的"理念世界"成了后来数学中实无限小的哲学根据。然而,由于芝诺提出的一系列关于运动不可分的哲学悖论,揭露了两种无限之间无法克服的矛盾。

从古至今二千余年来,坚持潜无限思想的学者和坚持实无限思想的学者一直争论不休,并且广泛涉及哲学、逻辑、计算机科学理论和数学等众多领域。

有当代学者给出了潜无限和实无限的区别如下:

从生成的角度看,潜无限永远是现在进行时,而实无限则是完成时;从存在的角度看,潜无限是动态的和潜在的,而实无限是静态的和实在的。

例 1 对于坐标轴上的一个闭区间 $[a,b]$,在 $[a,b]$ 内有无穷多个点,现令变量 x 在该区间内沿着 X 轴朝向 b 点移动,则变量 x 在区间内不仅可以无限趋近于极限点 b,并在 $[a,b]$ 内最终可达到极限点 b。

对于坐标轴上的一个开区间 (a,b),在 (a,b) 内有无穷多个点,同样令变量 x 在该区间内沿着 X 轴朝向 b 点移动,则变量 x 在区间内仍可以无限趋近于极限点 b,但在 (a,b) 内却永远达不到极限点 b。

如此,我们称变量 x 在 $[a,b]$ 内以实无限方式趋近其极限点 b,而在 (a,b) 内以潜无限方式趋近其极限点 b。

总之,实无限是由现在进行时转化为完成时,而潜无限是由现在进行时强化为永远是现在进行时,而无论是潜无限还是实无限,同样都是非有限进程,实无限肯定达到进程终极处,潜无限否定达到进程终极处。

下面以芝诺的运动二分法悖论和引申的抛球悖论为例,阐释以下两种无限观。

例 2 运动二分法悖论与抛球悖论。

芝诺的运动二分法悖论说运动不存在,理由是运动中的物体在到达目的地前,必须达到半路上的点。更确切地,可以阐释如下:某物 K 沿直线路径要由起点 A 处移动到终点 B 处,则需要经过 AB 之中点 C 处,CB 的中点 C_1 处,C_1B 的中点 C_2 处,C_2B 的中点 C_3 处等,直至无穷,从而,该物 K 要由点 A 处移动到点 B 处,必须经过无穷多个中点,这所有的中点组成一个无穷集合,这个无穷集合中的每一个中点都有唯一的一个编号。每经过一个中点,都需要时间,因而在有限时间内,无论与点 B 的距离有多小,物体也不可能由点 A 处移动到点 B 处。

尽管以上的推理过程看上去合理,但得到的结论却完全违背客观实际。在很长的一段历史阶段中,人们无法对芝诺的运动二分法悖论给出令人满意的解释方法,种种解释都囿于哲理分析。

直到近代极限理论和无穷级数理论发展起来以后,基于收敛的无穷级数可以求和的原则,人们才对芝诺悖论给出逻辑数学的解释方法。不妨设某物 K 做匀速直线运动,用 1 分钟时间由点 A 处移动到点 B 处,那么将用 $\frac{1}{2}$ 分钟时间由点 B 处

移动到第一个中点 C 处，又用 $\frac{1}{4}$ 分钟时间由点 C 处移动到第二个中点 C_1 处，又用 $\frac{1}{8}$ 分钟时间由点 C_1 处移动到第三个中点 C_2 处，如此等等，直至无穷，该无穷多个时间的和将是

$$\frac{1}{2}+\frac{1}{2^2}+\frac{1}{2^3}+\cdots+\frac{1}{2^n}+\cdots,$$

已知这是一个收敛的无穷级数，其和正好是 1 分钟时间，即 $\sum\limits_{n=1}^{\infty}\frac{1}{2^n}=1$，并非无穷多个有限时间的和总为无穷大。物体 K 既然能在有限时间内由点 A 处移动到点 B 处，因而，可以将物体由点 A 处移动到点 B 处的过程看成实无限过程。芝诺的运动二分法悖论中将有限的距离分成无穷多个小段或有限的时间分成无穷多个小段来叙述，造成永远也不可能走完这无穷多个小段距离的错觉。

　　然而问题又来了。因为人们随后将芝诺悖论引申为下述的抛球问题，即设有甲、乙两人玩抛球游戏，甲先用 $\frac{1}{2}$ 分钟的时间将球抛给乙，而随之乙又用 $\frac{1}{4}$ 分钟时间把球抛回给甲的手中，而甲随之又用 $\frac{1}{8}$ 分钟时间把球抛回给乙的手中，如此往复以至无穷，则甲、乙两人所耗费的抛球时间是：$\frac{1}{2}+\frac{1}{2^2}+\frac{1}{2^3}+\cdots+\frac{1}{2^n}+\cdots=\sum\limits_{n=1}^{\infty}\frac{1}{2^n}=1$。那么问题是：抛球游戏自开始进行到 1 分钟时，球落到甲手中还是乙手中？

　　因为既然收敛的级数是可以求和的，那么对上述甲、乙二人抛球过程所用的时间段序列就可以求和，所以自开始至 1 分钟时，该抛球过程终止，故问此时球在何处？对此问题，潜无限论者由于不承认无穷过程能进行完毕，只承认可以无限制地进行下去，即永远在进行之中，从而抛球游戏永远只能滞留于无限制的往复进程之中，所以潜无限论者对此问题可以避而不答。但是实无限论者却因为承认往返无穷次的抛球游戏是可以进行完毕的，因而无法回避这个问题，却又无法回答这个问题。在这个意义下，人们把上述抛球问题称为"抛球悖论"。这个悖论曾在西方数理哲学界流传一时。

　　在古罗马与欧洲中世纪相当长的时期内，由于众多诸如"两同心圆，周长相等"的悖论，使人们进一步放弃实无限。直到欧洲文艺复兴，新兴资本主义为了反对封建贵族，拿起柏拉图的哲学作为思想武器，使得柏拉图的实无限思想得到了重视和应用，开始了"实无限"在数学中长达三个世纪的统治。

　　资本主义上升时期，也是科技的迅速发展时期，科技的发展涉及无限的有两类问题。

　　在无限小方面，其一是"求积问题"；其二是"微分问题"。数学家们采用了许多

可行有效的方法,其基本思想都利用了实无限小。17 世纪后半叶产生的微积分更是以实无限小为基础的,所以当时的微积分又称为"无穷小分析"。以实无限为基础的微积分改变了传统数学的面貌,成为这一时期的"人类精神的最高胜利"。但是好景不长,由于无限小作为一个数学概念,在逻辑上存在的缺点,导致了第二次数学危机。

在无限大方面,1638 年,伽利略又发现了"部分等于全体"的悖论。1831 年,"数学王子"高斯明确地宣布"我反对把无穷当作现实的实体来用,这在数学中是永远不能允许的,无限只不过是语言上的一个比喻……"高斯的权威地位,使他的意见成了当时对实无限的终审。牛顿时代受到重用的实无限,高斯时代又把它抛弃了。

1817 年,捷克数学家波尔查诺的著作《关于方程在每两个给出的相反结果的值之间,至少有一个实根的定理的纯粹解析证明》问世,其中用到对闭区间无限二分的方法,标志着潜无限正式进入数学殿堂。而潜无限完全取代实无限的工作则是由法国数学家柯西完成的,柯西通过潜无限所建立的微积分理论彻底推翻了实无限 300 年之久的统治。从 18 世纪末到 19 世纪约一百年的时间内,主要是数学的潜无限时期。

19 世纪末,德国数学家戴德金与康托尔比较清楚地认识到"部分小于全体"是有限的重要性质,不能要求无限也具有。戴德金首次用一一对应的方法对无限和有限作了严格区分,得到了超穷集与有限集的概念。康托尔进一步用大量事实说明,数学离不开实无限,他用一一对应方法证明了 $n(n \geqslant 2)$ 维空间的点能同直线上的点一一对应,进而构造出超穷基数序列,丰富了人们对无限的认识。

事实上,潜无限是对一个个具体的有限的否定,实无限作为完成了的整体又是对潜无限的否定。所以无限的发展总是遵循"有限—潜无限—实无限"这样一个否定之否定的规律发展的,所以无限本身就是矛盾。

在对待无限的问题上,马克思主义者认为绝对的肯定与否定,非此即彼的做法都是不可取的。实无限与潜无限是既对立又统一,它们既相互依存又相互转化。任何潜无限的过程,都必须有一个与之相应的实无限为依托;反之,任何实无限都是潜无限的无限过程中的一个阶段或一个环节,否认潜无限,实无限也就不复存在。实际上,既不存在没有潜无限的实无限,也不存在没有实无限的潜无限,数学上的每一种无限过程,每一个与无限有关的概念,本质上都是两种无限对同一对象不同侧面的反映。

我国数学家郑毓信(1944～)提出了"双相无限性原则",他说:"数学中的任何无限性对象都是潜无限与实无限的对立统一体,片面地强调任何一种无限观都是错误的。事实上,这也是集合论悖论的根源所在。在这些悖论的构造中,人们片面地强调集合的过程性和完成性,然后,这种被绝对化的环节又机械地被重新连接起来时,它们的直接冲突,即悖论的出现,就是不可避免的了。"

《中国大百科全书(数学卷)》(中国大百科全书出版社 1988 年出版)是这样阐述无限观的:由于潜无限的过程主要反映由有限向无限的转化,即有限与无限的同一性的表现,实无限作为一种完成了的对象则主要反映了有限和无限的对立。因此,在这样的意义上,潜无限和实无限的矛盾就可看成由有限和无限的矛盾派生而出的,而且,上述关于数学无限的'双相性'也可表述为有限与无限的统一性:任何无限性的对象都既是无限的、又是有限的。显然,数学无限的这种双相性,在事实上就是客观世界的层次性在数量上的反映。正因为如此,我们就仍然可以用经验的方法对包含无限的理论进行检验,因为,虽然无限并不具有直接的经验性,但是,在一定的条件下,有限和无限又是可以相互转化的。

5.3 有限与无限的区别与联系

5.3.1 算术:从有限到无限

对于数,最初人们总是考虑求有限和的问题。在中国古代和古希腊,有原始的关于"有限和的极限"的概念,《庄子》的"一尺之棰"与古希腊芝诺的悖论中都涉及无穷多个数的和(即无穷级数):

$$\frac{1}{2}+\frac{1}{2^2}+\frac{1}{2^3}+\cdots+\frac{1}{2^n}+\cdots=1。$$

阿基米德求抛物线的弦截面积的方法实质上也是求无穷级数的和:

$$1+\frac{1}{4}+\frac{1}{4^2}+\cdots+\frac{1}{4^n}+\cdots=\frac{4}{3}。$$

但是,古希腊人避开使用无穷,他们的证明都是关于有限和的严密证明。

中世纪的神学家开始讨论无穷,其中最杰出的是思想家、数学家奥雷姆(N. Oresme,法,约 1320 ~ 1382),他明确了几何级数 $\sum_{n=1}^{\infty} aq^{n-1}$($a$ 是非零常数),当公比 q 的绝对值小于 1 时,有有限的和数;当公比 q 的绝对值大于 1 时,几何级数的和数为无穷大。特别地,他证明了调和级数 $\sum_{n=1}^{\infty} \frac{1}{n}$ 发散。

这一阶段的研究使得人们认识到无穷多个有限数的和未必是无穷,即有限数也可以分解为无穷多个有限数之和。更进一步,人们认识到,$a_n \to 0 (n \to \infty)$ 只是无穷级数 $\sum_{n=1}^{\infty} a_n$ 收敛的必要而非充分条件。17 世纪至 18 世纪,在无穷级数的定义和性质逐渐清晰以后,数学家开始应用无穷级数作为表示数量的工具。

在高等数学中,我们经常处理与无限有关的问题,因此需要特别注意无限与有限的区别。虽然有限与无限有着本质的区别,但是它们之间也有密切的联系,这些联系方法在数学上是非常有效和十分重要的,这也体现了量变到质变的辩证统一。

例 1 递推法。

中学代数中的等差数列、等比数列的通项公式、前 n 项和的公式是我们熟知的递推公式,用一个有限的公式就可以表述无限多个结果。高等数学中的求高阶导数的公式 $(\sin x)^{(n)} = \sin\left(x + n \cdot \dfrac{\pi}{2}\right)$,$(\cos x)^{(n)} = \cos\left(x + n \cdot \dfrac{\pi}{2}\right)(n = 1, 2, \cdots)$,定积分中的 Wallis 公式 $I_n = \displaystyle\int_0^{\frac{\pi}{2}} \sin^n x \, dx = \dfrac{n-1}{n} I_{n-2}(n = 1, 2, \cdots)$ 等类似的递推公式也均是用一个有限的公式就可以表述无限多个结果。

例 2 数学归纳法。

作为证明与自然数 n 有关的数学命题的方法,数学归纳法在数学中的地位基本而重要。这种证明方法就是通过有限的步骤,证明无限命题的方法,也是联系"有限"和"无限"的最直观和有效的方法。

例 3 无穷级数的定义与性质。

无穷级数的和是用其前有限项的部分和的极限来定义的。其实质是通过有限的步骤,求出无限次运算的结果。例如,前面提到的高等数学中很重要的一类级数 —— 几何级数(又称等比级数)$\displaystyle\sum_{n=0}^{\infty} aq^n (a \neq 0$ 为常数$)$ 的和 $S = \lim\limits_{n \to \infty} S_n = \lim\limits_{n \to \infty} \dfrac{a(1 - q^n)}{1 - q} = \dfrac{a}{1 - q}(|q| < 1)$。

而有限和与无限和是有很大区别的。在有限数求和的情况下,加法的三条定律:交换律、结合律、乘法对加法的分配律成立,但对于无限数求和,这三条定律就未必成立了。例如,有限数加法满足加法结合律,即对 $\forall a, b, c \in \mathbf{R}$,有 $(a + b) + c = a + (b + c)$,而在无限求和的情况下,加法结合律未必适用,如 $1 + (-1) + 1 + (-1) + 1 + (-1) + \cdots$,一方面,$[1 + (-1)] + [1 + (-1)] + \cdots = 0$;另一方面,$1 + [(-1) + 1] + [(-1) + 1] + \cdots = 1$。因而,在高等数学中,需要定义无穷级数收敛、发散以及条件收敛与绝对收敛的概念,讨论其性质等。

例 4 设 $x_n = \dfrac{1}{\sqrt{n^2 + 1}} + \dfrac{1}{\sqrt{n^2 + 2}} + \cdots + \dfrac{1}{\sqrt{n^2 + n}}$,求 $\lim\limits_{n \to \infty} x_n$。

$n \to \infty$ 时,x_n 已经不是有限个无穷小量的和,而是无穷多个无穷小量的和了,所以极限的四则运算法则将不再适用。

因为 $\forall n \in \mathbf{N}$,$\dfrac{n}{\sqrt{n^2 + n}} \leqslant x_n \leqslant \dfrac{n}{\sqrt{n^2 + 1}}$,可以采用夹逼定理,得到 $\lim\limits_{n \to \infty} x_n = 1$。

例 5 柯西-施瓦兹不等式。

柯西-施瓦兹不等式是有限情形(或说离散情形)的柯西不等式向无限情形(或说连续情形)推广的例子。这两个不等式是高等数学中重要的不等式。

(1) 柯西不等式：

对 $\forall a_1, a_2, \cdots, a_n \in \mathbf{R}, \forall b_1, b_2, \cdots, b_n \in \mathbf{R}$，有 $\left(\sum_{i=1}^{n} a_i b_i\right)^2 \leqslant \sum_{i=1}^{n} a_i^2 \sum_{i=1}^{n} b_i^2$；

(2) 柯西-施瓦兹不等式：

若函数 $f(x), g(x)$ 在 $[a, b]$ 上可积，则有

$$\left(\int_a^b f(x)g(x)\mathrm{d}x\right)^2 \leqslant \int_a^b f^2(x)\mathrm{d}x \int_a^b g^2(x)\mathrm{d}x 。$$

此外，反证法、构造法也是把握无限的有效方法，如欧几里得用反证法和构造法给出的证明素数无穷多的著名例子。

5.3.2 集合：连续统假设

高中代数中接触的第一个概念是集合，定义为具有某种特定性质的事物的总体。这也许是数学中最简单也最易理解的概念，然而，康托尔创立的关于集合的理论——集合论却具有革命性的创新。集合论是现代数学的基石，著名的法国数学家庞加莱在 1900 年的数学家大会上曾宣布："借助集合论概念，我们可以建造整个数学大厦。"

初等数学所讲授的集合知识只是集合论中非常基础的部分，但集合论真正的精髓在于康托尔对无穷集合的探索过程以及所得到的超穷集合论的理论。希尔伯特赞誉康托尔的超穷集合论是"数学思想的最惊人的产物"。

下面将阐述集合论的思想、发展及遗留的问题。

思想：从研究"收敛的傅里叶级数所表示的函数存在不连续点"这一事实，康托尔提出无穷集合的概念，并以一一对应关系为基本原则，寻求无穷集合元素个数的"多少"关系。所谓一一对应就是指集合 A 中的每一个元素在集合 B 中都有唯一的一个元素与之对应，反之亦然。如果两个集合之间能够建立一一对应，很明显，这两个集合所包含的元素个数一定相等，数学的术语称两个集合具有相同的基数或势，即两个集合等势。

第一步：利用一一对应来比较集合的基数，得到正整数与其平方数一样多，正整数与其倒数一样多，正整数与正偶数一样多……。能与正整数集 N 建立一一对应的集合，康托尔称之为**可数集**，可数集的基数，即正整数的个数，记为 $\aleph_0$，其中 $\aleph$ (读作"阿列夫")是希伯来字母表中的第一个字母，$\aleph_0$ 这个符号，读作"阿列夫零"。进一步，康托尔又得出了让人不可思议的结果：有理数集合 $\mathbf{Q}$ 与正整数集合 $\mathbf{N}$ 中的元素一样多。其做法是：对每个正有理数 $\dfrac{q}{p}$ (既约分数)，若将 $p+q$ 称为它

的高,则高为 2 的有理数只有 1;高为 3 的有理数只有: $\frac{1}{2}$, $\frac{2}{1}$;高为 4 的有理数有:
$\frac{1}{3}$, $\frac{3}{1}$;高为 5 的有理数有: $\frac{1}{4}$, $\frac{2}{3}$, $\frac{3}{2}$, $\frac{4}{1}$, …任何高度的有理数都只有有限个,这就
保证了可以按照高,将有理数无遗漏、无重复地排列出来,有理数集合与正整数集
合之间就建立起一一对应的关系。因此,通过将分数添加到正整数集合 **N** 中,得
到了更大的有理数集合 **Q**,但是它与 **N** 具有同种类型的无穷属性。

　　康托尔一一对应的思想解释了伽利略悖论。事实上,人们之所以认为正整数
的数目与其平方数的数目一样多是荒谬的,是因为我们在处理有穷集合时的思维
定势导致的结果,这种思维在指导无穷集合的研究时失效了。例如,在高等数学
中,我们知道有限多个数组成的数集里一定存在最大值和最小值,但是,无限多个
数组成的数集则不一定存在最大值或最小值,因而引入了数集的上确界和下确界
的概念。

　　第二步:数学上用 **R** 记实数集——数直线上的所有数组成的集合,**R** 中包含
有理数和无理数,被称为**实数连续统**,因为它能够无空隙地填满数直线。

　　因为可以构造一个部分到整体的一一对应 $y = \frac{x}{1-x}$,将 $(0,1)$ 一一对应到
$(0, +\infty)$,所以 $(0,1)$ 和 $(0,+\infty)$ 的元素的个数是一样多的。康托尔考虑了 0 与 1
之间所有实数组成的无穷集合,他用反证法和构造法证明了它不能和正整数集合
建立一一对应关系——假定已经存在一个由 $(0,1)$ 排列的完整数列,我们能够构造
出这样的一个数:它与序列中第一个数的小数点后的第一位数字不同,与序列中第
二个数的小数点后的第二位数字不同,依此类推,结果是构造出来的这个数不可能
出现在序列中的任何位置,因为它与其中所有数都是不同的,反证假设不成立,即
开区间 $(0,1)$ 中的全体实数不可排列。从而,实数集 **R** 与正整数集合 **N** 之间不能
建立一一对应。

　　因此,实数集 **R** 不再是可数集,实数的个数比正整数多,从而无理数在数量上
远远超过了有理数,康托尔将实数集称为**不可数集**。康托尔的理论明确指出:任意
两条线段,无论它们的长度如何,都含有相同数量的点。这个理论使得人们澄清了
在时间、空间、运动本质上的一些模糊认识,解决了一些令人困惑了 2000 年的问题
(例如,芝诺提出的某些悖论)。若记实数集 **R** 的势为 c,则有 $\aleph_0 < c$,并且任意线
段上点的数量总是 c。

　　将无理数添加到有理数中,得到的实数集 **R** 与 **N** 不可以建立一一对应关
系——则得到一个具有更高阶无穷属性的集合 **R**,除了最小的无限集外还有更大
的无限集,这是革命性的发现。

　　第三步:康托尔继续思考能否有更大基数的无穷集合,即无穷能否有不可数之

上的等级。他首先想到了平面上的点,然而经过三年(1874～1877)研究之后,他构造出了单位正方形与区间(0,1)的一个一一对应,并进而说明了平面上的点与直线上的点同样多,甚至他还证明了三维空间(直至 n 维空间)上的点与直线上的点同样多,均为 c。

经过十多年的努力,1891 年,康托尔终于成功地找到一种方法构造出基数更大的集合。我们知道,当集合 A 中有 n 个元素时,其子集个数为 2^n,这一结论推广到无穷时仍然成立:即对任何一个无穷集合 A,A 的幂集的势都大于 A 的势。康托尔把以集合 A 的一切子集组成的集合称为 A 的幂集。正整数集 $\mathbf{N}$ 的基数为 $\aleph_0$,其幂集的基数为 $2^{\aleph_0}$,康托尔证明了 $2^{\aleph_0}$ 等于连续统的势 c。这样,从 $\aleph_0$ 出发,康托尔构造出一个具有更高阶无穷的集合:以 $\mathbf{N}$ 为起点,他构造了其幂集 N_1,将 N_1 的基数记为 $\aleph_1(=c)$,从而有 $\aleph_0 < \aleph_1$。再构造 N_1 的幂集,产生具有基数 $\aleph_2$ 的集合 N_2,这个过程可以不断重复,产生一个“阿列夫”序列,它们具有越来越高阶的无穷,可以按顺序排起来:

$$\aleph_0 < \aleph_1 < \aleph_2 < \cdots < \aleph_n < \cdots。$$

这样无穷之间也存在差别,也有不同的层次。如此,康托尔制定的无穷大算术,对各种无穷大建立了一个完整序列,无穷集合自身又构成了一个无穷序列,这就是康托尔创立的超穷数理论。这样就可以建立一种算术理论,在其中有可能用基数进行加法和乘法,从而为逻辑学家和数学家们提供了一片广阔的用武之地。

问题:在集合论中,有一个康托尔的猜测——也是著名的难题,即连续统假设:在 $\aleph_0$ 和 c 之间没有任何基数,即 $\aleph_0$ 之后的下一个基数就是 c。康托尔试图证明连续统假设,但是历经多年的努力,仍然无法证明这个假设的真伪。连续统假设在希尔伯特于 1900 年国际数学家大会上提出的 23 个问题中被列为第一个,因为它与数学基础的研究密不可分,十分重要。对这个问题的研究,有两项重大成就。1938 年,美籍奥地利数学家哥德尔证明连续统假设对 ZF 系统(一种标准的公理化系统,见第 6 章)是相容的,即将其加进 ZF 系统不会导出矛盾来。1963 年,在数理逻辑的范畴内,哥德尔的同事科恩(P. J. Cohen,1934～2007)又证明了:在 ZF 系统中,连续统假设既不能被证实也不能被证伪,即连续统假设作为公理独立于通常用来刻画集合论的公理集。这是一个重要的转折点。我们已经知道,存在着很多种不同类型的几何学,而现在,在集合论领域中,连续统假设的独立性使我们获得拥有不同类型集合论的可能性。

由于康托尔的无穷学说从根本上否定了“整体大于部分”的观念,而且他在无限王国走得如此远,以至于同时代的数学家和哲学家都不能理解他的观点。康托尔的工作,在最初遭到许多人的嘲笑与攻击。他的老师克罗内克(L. Kronecker,1823～1891)有句名言:“上帝创造了自然数,其他都是人为的。”他完全否认并攻击康托尔的工作,称“康托尔走进了超穷数的地狱”。更有人嘲笑康托尔的超穷数理论纯粹为"雾中之雾"。前后经过 20 余年,康托尔的工作才最终获得世界公认,并赢得极大赞誉。

康托尔的集合论在数学上带来许多病态的集合,对这些病态集合的深入研究,导致了一般拓扑学、测度论等新兴的数学分支,凡此种种又成为了 20 世纪后半叶兴起的分形几何学、混沌动力学等热门理论的数学基础。

5.3.3　微积分:极限

微积分是以极限为工具研究函数的学科,其特点之一就是重用极限这一工具表达和研究函数。极限的概念和方法就是通过有限情形的"趋势"分析而获得无限过程的终极值,所以极限的方法成为了研究变量无限变化过程的最强有力的一种数学方法。

微积分中,导数、定积分都是一种极限,而用于表达函数、研究函数的性质或近似计算函数值的幂级数、傅里叶级数都是用有限个函数和函数的极限来刻画的函数项级数,即无穷多个函数的和。

在微积分中,"无穷"一词,除了可以反映无穷大,无穷多,同时,也用来描述某种事物的无限微小的过程,譬如,我们可以没完没了地创造出与数 1 相差越来越小的数。

例 6　(1)"ε-N"方法定义数列极限 $\lim\limits_{n\to\infty} a_n = a$:对于任意的 $\varepsilon > 0$,存在正整数 N,使得对任意的 $n > N$,有 $|a_n - a| < \varepsilon$。由于 ε 的完全任意性,才使得上述表达式恒有效,隐含了 ε 无限趋近于 0 的结果,相应地,n 在经历自然数列的无限增大过程中,a_n 与 a 的距离无限缩小。

(2)"G-N"方法定义无穷大数列:对于任意的 $G > 0$,存在正整数 N,使得对任意的 $n > N$,有 $|x_n| > G$,则称数列 $\{x_n\}$ 为无穷大数列。其思想是设定一个限度,超出这个限度,再设定一个限度,再超出这个限度,而且无论你设置的限度 G 有多大,总能超出这个限度,所以这种设定超出,再设定再超出的手续可以无限地进行下去。

在描述函数极限 $\lim\limits_{x\to x_0} f(x) = A$ 的"ε-δ"语言中,定义要求 $0 < |x - x_0| < \delta$,由此变量 x 可以无限接近极限点 x_0,但永远达不到 x_0,从而变量 x 趋向其极限点 x_0 永远是现在进行时而不是完成时,这里体现了潜无限的观念。

但在极限论中并不能完全避开实无限而彻底贯彻潜无限。因为在极限论中涉及无理数的概念,如 π,e 等,但是任何一个无理数的解析表达式必须面对和指称实无限,因为小数点后的小数必须是可数无穷多位,而可数无穷观的概念是一种典型的实无限观念。

在极限理论基础上去发展微积分,则就更离不开有理数集、实数集等各种各样的实无限论域,因而极限论本身也必然是一种兼容潜无限和实无限的理论系统。

例 7 无穷级数的表达式 $1+\dfrac{1}{1!}+\dfrac{1}{2!}+\cdots+\dfrac{1}{n!}+\cdots=\mathrm{e}$。

此极限中的 n 的递增既包含潜无限的性质,又包含实无限的性质,它在本质上具有双相无限性。如果 n 的递增只是一种潜无限的进程,则其得到的结果永远是一个有理数,虽然逐步逼近无理数 e,却不能精确地达到 e。这里的实无限通过潜无限来表现。

例 8 函数项级数 $\displaystyle\sum_{n=1}^{\infty}u_n(x),x\in X$。

函数项级数是无穷多个函数的和,是通过有限和 $\displaystyle\sum_{k=1}^{n}u_k(x)$ 的极限来把握的,上述的无限和就定义为这个有限和的极限,因此就有了收敛点、发散点、收敛域、部分和函数列的极限函数、收敛级数的和函数、一致收敛的函数项级数等定义。

例 9 无穷限广义积分 $\displaystyle\int_a^{+\infty}f(x)\mathrm{d}x$。

对任意的 $A>a$,$\displaystyle\lim_{A\to+\infty}\int_a^A f(x)\mathrm{d}x$ 存在,则称无穷限广义积分 $\displaystyle\int_a^{+\infty}f(x)\mathrm{d}x$ 收敛,且收敛到此极限值;否则称此广义积分发散,发散的广义积分没有值。

这里是把无穷区间上的积分定义为部分区间(即有限区间)上积分的极限。

例 10 微元法。

微元法是处理定积分问题的常用方法,其基本思想是:对连续不均匀分布在 $[a,b]$ 上,对区间具有可加性的量 Q,找出分布在 $[x,x+\mathrm{d}x]$ 上的部分量 ΔQ 进行分析,从中分析出其线性主部,即微元 $\mathrm{d}Q$,将 $\mathrm{d}Q$ 表示为 $\mathrm{d}x$ 的线性函数 $f(x)\mathrm{d}x$,再将之无限累加表达为 $\displaystyle\int_a^b f(x)\mathrm{d}x$,即为所求的量 Q。因此微元法也是从有限的分析过渡到无限的一种表达方法。

微积分中充斥着令哲学家与数学家头疼的实无限与潜无限,从公元前 4 世纪亚里士多德的潜无限思想到 19 世纪末康托尔的集合实无限理论以至今日,人们在无限的观念上一直争论。更有甚者,例如,17 世纪著名法国数学家帕斯卡将无穷大与无穷小视为神秘的东西,认为"大自然将它们提供给人,不是为了去理解它们,而是为了去赞赏它们";就连微积分的发明者德国数学家莱布尼茨也声称"我绝不相信有真实的无限大,也不相信有真实的无限小,这些东西仅仅是一些虚构,但是为了简化一般用语,这种虚构是有用的";还有哲学家直接声称"没有能力认识无限",等等。数学家与哲学家对于无限尚且如此,初接触无限的人们,其思维大多停留在有限的世界里,将无限与有限混同,就不足为怪了。

1960 年,美籍德裔数学家鲁宾逊提出将无限大和无限小作为"数",构成数学的框架。他指出:现代数理逻辑的概念和方法为"无限小"、"无限大"作为"数"进入微积分提供了合适的框架。他在 1961 年发表了《非标准分析》一文,使得无限小作为"数"堂而皇之地进入了数学殿堂,为实无限小获得了新的严格的逻辑定义,成为逻辑上站得住脚的数学中的一员,使之在数学中有了用武之地,被认为是"复活了的无限小"。这样微积分在创立 300 年后,第一个严格的无穷小理论建立起来。回顾微积分学发展的历史,无穷小分析法—极限方法—无穷小分析法,否定之否定,微积分学基础获得了进一步发展。

思　考　题

1. 什么是实无限观、潜无限观和双相无限观?

2. 至少用两种方法将无限循环小数 $0.\dot{1}\dot{2}$ 表示为分数。

3. 对任意两个整数 $a,b(a<b)$,是否可以找到另一个整数 c,使得 $a<c<b$? 对任意两个分数 $a,b(a<b)$,是否可以找到另一个分数 c,使得 $a<c<b$? 对于可数集的基数 $\aleph_0$ 和连续统的基数 c,是否可以找到另一基数 $\hbar$,使得 $\aleph_0<\hbar<c$?

4. (1) 无穷级数 $1+\dfrac{1}{2^2}+\dfrac{1}{3^2}+\cdots+\dfrac{1}{n^2}+\cdots$ 的和为 $\dfrac{\pi^2}{6}$,这一美妙且出人意料的等式是 18 世纪瑞士数学家欧拉得到的,在高等数学的学习中,你知道如何得到这个等式么?

(2) 调和级数 $1+\dfrac{1}{2}+\dfrac{1}{3}+\cdots+\dfrac{1}{n}+\cdots$,随着每一项的减少,似乎能等于一个有限和。但中世纪的数学家就已经证明了这个级数的和为 $+\infty$,如何证明(至少两种方法)?

5. 如果希尔伯特旅馆客满后,又来了无穷多个旅行团,每个团中有无穷多个客人,还能否安排客人住宿?

*6. 如何解释 $\aleph_0+\aleph_0=\aleph_0$($\aleph_0$ 是可数集的势)?

附　　录

芝诺悖论

1. 飞矢不动

内容:一支飞行的箭在每一时刻,它位于空间中的一个特定位置。所以,飞行的箭总是静止的,它不可能运动。

解释:箭在每个时刻都不动不能说明它是静止的。如果一个物体在相邻时刻在相同的位置,那么则称它是静止的,反之,它就是运动的。

　　2. 游行队伍悖论

　　内容:首先假设在操场上,在一瞬间(一个最小时间单位)里,相对于观众席 A,队列 B、C 将分别各向右和左移动一个距离单位。

　　A A A A　　　观众席 A

　　B B B B　　　队列 B···向右移动(→)

　　C C C C　　　队列 C···向左移动(←)

　　B,C 两个队列开始移动,如下图所示相对于观众席 A,B 和 C 分别向右和左各移动了一个距离单位。

	A	A	A	A
		B	B	B	B
C	C	C	C	

　　而此时,对 B 而言 C 移动了两个距离单位。也就是,队列既可以在一瞬间(一个最小时间单位)里移动一个距离单位,也可以在半个最小时间单位里移动一个距离单位,这就产生了半个时间单位等于一个时间单位的矛盾。因此队列是移动不了的。

　　解释:芝诺最大的错误在于限制了时间,速度不变,就限制了路程。时间和空间无限分割后仍然有大小,无限小不是 0 而是一个无限趋于 0 的变数。

第6章 数学悖论与历史上的三次数学危机

古往今来,为数众多的悖论为逻辑思想的发展提供了食粮。

——布尔巴基(N. Bourbaki,20 世纪法国数学学派)

数学和逻辑是精密科学的两只眼睛:数学派闭上逻辑眼睛,逻辑派闭上数学眼睛,各自相信一只眼睛比两只眼睛看得更好。

——萨顿(G. Sarton,1884～1956,美籍比利时科学史家)

数学的本质在于自由。

——康托尔(G. Cantor,1845～1918,德国数学家)

所谓数学危机,是指涉及数学理论的基础,在一定数学理论体系内部无法解决的重大数学矛盾。在数学的发展历史上,经历过三次大的数学危机,而这些危机都是通过悖论的形式反映出来的。三次数学危机引发了数学上空前的思想解放,产生了数学的三大学派,进而推动了数学科学的进一步发展。

6.1 何 谓 悖 论

通俗地讲,悖论就是这样的推理过程:它看上去是合理的,但却得出了矛盾的结果。悖论是一种认识上的矛盾,它包括逻辑矛盾、思想方法上的矛盾及语义矛盾。下面是三个著名悖论的例子。

悖论 1 先有鸡还是先有蛋。

鸡与蛋的先后问题是流传甚广的悖论。鸡生蛋,蛋生鸡,这是人所共知的常识,但涉及最早的鸡与鸡蛋,就要对鸡蛋给予明确定义。

一种定义是:鸡生的蛋叫鸡蛋。按照这个定义,一定是先有鸡。而最早的鸡当然也应该是从蛋里孵出来的,但是按照定义,它不叫鸡蛋,这样,最早的鸡不是鸡蛋孵出的。

另一种定义是:能孵出鸡的蛋叫鸡蛋,不管它是谁生的。这样,一定是先有蛋了,最早的鸡蛋孵出了最早的鸡,而最早的鸡蛋不是鸡生的。

无论怎样定义,都会产生逻辑上的矛盾,但又都不会影响生物进化发展的事实,至于如何选择定义,还有待生物学家的讨论。

这一悖论告诉我们:某些悖论的消除依赖于清晰的定义,通过分析悖论,人们需要明确概念,需要严格的逻辑推理。

悖论 2 秃头悖论。

一个人有 10 万根头发,自然不能算是秃头,他掉 1 根头发,仍不是秃头,如此,让他一根一根地减少头发,直到掉光,似乎得出了一条结论:没有一根头发的光头也不是秃头了! 这看起来,自然是十分荒谬的。

产生悖论的原因是:人们在严格的逻辑推理中使用了模糊不清的概念。什么是秃头,这是一个模糊的概念,一根头发没有,当然是秃头,只有一根还是秃头,这样一根一根增加,增加到哪一根就不是秃头了呢? 并没有明确的标准。

如果需要制定一个明确的标准,如 1000 根头发是秃头,那么 1001 根头发就不是秃头了,这又与人们的实际感受不一致。可以接受的比较现实的方法是引入模糊的概念,用分值来评价秃的程度,例如,一根头发也没有,则是 1(100％秃),只有 100 根头发是 0.7(70％秃),只有 1000 根头发是 0.5(50％秃),等等,随着头发的增加,秃的分值逐渐减少,秃头悖论就可以消除了。

悖论 3 说谎者悖论。

一个人说:"我现在说的这句话是谎话",这句话究竟是不是谎话呢?

如果说它是谎话,就应当否定它,也就是说,这句话不是谎话,是真话;如果说它是真话,也就肯定了这句话确实是谎话。

这句话既不是真的,也不是假的。人们称之为"永恒的说谎者悖论"。这是一个十分古老的悖论。

"永恒的说谎者悖论"属于"语义学悖论"。美籍波兰数理逻辑学家塔尔斯基(A. Tarski,1902～1983)提出用语言分级的方法消除语义学悖论。我国数学家文兰院士(1946～)提出并论证了说谎者悖论不过是布尔代数里的一个矛盾方程,代数里有矛盾方程不是什么怪事,所以这类悖论就不必去讨论了。

数学悖论是发生在数学研究中的悖论,简单说,是指一种命题,若承认它是真的,那么它又是假;若承认它是假的,那么它又是真的,即无论肯定它还是否定它都将导致矛盾的结果。悖论出现在数学中是一件严重的事情,前面提到的数理逻辑学家塔尔斯基就曾指出:"一个有矛盾的理论一定包含假命题,而我们不愿意接受一个已被证明包含这种假命题的理论。"尤其当一个数学悖论出现在基础理论中,涉及数学理论的根基,造成人们对数学可靠性的怀疑,就会导致"数学危机"。

悖论既然出现了,人们自然就要想办法找到问题的症结所在,以消除悖论。我国著名数学教育家徐利治(1920～)指出:"产生悖论的根本原因,无非是人的认识与客观实际,以及认识客观世界的方法与客观规律的矛盾,这种直接和间接的矛盾在一点上的集中表现就是悖论。"所谓主客观矛盾在某一点上的集中表现,是指由于客观事物的发展造成了原来的认识无法解释新现实,因而要求看问题的思想方法发生转换,于是在新旧两种思想方法转换的节点上,思维矛盾特别尖锐,就以悖论的形式表现出来了。

由于人的认识在各个历史阶段中的局限性和相对性，在人类认识的各个历史阶段所形成的各个理论体系中，本来就具有产生悖论的可能性。人类认识世界的深化过程没有终结，悖论的产生和消除也没有终结。因此，在绝对意义下去寻求产生悖论的终极原因和创造解决悖论的终极方法都是不符合实际的。

但是对于悖论问题的研究，促进了数学基础理论、逻辑学、语言学和数理哲学的发展。语义学、类型论、多值逻辑及近代公理集合论无一不受到悖论研究的深刻影响，近代数学三大流派的形成和发展也与悖论问题的研究密不可分。

6.2　第一次数学危机

6.2.1　无理数与毕达哥拉斯悖论

公元前 5 世纪，古希腊的毕达哥拉斯及其领导的学派对数学的贡献非常之多，他们的贡献不仅包括具体的数学研究，还在于他们那些产生了深远影响的数学思想。

基于对大量自然现象的观察、总结，以及在几何、算术、天文和音乐（称之为"四艺"）方面的研究结果，毕达哥拉斯学派确立了在神秘的宇宙中，数的中心地位的观点，提出"万物皆数"的论断。在他们看来，一切事物和现象都可以归结为整数与整数的比。例如，他们相信音乐和天文学都可以归结为数。毕达哥拉斯在琴弦上重复试验发现，拨动琴弦所产生的音调的和谐由整数的比决定；他们也相信行星的运动可以发出"天籁之声"，一样藏有数与数的比。毕达哥拉斯学派中的一位学者的话清晰地表达了这种观点："人们所知的一切事物都包含数；因此，没有数就既不能表达，也不能理解任何事物。"

在"万物皆数"的观念下，毕达哥拉斯学派对几何量进行了比较，例如，比较两条线段 a 与 b 的长度，总可以找到一条小线段 c，使 a 与 b 均可以分成 c 的正整数倍，则小线段 c 就可以作为 a 与 b 的共同度量单位，并称线段 a 与 b 是可公度的。如此，毕达哥拉斯学派认为：任意两个量都是可公度的。古希腊人毫不怀疑地接受了这一结论，理所当然地认为作为共同度量的第三条线段是存在的。

然而事情出现了转折。毕达哥拉斯的重要数学成果是提出并证明了勾股定理（西方称之为毕达哥拉斯定理），正是这一重要发现，却将他推向了两难的尴尬境地。他的学生希帕索斯（Hippasus，约公元前 470 年前后）在研究勾股定理时，意外地发现正方形的边与对角线是不可公度的！希帕索斯的发现对于毕达哥拉斯及其学派来说是致命的，因为这颠覆了他们的数学与哲学信条。希帕索斯因为泄露了这一发现，据说被抛入大海淹死，但他提出的不可公度问题，还是逐渐流传开来，历史上称之为"毕达哥拉斯悖论"。

毕达哥拉斯学派认为两条线段 a 与 b 是可公度的,用现在的语言表述就是指任意两条线段长的比是整数或分数,即有理数。希帕索斯不可公度量是指,正方形的对角线与边长之比不是有理数,而是无理数。当时的古希腊人使用"可比数"与"不可比数"的术语,在转译的过程中,成了现在的"有理数"(Rational Number)与"无理数"(Irrational Number)了。

希帕索斯发现的 $\sqrt{2}$(不可公度量)是数学史上的第一个无理数,现在看来,这应该是数学的一大重要发现。然而,在当时的古希腊却被视为悖论并引发了严重的问题,原因如下:

(1)无理数的发现动摇了毕达哥拉斯学派"万物皆数"的基本哲学信条。无理数不能用整数之比表示,这就宣告他们"一切事物和现象都可以归结为整数与整数的比"的数的和谐论是错误的,从而建立其上的对宇宙本质的认识也是虚无的。

(2)无理数的发现摧毁了建立在"任意两条线段都是可公度的"这一观点背后的观念。这种质朴的观念认为:线是由原子次第连接而成的,原子可能非常小,但质地一样,大小一样,它们可以作为度量的最后单位。这一认识构成了毕达哥拉斯学派的几何基础。

(3)无理数的发现使辗转相除法受到质疑。早期的希腊数学家认为任何量都可公度还基于比较数量的一种方法——辗转相除法。假设 a 与 b 是两条线段的长,根据"数学原子论",他们相信按照辗转相除法做下去,总会得到一个正整数,使得 a 与 b 都是这一正整数的若干整数倍。

(4)无理数的发现与人们通过经验与直觉获得的一些常识相悖。根据经验以及各式各样的实验,任何量在任何的精度范围内都可以表示成有理数。这不仅是古希腊普遍接受的信仰,在测量技术高度发展的今天,这个断言也是正确的。

总之,毕达哥拉斯悖论意味着,就度量的实际目的来说完全够用的有理数,对数学来说却是不够的。

不可公度量的发现,不但强烈冲击和摧毁了许多传统的观点与"万物皆数"的信条,而且表现在它对具体数学成果的否定上。事实上,毕达哥拉斯学派的许多几何定理的证明都是建立在任何量都可公度的基础之上的。举一个例子,他们曾经证明了这样一个定理:等高的三角形 ABC 与三角形 ADE,它们的底 BC 和 DE 在同一直线 MN 上,则其面积之比等于对应底之比。证明方法如下:因为一切量都可公度,可设 $BC=md$,$DE=nd$,其中 d 为公度单位。把 BC 等分成 m 份,并与顶点 A 连接,于是得到 m 个小三角形;把 DE 等分成 n 份,并与定点 A 连接,得到 n 个小三角形。这些小三角形等底等高,故面积相等。又三角形 ABC 的面积等于 m 个这种小三角形的面积之和,三角形 ADE 的面积等于 n 个这种小三角形的面积之和。因此,可以推出,三角形 ABC 的面积:三角形 ADE 的面积$=m:n=BC:DE$(图 6.2.1)。

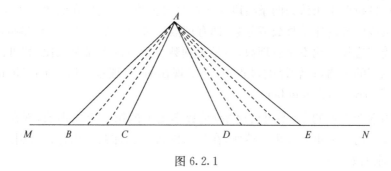

图 6.2.1

面对不可公度量,古希腊人陷于困惑与混乱之中,且毫无办法,这在当时引发了人们认识上的危机,从而导致西方数学史上的一场大的风波,史称"第一次数学危机"。

6.2.2　第一次数学危机的解决

不可公度量发现 100 多年后,大约在公元前 370 年。古希腊著名的数学家、天文学家、地理学家欧多克索斯通过建立既适用于可公度线段,也适用于不可公度线段的完整的比例论,部分地解决了第一次数学危机。

欧多克索斯的比例论的关键,就是他给出的比例相等的定义,用现代的代数符号表示就是:$a:b=c:d$ 是指,如果对于任给的正整数 m,n,只要 $ma>nb$,总有 $mc>nd$;只要 $ma=nb$,总有 $mc=nd$;只要 $ma<nb$,总有 $mc<nd$。或更简洁叙述为:$a:b=c:d$ 是指,对任一分数 $\dfrac{n}{m}$,商 $\dfrac{a}{b}$ 和 $\dfrac{c}{d}$ 同时大于、等于或小于这个分数。

这一定义被誉为数学史上的一个里程碑。其贡献在于:如果在只知道有理数而不知道无理数的情况下,它指出可以用全部大于某数和全部小于某数的有理数来定义该数,从而使可公度量和不可公度量都能参与运算。欧几里得正是从这一定义出发,推出"$a:b=c:d$,则 $a:c=b:d$"等 25 个有关比例的命题。在论证了比例的这些性质后,希腊人就能够对几何量之比进行运算了——与我们对实数进行运算的方式几乎完全相同,结果也相同。利用比例论,欧几里得对毕达哥拉斯学派的研究成果进行再整理,重新证明了由于不可公度量的发现而失效的命题。现以 6.2.1 小节提到的定理为例,看看在比例论下,如何逻辑严密地解决旧问题的。

在 CB 延长线上从点 B 依次截取 $m-1$ 个与 CB 相等的线段,分别将分点 B_2,$B_3,\cdots,B_m$ 与顶点 A 连接。于是,B_mC 的长度为 BC 长的 m 倍,同时三角形 AB_mC 的面积也是三角形 ABC 面积的 m 倍。

同样在 DE 的延长线上依次截取 $n-1$ 个与 DE 相等的线段,分别将分点 E_2,$E_3,\cdots,E_n$ 与顶点 A 连接。于是,DE_n 的长度为 DE 长的 n 倍,同时三角形 ADE_n

的面积也是三角形 ADE 面积的 n 倍。

三角形 AB_mC 与三角形 ADE_n 等高，因此当 B_mC 大于、等于或小于 DE_n 时，三角形 AB_mC 的面积也相应大于、等于或小于三角形 ADE_n 的面积。即 BC 长的 m 倍大于、等于或小于 DE 长的 n 倍，从而，三角形 ABC 面积的 m 倍大于、等于或小于三角形 ADE 面积的 n 倍。根据欧多克索斯的比例定义，就证明了定理的结论（图 6.2.2）。

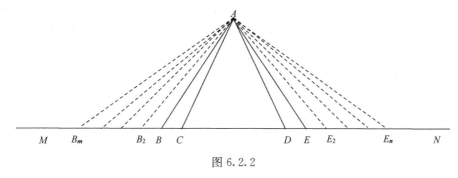

图 6.2.2

尽管欧多克索斯的定义和证明对一般人而言都不易接受，但数学史家认为，比例论为处理无理数提供了逻辑依据，用几何方法消除了毕达哥拉斯悖论引发的数学危机，从而拯救了整个希腊数学。但是，需要指出的是，欧多克索斯的理论将量和数割裂开来，所谈论的量为几何量所代表的连续对象，如线段、面积、体积、角、时间等，而数只能代表离散对象，即整数或整数之比。或说，欧多克索斯的解决方式，是借助于几何方法，通过避免直接出现无理数而实现的。在这种解决方案下，对无理数的使用只有在几何中是允许的、合法的，在代数中就是不合逻辑的、非法的了。例如，因为有了严格的欧多克索斯的比例论，讨论正方形的边长和对角线之比是可行的，但是如果设正方形的边长为 1，根据毕达哥拉斯定理，求得对角线的长度为 $\sqrt{2}$，从而引入 $\sqrt{2}$ 这样的数，在古希腊就是非法的。因此，第一次数学危机并不能认为是真正解决了。

欧多克索斯回避了无理数的存在性，用几何的方法去处理不可公度量，这样做的结果，使几何的基础牢靠了，几何从全部数学中脱颖而出。欧几里得的《几何原本》中也采用了这一说法，以致在以后的近二千年中，几何变成了几乎是全部严密数学的基础。

无理数是否可以看成数一直受到质疑。直到 18 世纪，仍有许多数学家对无理数表示出一种矛盾的心态。一方面，他们随意使用无理数进行各种运算，另一方面，却怀疑它们的意义和真实存在性。直到 19 世纪下半叶，实数理论建立以后，无理数的本质才被彻底搞清楚，人们才认识了这样的事实：全体整数之比构成的是有理数系，有理数系需要扩充，需要添加无理数。无理数在数学中的合法地位被确立,第一次数学危机才得以真正地被解决。

6.3　第二次数学危机

6.3.1　无穷小量与贝克莱悖论

正如分支简介"分析学"中所述,17 世纪上半叶笛卡儿创建解析几何之后,变量便进入了数学。随之,牛顿和莱布尼茨集众多数学家之大成,分别从物理和几何的角度出发,各自独立地发明了微积分,被誉为数学史上划时代的里程碑。

17 世纪,微积分诞生之初,便在许多学科中得到了广泛应用,最鼓舞人心的著名例子是天文学中海王星的发现、哈雷彗星再度出现的预言,显示出牛顿的理论和方法的巨大威力。然而当时的微积分,其理论基础并不牢靠,而是建立在有逻辑矛盾的无穷小量的概念之上。这从牛顿的流数法(即求导数的方法)中可以窥见一斑。微积分的一个来源,是求做变速直线运动的物体在某一时刻的瞬时速度。我们来看一个例子。

例如,设自由落体在时间 t 下落的距离为 $s(t)$,有公式 $s(t) = \frac{1}{2}gt^2$,其中 g 是重力加速度。现在要求物体在 t_0 时刻的瞬时速度,先求平均速度 $\frac{\Delta s}{\Delta t}$,因为

$$\Delta s = s(t) - s(t_0) = \frac{1}{2}gt^2 - \frac{1}{2}gt_0^2$$

$$= \frac{1}{2}g[(t_0 + \Delta t)^2 - t_0^2] = \frac{1}{2}g[2t_0\Delta t + (\Delta t)^2],$$

所以

$$\frac{\Delta s}{\Delta t} = gt_0 + \frac{1}{2}g\Delta t, \qquad\qquad (*)$$

当 Δt 变成无穷小时,右端的 $\frac{1}{2}g\Delta t$ 也变成无穷小,因而式(*)右端就可以认为是 gt_0,这就是物体在 t_0 时刻的瞬时速度,它是两个无穷小的最终的比。当然,牛顿也曾在他的著作中说明,所谓"最终的比",就是分子、分母要成为 0 还不是 0 时的比——例如,式(*)中的 gt_0,它不是"最终的量的比",而是"比所趋近的极限"。他这里虽然提出和使用了"极限"这个词,但并没有明确说清这个词的意思。德国的莱布尼茨虽然也同时发明了微积分,但是也没有明确给出极限的定义。

牛顿的流数法非常实用,解决了大量过去无法解决的科技问题,成为当时数学的重要内容,被广泛运用。但是流数法的逻辑上有问题,牛顿引入的无穷小量"Δt"如果是 0,式(*)左端当 Δt 变成无穷小量后分母为 0,就没有意义了。如果不

是 0,式(*)右端的 $\frac{1}{2}g\Delta t$ 就不能任意去掉。在推出式(*)时,前提是假定 $\Delta t \neq 0$ 才能做除法,那么,怎么又可以认为 $\Delta t = 0$ 而求得瞬时速度呢? 因此,牛顿的这套运算方法,就如同从 $5 \times 0 = 3 \times 0$ 出发,两端同除以 0,得出 $5 = 3$ 一样的荒谬。这个推导中关于"无穷小量"到底是什么充满了逻辑上的混乱。

牛顿本人对无穷小量曾做过三种解释:1669 年说它是一种常量;1671 年说它是一个趋于零的变量;1676 年说它是两个正在消逝的量的最终比。莱布尼茨也曾试图用和无穷小量成比例的有限量的差分来代替无穷小量,但他没有找到从有限量过渡到无穷小量的桥梁。这两位微积分的创立者对该学科的基本概念也不满意。

因为无穷小量意思的含混不清,引起了不少学者对微积分的可靠性提出了质疑和批评,特别是代表保守势力的非数学家,著名的唯心主义哲学家英国的贝克莱大主教(G. Berkeley,1685~1753),从维护宗教神学的利益出发,竭力反对蕴涵运动变化这一新兴思想的微积分。1734 年,贝克莱以"渺小的哲学家"为笔名出版了一本书,书名为《分析学家;或一篇致一位不信神数学家的论文,其中审查一下近代分析学的对象、原则及论断是不是比宗教的神秘、信仰的要点有更清晰的表达,或更明显的推理》,书中猛烈攻击牛顿的理论,他指出牛顿在应用流数法计算函数的导数时,他引入的无穷小量"o"是一个非零的增量,但又承认被"o"所乘的那些项可以看成没有。先认为"o"不是数 0,求出函数的改变量后又认为"o"是数 0,这违背了逻辑学中的排中律。贝克莱质问,"无穷小量"作为一个量,究竟是不是 0? 贝克莱还讽刺挖苦说:无穷小量作为一个量,既不是 0,又不是非 0,那它一定是"量的鬼魂"了。这就是著名的"贝克莱悖论",由此引发了第二次数学危机。虽然贝克莱悖论带有宗教势力的狭隘攻击成分,但却暴露了早期微积分逻辑上的缺陷,迫使数学家不得不探寻微积分的理论基础。

6.3.2 第二次数学危机的解决

18 世纪,数学家在没有严格的概念、严密的逻辑支持的前提下,更多地依赖于直观而把微积分广泛应用于天文学、力学、光学、热学等各领域,新方法、新结论、新分支纷纷涌现,取得了丰硕的成果,而微分方程、无穷级数的理论等的出现更进一步丰富和拓展了数学自身研究的范围。

进入 19 世纪后,微积分一方面取得了巨大的成就,另一方面大量的数学理论没有正确、牢固的逻辑基础,如无穷小量不清楚,从而导数、微分、积分等概念就不清楚。只强调形式上的计算不能保证数学结论是正确无误的;例如,不考虑函数是否可导或可积而进行微分和积分,等等,随着研究范围的扩大,类似贝克莱悖论的问题日益增多。例如,数学家在研究无穷级数的时候,做出许多错误的证明,并由此得到许多错误的结论。在计算无穷级数 $1-1+1-1+\cdots+(-1)^{n+1}+\cdots$ 的和时,竟产生三种结果:$0,1,\dfrac{1}{2}$,由于没有严格的极限理论作为基础,数学家在有限与无限之间任意通行而不考虑无穷级数收敛的问题,类似的悖论层出不穷。

19 世纪初,傅里叶级数理论的出现将微积分的逻辑基础薄弱的问题更是暴露无遗,数学家认识到必须为微积分奠定严格基础了。

探寻微积分基础的努力经历了将近 200 年之久。早在 18 世纪初,法国数学家达朗贝尔就指出,必须用可靠的理论去代替当时使用的粗糙的极限理论,但他本人未能提供这样的理论。19 世纪初,捷克数学家波尔查诺开始将严格的论证引入数学分析,他写的《无穷的悖论》一书中包含了许多真知灼见。

在分析严格化方面真正有影响的,做出决定性工作的人是 19 世纪法国数学家柯西。他在 1821～1823 年出版的《分析教程》和《无穷小计算讲义》是数学史上划时代的著作。柯西首先从物理运动和几何直观方面出发,给出了极限的定义,确立了以极限论为基础的现代数学分析体系。柯西对极限的定义是:"当一个变量相继取的值无限接近于一个固定的值,最终与此固定值之差要多小就有多小时,该值就称为所有其他值的极限。"柯西重新定义了无穷小量:"当同一变量逐次所取的绝对值无限减小,以致比任何给定的数还要小,这个变量就是无穷小量,这类变量以零为其极限。"柯西的无穷小量不再是一个无限小的固定数,而是"作为极限为 0 的变量",被归入到函数的范畴,从而摒弃了牛顿、莱布尼茨的模糊不清的"无穷小量"的概念,较好地反驳了贝克莱悖论。此外,柯西还定义了无穷大量,对高阶无穷小、高阶无穷大做出了与现在分析学中基本相同的定义。在此基础上,柯西又定义了连续、导数、微分、定积分和无穷级数的收敛性等概念,使微积分中的这些基本概念建立在较坚实的基础上。他给出的这些概念已与我们现在教科书上的差不太多了。

德国数学家魏尔斯特拉斯在数学分析领域中的最大贡献就是在柯西等开创的数学分析严格化的潮流中,于 19 世纪 40 年代用著名的"ε-δ"语言系统建立了分析的严格基础。我们现在高等数学课本中关于极限的定义就是魏尔斯特拉斯当时论述的一种形式上的改写。这一定义使极限摆脱了对几何和运动的依赖,给出了只建立在数与函数概念上的清晰的定义,从而使一个模糊不清的动态描述,变成了一个严密叙述的静态观念,这是变量数学史上的一次重大创新,并彻底反驳了贝克莱悖论。

再回到 6.3.1 小节牛顿给出的式 $(*)$ 上,式 $(*)$ 两边都是 Δt 的函数,把物体在 t_0 时刻的瞬时速度定义为:平均速度当 Δt 趋于 0 时的极限,即物体在 t_0 时刻的瞬时速度为 $\lim\limits_{\Delta t \to 0}\dfrac{\Delta s}{\Delta t}$,对式 $(*)$ 两边同时取极限 $\Delta t \to 0$,根据"两个相等的函数取极限后仍相等",得瞬时速度 $=\lim\limits_{\Delta t \to 0}\dfrac{\Delta s}{\Delta t}$,再根据"两个函数和的极限等于极限的和",然后

再求极限所得结论与牛顿原先的结论是一样的,但每一步都有了严格的逻辑基础。"贝克莱悖论"的焦点"无穷小量是不是 0?"在这里给出了明确的回答,而没有"最终比"和"无限地趋近于"那样含糊不清的说法。

后来的一些发现,使人们认识到,极限理论的进一步严格化,需要实数理论的严格化。微积分或者说数学分析,是在实数范围内研究的。但是,下边两件事,表明极限概念、连续性、可微性和收敛性对实数系的依赖比人们想象的要深奥得多。一件事是,1872 年,魏尔斯特拉斯构造的一个在直观上无法想象的处处连续而处处不可导的函数。另一件事是,德国数学家黎曼指出被积函数不连续,其定积分也可能存在。原来柯西把定积分限制于连续函数是没有必要的,黎曼证明了这一结论,还构造了一个函数,当自变量取无理数时它是连续的,当自变量取有理数时它是不连续的,即黎曼函数 $R(x)=\begin{cases} \dfrac{1}{q}, & x=\dfrac{p}{q}(q>0,p,q \text{ 为互质的整数}), \\ 0, & x \text{ 为无理数}. \end{cases}$ 而黎曼函数在任意的有限闭区间 $[a,b]$ 上定积分是存在的且积分为零。

这些例子使数学家们越来越明白,在为分析建立一个完善的基础方面,还需要再前进一步,即需要理解和阐明实数系的更为深刻的性质。在这一点上,经过德国数学家魏尔斯特拉斯、戴德金、康托尔等的努力,实数理论建立,微积分有了坚实牢固的基础,第二次数学危机彻底解决。

第二次数学危机的实质是极限的概念不清楚,极限的理论基础不牢固。也就是说,微积分理论缺乏逻辑基础。柯西的贡献在于,将微积分建立在极限理论的基础上。魏尔斯特拉斯的贡献在于,逻辑地构造了实数系,建立了严格的实数理论,使之成为极限理论的基础。

总之,17 世纪资本主义生产力的发展是推动微积分产生和发展的外部力量,第二次数学危机——数学的自身矛盾运动产生的内部力量是微积分发展动力的另一个方面,两方面力量大大推动了微积分的完善和发展。

6.4　第三次数学危机

6.4.1　集合论与罗素悖论

19 世纪,数学从各方面走向成熟。非欧几何的出现,使几何学得到丰富和扩展;克莱因的《爱尔兰根纲领》标志着几何学的统一;极限理论和实数理论的出现使微积分有了牢靠的基础;群的理论、算术公理的出现使算术、代数的逻辑基础更为明晰,等等。而数学家们还在思索:整个数学的基础在哪里?

19 世纪 70 年代,德国数学家康托尔创立了集合论。因为全部数学概念可以应用集合论建立,而集合论的概念是逻辑概念,逻辑的理论似乎是没有矛盾的,所以一旦归结到集合论,数学基础的问题就解决了。于是,集合论使数学家看到了希望:数学终于可以在集合论的意义下统一起来了,集合论可能成为整个数学的基础。尽管集合论自身的相容性尚未证明,但许多人认为这只是时间早晚的问题。

集合论的出现使得数学呈现出空前繁荣的景象,可能一劳永逸地摆脱"数学基础"的危机令数学家们欢欣鼓舞。1900 年在巴黎举行的第二届国际数学家大会上,法国数学家庞加莱甚至兴奋地宣称:"现在我们可以说,完全的严格性已经达到了!"。可是仅仅两年过后,1902 年,一个震惊数学界的消息传出:英国数学家、哲学家罗素在集合论中发现了悖论!

罗素的想法是:任何集合都可以考虑它是否属于自身的问题,有些集合不属于它自身,而有些集合属于它本身。比如,由多个茶匙构成的集合显然不是另一个茶匙,而由不是茶匙的东西构成的集合却是一个不是茶匙的东西。事实上,一个集合或者不是它本身的成员(元素),或者是它本身的成员(元素),两者必居其一。罗素把前者称为"正常集合",把后者称为"异常集合"。因此,由多个茶匙构成的集合是"正常集合",由不是茶匙的东西构成的集合是"异常集合"。

如果以简洁的数学符号和逻辑来说明罗素悖论,则可以表述如下:以 N 表示"一切不以自身为元素的集合所组成的集合"(所有正常集合的集合),而以 M 表示"一切以自身为元素的集合所组成的集合"(所有异常集合的集合),于是任一集合或者属于 N,或者属于 M,两者必居其一,且只居其一。试问:集合 N 是否属于自己(集合 N 是否是异常集合)? 如果 $N \in N$,则由 N 的定义应有 $N \notin N$;如果 $N \notin N$,则由 N 的定义又应有 $N \in N$,无论哪一种情况,利用集合的概念,都可以导出——$N \in N$ 当且仅当 $N \notin N$ 的悖论。

1911 年,罗素还将这一悖论通俗化为著名的"理发师悖论":某村的一个理发师宣称,他给且只给村里自己不给自己刮脸的人刮脸。那么现在的问题是:理发师是否给自己刮脸? 如果他给自己刮脸,他就属于自己给自己刮脸的人,按宣称的原则,理发师不应该给他自己刮脸;如果他不给自己刮脸,他就属于自己不给自己刮脸的人,按宣称的原则,理发师应该给他自己刮脸。理发师因此陷入矛盾之中。

罗素悖论内容简单,只涉及集合论中最基本的概念,这就大大动摇了集合论的基础。由于集合论概念已经渗透到众多的数学分支,逐渐成为现代数学的基础,因此集合论悖论的出现引起的震动是空前的,令许多数学家沮丧失望,甚至哀叹:我们的数学就是建立在这样脆弱的基础之上么? 这就导致了数学史上所谓的第三次数学危机。

德国数学家、数理逻辑先驱弗雷格当时写了一部名为《算术基础》的专著,内容是构建以集合论作为整个算术的基础。正当弗雷格即将出版他的这部专著的第二卷时,罗素把他的发现写信告诉弗雷格,弗雷格在第二卷末尾添加的后记中无可奈何地写道:"一个科学家遇到的最难堪的事情莫过于,当他的工作完成时,基础却坍塌了。当本书即将付印时，罗素先生的一封信就使我陷入这样的尴尬境地。"

6.4.2 第三次数学危机的解决

数学是演绎推理性质的学科，所以从形式上看，数学命题的真理性是建立在公理的真理性和逻辑规则的有效性之上的。非欧几何的出现冲击了"数学真理是绝对真理"的观点，而悖论的出现使得逻辑推理的严格性也受到了严峻的挑战，这就不能不在数学家中形成危机感。

第三次数学危机出现以后，包括罗素本人在内的许多数学家作出了巨大的努力来消除悖论。当时消除悖论有两种选择，一种是抛弃集合论，再寻找新的理论基础，另一种是分析悖论产生的原因，改造集合论。

人们选择了后一条道路，希望在消除悖论的同时，尽量把康托尔集合论中有价值的东西保留下来。这种选择的理由是，原有的集合论虽然简明，但并不是建立在清晰的公理基础之上的，这就留下了解决问题的余地。

罗素等人分析后认为，这些悖论的共同特征是"自我指谓"。即，一个待定义的概念，用了包含该概念在内的一些概念来定义，造成恶性循环。例如，悖论中定义"不属于自身的集合"时，涉及"自身"这个待定义的对象。罗素本人提出用集合分层的方法来消除悖论，但分层方法太烦琐，不受数学家们欢迎。后来，数学家想到将康托尔"朴素的集合论"加以公理化，用公理规定构造集合的原则，例如，不允许出现"所有集合的集合"和"一切属于自身的集合"这样的集合。1908 年，德国数学家策梅洛提出了由 7 条公理组成的第一个集合论公理系统，称为 Z 系统。1921～1923 年，德国数学家弗兰克尔（A. A. Fraenkel，1891～1965）对该系统做了改进，并用逻辑符号将公理表示出来，形成了集合论的 ZF（策梅洛-弗兰克）系统，后来经过进一步完善，这一系统包含了 10 条公理，成了目前被大多数数学家所承认的公理系统，称为 ZFC 系统。这样，大体完成了由朴素集合论到公理集合论的发展过程，罗素悖论消除了，第三次数学危机似乎解决了。但是数学家们并不满意，因为 ZFC 系统的相容性（即本身的无矛盾性）尚未证明。正如庞加莱在策梅洛的公理化集合论出来后不久，形象地评论道："为了防狼，羊群已经用篱笆圈起来了，但却不知道圈内有没有狼。"

关于数学系统的相容性问题，美籍奥地利数理逻辑学家哥德尔的工作是影响深远的。1931 年，年仅 25 岁的他在《数学物理月刊》发表了一篇题为《论〈数学原理〉和有关系统中的形式不可判定命题》的论文，其中证明了下面的定理：

哥德尔第一不完全性定理 任一包含自然数算术的形式系统 S，如果是相容的，则一定存在一个不可判定命题，即存在某一命题 P，使 P 与 P 的否定在 S 中皆不可证。

系统中存在不可判定的命题称系统为不完全的，上述定理表明，任何形式系统都不能完全刻画数学理论,总有某个命题不能从系统的公理出发而得到证明。

不仅如此,哥德尔很快在上述定理的基础上,又进一步证明了下面的定理。

哥德尔第二不完全性定理   对于包含自然数系的任何相容的形式体系 S,S 的相容性不能在 S 中被证明。

哥德尔第二不完全性定理表明,即使一个数学系统本身是相容的,但其相容性在该系统的内部也是无法证明的。

哥德尔的两条定理表明:任何一个数学分支都做不到完全的公理推演,而且没有一个数学分支能保证自己没有内部矛盾,这将数学放在了一个尴尬的境地,数学的"灾难"降临了,人们发出感慨:数学的真理性在哪里呢? 德国数学家外尔甚至悲叹道:"上帝是存在的,因为数学无疑是相容的;魔鬼也是存在的,因为我们不能证明这种相容性。"

在这里,哥德尔破天荒第一次分清了数学中的"真"与"可证"是两个不同的概念。可证明的命题固然是真的,但真的命题却未必是可形式证明的。为了克服形式化数学的局限性,数学家在放宽工具限制的情况下创造了"超限归纳法"等一些新的方法。1936 年,德国数学家甘岑(G. Gentzen,1909~1945)在运用超限归纳法的条件下证明了算术公理系统的相容性。

关于数学的可靠性问题,固然要根据数学科学的特点去追求逻辑可靠性,但最终还是要符合实践的可靠性,即数学的可靠性尚需接受社会实践的检验。"实践是检验真理的唯一标准"是亘古不变的信条。

6.5   数学的三大学派

早在哥德尔两个不完全性定理出来之前,从 1900 年至 1930 年前后,围绕着数学基础之争,形成了数学史上著名的三大数学学派:逻辑主义学派、直觉主义学派和形式主义学派。

6.5.1   逻辑主义学派

逻辑主义学派的代表人物是德国的数理逻辑学家弗雷格和英国数学家、哲学家罗素。

逻辑主义学派认为数学的可靠基础应是逻辑,提出"将数学逻辑化"的研究思路:

(1) 从少量的逻辑概念出发,去定义全部(或大部分)的数学概念;

(2) 从少量的逻辑法则出发,去演绎出全部(或主要的)数学理论。

总体来说,逻辑主义学派在数学基础问题上的根本主张就是确信数学可以化归为逻辑,只要先建立严格的逻辑理论,然后以此为基础去得到全部(至少是主要的)数学理论。

弗雷格最早明确提出了逻辑主义的宗旨,并为实现它做出了重大的贡献。他的《算术基础》一书的第二卷即将付梓之时,罗素的集合论悖论出现,弗雷格基础研究工作的意义被从根本上否定了。弗雷格陷入了极大的困惑,并最终放弃了他所倡导的逻辑主义的立场。

罗素在 19 世纪末逐渐形成了逻辑主义观点,意识到数理逻辑对数学基础研究的重要性。在 20 世纪初,罗素和弗雷格一样,相信数学的基本定理能由逻辑推出。罗素试图得到"一种完美的数学,它是无可置疑的"。他希望比弗雷格走得更远,罗素在 1912 年出版的著作《哲学的问题》中明确阐释了他的思想:逻辑原理和数学知识的实体是独立于任何精神而存在并且为精神所感知的,这种知识是客观的、永恒的。

逻辑主义学派的愿望没有实现,最重要的原因在于它将数学与现实的关系脱离开来。人们批评逻辑主义学派的观点:将全部数学视为纯形式的,逻辑演绎科学,它怎么能广泛用于现实世界? 罗素也承认了这一点,他说:"我像人们需要宗教信仰一样渴望确定性,我想在数学中比在任何其他地方更能找到确定性。……在经过 20 多年的艰苦工作后,我一直在寻找的数学光辉的确定性在令人困惑的迷宫中丧失了。"

尽管逻辑主义学派招致了众多的批评,但他们仍有不可磨灭的功绩。一方面,逻辑主义学派成功地将古典数学纳入了一个统一的公理系统,成为公理化方法在近代发展中的一个重要起点;另一方面,他们以完全符号的形式实现了逻辑的彻底公理化,大大推进了数理逻辑这门学科的发展。

数学的基础不能完全归结为逻辑,但逻辑作为数学基础却始终占据着数学哲学最主要的位置,逻辑思维是整个数学科学各分支之间的联结纽带。

6.5.2　直觉主义学派

直觉主义学派诞生于逻辑主义学派形成之时。逻辑主义学派试图依赖精巧的逻辑来巩固数学的基础,而直觉主义学派却偏离甚至放弃逻辑,两大学派目标一致,但背道而驰。

直觉主义学派的代表人物是荷兰数学家布劳威尔,他在 1907 年的博士论文《论数学基础》中搭建了直觉主义学派的框架。他提出了一个著名的口号:"存在即是被构造。"

直觉主义学派认为数学的出发点不是集合,而是自然数。数学独立于逻辑,数学的基础是一种能使人认识"知觉单位"1 以及自然数列的原始直觉,坚持数学对象的"构造性"定义。他们的基本立场包括

(1) 对于无穷集合,只承认可构造的无穷集合。例如,自然数列。

（2）否定传统逻辑的普遍有效性，重建直觉主义学派的逻辑规则。例如，他们对排中律的限制很严，排中律仅适用于有限集合，对于无限集合则不能使用。

（3）批判古典数学，排斥非构造性数学。例如，他们不承认使用反证法的存在性证明，因为他们认为，要证明任何数学对象的存在性，必须证明它可以在有限步骤之内被构造出来。

直觉主义学派试图将数学建立在他们所描述的结构的基础之上，但他们将古典数学弄得支离破碎，一些证明十分笨拙，对数学添加了诸多限制。他们严格限制使用"排中律"使古典数学中大批受数学家珍视的东西成为牺牲品。德国数学家希尔伯特曾强烈批评直觉主义学派："禁止数学家使用排中律就像禁止天文学家使用望远镜和拳击师用拳一样。否定排中律所得到的存在性定理就相当于全部放弃了数学的科学性。""与现代数学的浩瀚大海相比，那点可怜的残余算什么。直觉主义学派所得到的是一些不完整的没有联系的孤立的结论，他们想使数学瓦解变形。"

直觉主义学派重建数学基础的愿望虽然最终也失败了，但是，直觉主义学派所提倡的构造性数学已经成为数学中的一个重要群体，并与计算机科学密切相关。

直觉思维是数学思维的重要内容之一，这种直觉思维是非逻辑的，不是靠推理和演绎获得的。直觉主义学派正确指出，数学上的重要进展不是通过完善逻辑形式而是通过变革其基本理论得到的，逻辑依赖于数学而非数学依赖于逻辑。

6.5.3　形式主义学派

形式主义学派的代表人物是德国数学家希尔伯特，他在批判直觉主义学派的同时，提出了思考已久的解决数学基础问题的方案——"希尔伯特纲领"（也称形式主义纲领）。

在希尔伯特看来，数学思维对象是符号本身，符号就是本质。公理也只是一行行符号，无所谓真假，只要证明该公理系统是相容的，那么该公理系统就获得承认。形式主义学派的目的就是将数学彻底形式化为一个系统。

形式主义学派的观点有以下两条。

（1）数学是关于形式系统的科学，逻辑和数学中的基本概念和公理系统都是毫无意义的符号，不必把符号、公式或证明赋予意义或可能的解释，而只需将之视为纯粹的形式对象，研究它们的结构性质，并总能够在有限机械步骤内验证形式理论之内的一串公式是否是一个证明。

（2）数学的真理性等价于数学系统的相容性，相容性是对数学系统的唯一要求。

因此，在形式主义学派看来，数学本身是一堆形式演绎系统的集合，每个形式系统都包含自己的逻辑、概念、公理、定理及其推导法则。数学的任务就是发展出每一个由公理系统所规定的形式演绎系统，在每一个系统中，通过一系列程序来证明定理,只要这种推导过程不矛盾,便获得一种真理。但是这些推导过程是否就没有矛盾呢? 形式主义学派确实证明了一些简单形式系统的无矛盾性,且他们相信可以证明算术和集合论的无矛盾性。

哥德尔不完全性定理引起震动后,关于数学基础之争渐趋平淡,数学家更关注于数理逻辑的具体研究,三大学派的研究成果都被纳入了数理逻辑的研究范畴而极大地推动了现代数理逻辑的形成和发展。

思 考 题

1. 何谓悖论? 试分析和阐述悖论产生的原因。

2. 一位著名的律师,和他的一名学生达成共识:当学生打赢第一场官司时就付老师学费。但是这名学生没有任何客户,最终律师扬言要起诉学生。而学生和老师都认为自己会赢得这场官司。律师料想无论如何他会赢:如果法庭支持他这一方,就会要求学生付学费,但是如果律师输了,根据他们的约定,这名学生也不得不付学费。而这名学生却从完全相反的角度考虑:如果律师赢了,那么根据他们的约定,这名学生不必付学费,如果律师输了,法庭会宣判这名学生不必付学费。试分析这是逻辑悖论么?

3. 三次数学危机都与哪些数学悖论相联系,其实质是什么?

4. 为什么会出现数学危机? 数学危机给数学的进展带来怎样的影响?

5. “存在处处连续处处不可导的函数”的结论对人们有何启发?

6. 不连续的函数是否可以求定积分? 黎曼函数具有怎样的性质?

7. 罗素悖论的内容是什么? 第三次数学危机的解决是否令人满意,为什么?

名 人 小 撰

1. 万物皆数,宇宙和谐——毕达哥拉斯(Pythagoras of Samos,约公元前560～前480),古希腊数学家、哲学家、天文学家。

毕达哥拉斯出生在爱琴海的萨摩斯岛,自幼聪明好学。青壮年时期曾在埃及、巴比伦、印度等东方古国游历并学习几何学、天文学等各方面知识,在经过认真思考、兼收并蓄后,毕达哥拉斯汲取各家之长,形成和完善了自己的思想体系。年近半百时,这位智者回到故乡开始讲学,广收门徒,逐渐建立了一个组织严密,集宗教、政治、学术合一的学派——毕达哥拉斯学派。这个学派在当时赢得了很高的声誉,产生了广泛的政治影响力,但由此引起了敌对派的仇恨,后来受到民主运动风暴的冲击,毕达哥拉斯最终被暴徒杀害。

　　毕达哥拉斯及其学派的思想和学说给后人留下了一份极为丰富的遗产,具有深远的历史意义。毕达哥拉斯学派最重要的影响表现在数学发现及数学思想上,他们提出了"万物皆数"学说,对数论做了深入研究,发现了完全数、亲和数、勾股数等。在几何方面最有名的贡献是勾股定理,通过勾股定理而发现无理数。他们还研究了三角形、多边形的理论,正五边形、正十边形的作图法……这些成果后来被欧几里得收入到《几何原本》之中,成为古希腊数学的重要组成部分。毕达哥拉斯是最早提出和使用"哲学"一词的人,他认为哲学家是"献身于发现生活本身的意义和目的,热爱知识,并设法揭示自然的奥秘的人"。毕达哥拉斯学派是西方美学史上最早探讨美的本质的学派。毕达哥拉斯本人还是音乐理论的鼻祖,第一个用数学观点阐明了单弦的乐音与弦长的关系。在天文学方面,他首创地圆说,认为日、月、五星及其他天体都呈球体。他更是无可非议的教育家,为学术传播做出了巨大贡献。

　　2. 百科全书式的作家——罗素(B. Russel,1872～1970),英国著名哲学家、数学家、逻辑学家,20 世纪西方最著名、影响最大的社会活动家。

　　1872 年 5 月 18 日,罗素出生于英格兰的一个贵族家庭,童年生活孤寂,但十分迷恋数学。1890 年考入剑桥大学三一学院,1894 年获得哲学、数学两个学士学位。1902年罗素发现了著名的罗素悖论,引发了数学史上的第三次数学危机。1903 年罗素获得三一学院的研究员职位,1908 年当选为英国皇家学会成员。1910 年至 1913年,罗素与怀特黑德合作完成了名著《数学原理》一书,这是逻辑主义学派的权威论著,从而他也成为了逻辑主义的代表人物。

　　1920 年罗素来华讲学一年,任北京大学客座教授。1922 年回国后写了《中国问题》一书,讨论中国将在 20 世纪历史中发挥的作用,孙中山称其为"唯一真正理解中国的西方人"。1950 年,罗素获得诺贝尔文学奖,以表彰其"捍卫人道主义理想和思想自由的多种多样、意义重大的作品"。1954 年,罗素发表了著名的《罗素-爱因斯坦宣言》,"有鉴于在未来的世界大战中核武器肯定会被运用,而这类武器肯定会对人类的生存产生威胁,我们号召世界各政府公开宣布它们的目的不能发展成世界大战,我们号召,解决它们之间的任何争执都应该用和平手段"。抗议美国发动的越南战争、苏联入侵捷克、以色列发动中东战争等。

　　罗素涉猎的研究领域除了哲学、数学、逻辑学,还有教育学、社会学、政治学等,主要著作有《几何学的基础》《莱布尼茨的哲学》《数理哲学导论》《西方哲学史》《我的哲学发展观》等,他被西方誉为"百科全书式的作家"。

　　1970 年 2 月 2 日,罗素以 98 岁的高龄逝世于威尔士的家中。

　　3. 超穷集合论的创始人——康托尔(G. Cantor,1845～1918),德国数学家,数学史上最富有想象力,也最具有争议的人物之一。

1845 年 3 月 3 日,康托尔出生于俄罗斯圣彼得堡,1856
年随全家移居德国的威斯巴登。1862 年,康托尔进入大学,曾
就读于苏黎世大学、柏林大学、哥廷根大学。期间,他从当时
的几位数学大师魏尔斯特拉斯、库默尔和克罗内克那里学到
了不少东西,后转入纯粹数学的研究,并选择了数学作为终身
职业。1867 年康托尔获得博士学位,1869 年在哈雷大学得到
教职,1879 年任教授,此后一直在哈雷大学工作直至去世。

康托尔的研究领域包括数论、经典分析、集合论、哲学和神学等方面。19 世纪
末他从事关于连续性和无穷的研究,并创立了超穷集合论,从根本上颠覆了传统数
学中关于无穷的使用和解释,从而引发激烈的争论乃至包括他的老师、朋友的严厉
谴责。1884 年,由于他自己提出的著名的连续统假设长期得不到证明,再加之与
老师克罗内克的尖锐对立,个人家庭的变故,这些沉重的打击致使康托尔曾一度精
神分裂,时好时坏,不得不经常在精神病院疗养。1918 年 1 月 6 日,康托尔在哈雷
大学附属精神病院逝世。

随着时间的推移,数学的发展最终证明康托尔是正确的,他所创立的集合论被
誉为 20 世纪最伟大的数学创造。集合论概念大大扩充了数学的研究领域,给数学
结构提供了一个基础,集合论不仅影响了现代数学,而且深深影响了现代哲学和逻
辑学。德国近代伟大的数学家希尔伯特高度赞誉康托尔的集合论是"数学天才最
优秀的作品"和"这个时代所能夸耀的最巨大的工作"。在 1900 年第二届国际数
学家大会上,希尔伯特把康托尔的连续统假设列入 20 世纪初有待解决的 23 个重
要数学问题之首。当康托尔的朴素集合论出现一系列悖论时,克罗内克的后继者
荷兰数学家布劳威尔等借此大做文章,希尔伯特用坚定的语言向他的同代人宣布,
"没有任何人能将我们从康托尔所创造的伊甸园中驱赶出来"!

第7章 数学美学

数学在很大程度上是一门艺术,它的发展总是起源于美学准则,受其指导、据以评价的。

——博雷尔(E. Borel,1871～1956,法国数学家)

数学家的模式,就像画家与诗人的一样,必须是美的,数学概念同油彩或语言文字一样,必须非常协调。美是第一性的,丑陋的数学在数学上不会有永久的位置。

——哈代(G. H. Hardy,1877～1947,英国数学分析学派的领袖)

数学不仅拥有真理,而且还拥有至高的美——一种冷峻而严肃的美,正像雕塑所具有的美一样,这种美既不投合人类之天性的微弱方面,也不具有绘画或音乐的那种华丽的装饰,而是一种纯净而崇高的美,以至能达到一种只有最伟大的艺术才能显现的那种完美的境地。

——罗素(B. Russell,1872～1970,英国哲学家、数学家、逻辑学家)

苏联著名教育家苏霍姆林斯基(B. A. Cyxomjnhcknn,1918～1970)说过:美是一种心灵体操! 它使我们的精神正直、心地纯洁、情感和信念端正。英国著名数学家哈代在其名著《一个数学家的辩白》一书中写道:要找到一位受过教育,但对数学之美的魅力感觉相当迟钝的人,是非常困难的。本章就将探讨一下数学美的概念,数学美的产生和发展过程,数学美的内容以及数学美的地位和作用。

7.1 数学与美学

数学往往被大多数人认为是枯燥乏味的,与美学无缘,这种偏见有许多原因,与数学教材的内容,数学课程的教学都有关系。古今中外许多杰出的数学家和科学家都曾高度赞赏并应用数学中的美学方法进行研究。大多数的数学家也会从他们的数学研究工作里体会到美学的喜悦,他们形容数学是美丽的或形容数学是一种艺术的形式,或至少是一种创造性的活动,通常拿来和音乐和诗歌相比较。事实上,数学中处处存在着美,数学美的表现形式也是多种多样的。

7.1.1 数学美的概念

美学思想早在中国先秦时代以及西方的古希腊时代就已产生,那时的科学和艺术通属哲学范畴,美学思想通常是以哲学的论述形式出现,直到 18 世纪中叶,随着人类审美意识与美学思想的丰富,美学才从哲学的领域中分化出来,形成一门独立的学科。

传统的美学定义为人类对现实的审美活动的特征和规律的科学。它的基本内涵体现了人类的审美动机,社会进步和发展的需要以及人类精神的需求。

美是人类创造性实践活动的产物,是人类本质力量的感性显现。通常人们所说的美以自然美、社会美以及在此基础上的艺术美、科学美的形式存在。其中科学美作为一种社会实践活动中存在的美的表现形式,不是很容易引起人们的重视。但是科学美却是广泛存在于人们的科学研究和实践活动中,人们对科学美的简明定义是:科学美是一种与真、善相联系的,人的本质力量以宜人的形式在科学理论上的显现。科学美的表现形式有外在和内在两个层次。按照两个层次,人们将科学美分为实验美和理论美。实验美主要体现在实验本身结果的优美和实验中所使用方法的精湛。伽利略的比萨斜塔实验、法拉第的电磁感应实验、巴甫洛夫(I. P. Pavlov,俄,1849~1936)的条件反射实验都是实验美的经典。理论美主要体现在科学创造中借助想象、联想、顿悟,通过非逻辑的直觉途径所提出的崭新的科学假说,经过优美的假设、实验和逻辑推理而得到的简洁明确的证明以及一些新奇的发现或发明。日心说、遗传密码学说、门捷列夫元素周期表都是理论美的经典。科学美通常以科学理论的和谐、简洁、奇异为其重要标志。

数学美属于科学美,是自然美的客观反映,是科学美的核心。但由于数学与一般的自然科学相比较,在抽象性的程度、逻辑的严谨性、应用的广泛性方面,都远远超过了一般自然科学,所以,数学美又有其自身的特点。人们对数学美的定义是:数学美是一种人的本质力量通过宜人的数学思维结构的呈现。简言之,数学美就是数学中奇妙的有规律的让人愉悦的美的事物,包括数学结构、公式、定理、证明、理论体系等。

关于数学与美学之间的关系的论述,最早可以追溯到 2000 多年前的古希腊,毕达哥拉斯学派认为,美表现于数学比例上的对称与和谐,其根源在于"整个天休就是一种和谐和一种数"。

历史上许多学者或数学家对数学美从不同的侧面作过生动的阐述。古希腊著名的哲学家亚里士多德曾说过:"虽然数学没有明显地提到美,但美也不能和数学完全分离。因为美的主要形式就是秩序、匀称和确定性,而这些正是数学研究的一种原则。"古希腊哲学家、数学家普洛克拉斯也(Proclus,411~485)曾说过:"哪里有数,哪里就有美。"

我国著名数学家华罗庚谈到数学之美时说:"就数学本身而言,是壮丽多彩、千姿百态、引人入胜的……认为数学枯燥乏味的人,只是看到了数学的严谨性,而没有体会出数学的内在美。"我国数学教育家徐利治在他的著作中阐述了这样的看法:作为科学语言的数学,具有一般语言文字与艺术所共有的美的特点,即数学在其内容结构上和方法上也都具有自身的某种美,即所谓数学美。数学美的含义是丰富的,如数学概念的简单性、统一性,结构关系的协调性、对称性,数学命题与数学模型的概括性、典型性和普遍性,还有数学中的奇异性等都是数学美的具体内容。

从以上的论述可见,数学中充满着美的因素,数学美是数学科学的本质力量的感性和理性的呈现,它不是虚无缥缈、不可捉摸的,而是有其确定的客观内容。

7.1.2　数学美的一般特征

德国数学家克莱因曾对数学美作过这样的描述:"音乐能激发或抚慰情怀,绘画使人赏心悦目,诗歌能动人心弦,哲学使人获得智慧,科技可以改善物质生活,但数学却能提供以上一切。"

数学美不同于其他的美,它可能没有感官上带来的那种美,如没有鲜艳的色彩,没有美妙的声音,没有动感的画面,但它却是一种独特的美。

数学美的一般特征表现为以下几个方面。

1) 客观性

数学美是一种不依赖于人的意识活动的理性美,是客观存在的。数学美在审美意识上的物态化是借助于物质形式表现出来美的感性形象。例如,对称美是侧重于形式的客观存在的一种美。自然界中无论怎样的对称现象,都是把两种不同情况相比较而言的。一个球具有绕球心的旋转对称性,就是把球的转动前和绕球心转某一个角度后两种情形相比较得出的。抽象到数学上,对称性可以概括为:如果某一现象在某一变换下不改变,则称某一现象具有该变换下所对应的对称性。由此可见,作为数学美的一种表现形式——对称性是从客观世界抽象出来的,具有客观性。

2) 主观性

人们在数学理论的构建中,加入了创造者的主观审美意识,这样所形成的数学美就体现了创造者的主观性。例如,德国数学家莱布尼茨试图寻找一种普遍的方法建立一般的科学,这种追求,导致了他对符号逻辑的研究。他对自然科学发展中曾出现过的各种符号,进行了长期的研究,反复筛选他认为最优美的符号,他坚信美的符号可以大大节约思维劳动,使书写更加美观、紧凑、简洁和有效,正是在这种美学意义的指导下,他创立了大量最优美的微分积分符号,沿用至今。

3) 社会性

数学美的社会性是指数学美的属性在社会关系中可被社会人类欣赏的属性。数学美的社会性,最初体现为数学对象满足社会人类的实用需要,也就满足了审美需要。例如,陶器的花纹、建筑物的造型和装饰、画布的图案等都少不了各种各样优美的几何图形。当不再仅仅为满足生活的需要来看待数学时,人们便开始从中体验到征服自然的胜利所带来的精神上的愉悦,人们开始从审美的高度去审视数学美。例如,美的几何图形体现在它的规则性和象征性、图形的局部对称和整体重复、线和形的整齐多变但和谐统一等方面。

4）物质性

数学美不能是空的形态,必须要有内容,这就是它的物质属性。数学美的形式之所以是物质的,一方面因为它反映了物质运动所形成的有规律的东西,例如,黄金分割是抽象的数学概念,但这个概念与客观世界有密切的联系。人们发现:向日葵的花盘上有或左或右的螺旋线,左旋与右旋螺旋线数目的比值大致是黄金比;向日葵的花盘外缘还有两种不同形状的小花:管状花和舌状花,它们的数目比值也大致是黄金比。研究表明,只有在这种黄金分割的分布下,向日葵才能让每一片叶子、枝条和花瓣互不重叠,从而最大限度地吸收阳光和营养,进行光合作用。自然界的许多植物和花木都如此。由此看来,黄金分割是蕴藏在客观世界深层次上的内部规律,这种神奇结构的载体就是客观物质。另外,许多数学美的形式是客观事物外观形式抽象的结果,而几何图形就是人们在劳动实践中对客观事物外形的抽象而形成的,例如,可以用具有对称美的代数方程 $x^3 + y^3 = 3axy$ 表示茉莉花的外部轮廓线。

5）相对性

数学美在不同的主客观条件下不断变化发展的相对标准,就是数学美的相对性。例如,数学公理化方法发展的三个阶段。第一次系统的应用公理化方法的是古希腊的数学家欧几里得,他的著作《几何原本》标志着公理化方法的诞生,为后人树立了科学著作的美学典范。2000 年来,几乎所有的哲学家和数学家都认为欧几里得几何是完美无缺的。但用现代公理化方法的观点来看,欧氏几何的完美是相对的,其中存在许多缺点。19 世纪末,希尔伯特给出了欧氏几何的一个形式公理系统,解决了原始公理化方法的一些逻辑理论问题,使公理化方法更完美。但这种完美也是相对的,因为这一方法对于与实际结合紧密的数学学科,显得不够优美。对纯粹的抽象的数学学科来说,公理系统的三性要求在理论上也难于完全满足。20 世纪初,希尔伯特提出著名的规划:将各门数学形式化,构成形式系统,然后导出全部数学的无矛盾性。在形式化研究方法和证明论中将形式化公理方法更进一步符号化或更纯粹形式化,使得公理化方法的优美程度又提高了,但这仍然不是完美的,因为存在哥德尔的不完全性定理:即使把初等数学形式化后,在这个形式演绎系统中,总存在一个命题,在该系统内既不能证明命题为真,也不能证明其为假。

6）绝对性

数学美的绝对性是指数学美的内涵和标准具有普遍性和永恒性。科学的反映论认为数学美是随着数学历史的发展而不断变化的,又是有所继承的,既有相对性,又有绝对性。数学美的相对性中包含着数学美的绝对性的内容,所以数学相对美的历史长河,组成了数学理论的绝对美。数学美如同人们对世界认识的真理性一样,在人类历史发展的过程中,都经历着一个由相对到绝对的辩证过程。同样地,绝对美的长河是由无数相对美构成的,所以无数相对美的数学理论的总和,就是数学的绝对美。例如,人们对无限的认识,经历潜无限、实无限、双相无限的种种理论和方法,都是数学中"无限"的绝对美的历史长河中闪着相对美的水滴,"无限"的相对美的水滴的总和,构成了"无限"的绝对美。

　　7) 蕴涵性

　　数学美与其他美的区别还在于它是蕴涵在其中的美。艺术美容易引人入胜,使大多数人感兴趣,然而能够体会数学美而对数学产生兴趣的人却不多。这主要有两方面的原因:一是艺术美中所表现出来的美是外显的,这种美比较容易使人感受、认识和理解;而数学中的美虽然也有一些表现在数学对象的外表,如精美的图形、优美的公式、巧妙的解法等,但总的来说,数学中的美还是深深地蕴藏在它的基本结构之中,这种内在的理性美往往使人难以感受、认识和理解,这也是数学区别于其他学科的主要特征之一。二是数学教材和教学过分强调逻辑体系和逻辑推演,忽视数学美感、数学直觉的作用,长此以往,人们将数学与逻辑等同起来,学习的过程中就会感到枯燥乏味。

　　事实上,数学之美还在于其对客观实际的精确表述、对逻辑的完美演绎,正是这种精确与严格才成就了现代社会的美好生活。

7.2　数学美的内容、地位和作用

7.2.1　数学美的分类

　　现实生活中,对于美的不同表现形式有不同的表达方式,例如,山河壮美、风景秀美、人物俊美、文笔优美……。数学美也呈现多样性,它的概念和内容会随着数学的发展和人类文明的进步有所发展,数学美的分类也不尽相同,但它的基本内容是相对稳定的,主要包括:简洁美、对称美、和谐美和奇异美。

1. 简洁美

　　数学以简洁而著称。简洁美不是指数学内容本身简单,而是指数学概念、数学的表达形式、数学的证明方法和数学的理论体系的结构等数学语言的清晰简洁。数学理论的应用广泛,也在于它能用最简洁的方式揭示客观世界中的量及其关系的规律。简洁性是数学发现与创造中的美学因素之一,简洁美是人们最欣赏的一种数学美,也是数学家追求的目标。

　　简洁性作为数学美的一个基本内容,是人类思想表达经济化要求的反映。爱因斯坦说过："美在本质上终究是简单性。"希尔伯特认为："数学中每一步真正的进展都与更有力的工具和更简单方法的发现密切联系着。"

例 1（数学符号）　（1）大数、小数的表示。

17 世纪末,人们开始使用幂指数来表示大数和小数,例如,10^{271},2^{-365},带来很多方便。

回顾数的发展历史,在 10 世纪或 11 世纪,古印度人认为所有数均可由 1,2,3,4,5,6,7,8,9,0 这 10 个数字表示,这后来被阿拉伯人采用,之后传到西欧,故一直缪传为阿拉伯数字。其中数字 0 的出现大约要晚好几百年,最初人们用原点"·"表示 0,再后来用"∪"表示,最后才出现"0"的记法。而 10 个阿拉伯数字不同的位置排列则意义不同,体现了数的表示的简洁性。

（2）十进制与二进制。

一个正整数既可以用十进制表示也可以用二进制表示。二进制是从逻辑关系的简洁性考虑而引出的结果。例如,用十进制表示数 89,二进制表示为 1011001（$89 = 1 \times 2^6 + 0 \times 2^5 + 1 \times 2^4 + 1 \times 2^3 + 0 \times 2^2 + 0 \times 2^1 + 1 \times 2^0$）。

数的十进制表示,所用基本符号 10 个,虽然系统复杂,但表示上简洁,方便人工运算;数的二进制表示,所用基本符号 2 个,表示上虽然麻烦,但系统简单,方便机器运算,众所周知,二进制与最简单的自然现象(信号的两极)相结合,造就了计算机。

（3）高等数学中的运算符号。

高等数学中的基本运算符号 $\lim\limits_{n\to\infty},\lim\limits_{x\to x_0},\dfrac{\mathrm{d}y}{\mathrm{d}x},\dfrac{\partial f}{\partial x},\int f(x)\mathrm{d}x,\int_a^b f(x)\mathrm{d}x$ 等都是用简洁的形式表达了概念所蕴涵的丰富的思想,刻画出"人类精神的最高胜利",因此,有些数学家把微积分比作"美女"。

数学符号的科学性直接影响着数学语言的质量,影响着数学的传播和发展。笛卡儿坐标系的引入、对数符号的使用、复数单位的引进、矩阵和行列式的出现等大量符号的涌现都体现了数学记号更简洁,内容更深刻的事实。

例 2（数学公式）　（1）物理力学中的公式。

牛顿第一定律、牛顿第二定律以及万有引力定律所用数学公式如下:$F = 0 \Rightarrow v = c$（牛顿第一定律）;$F = \dfrac{\mathrm{d}}{\mathrm{d}t}(mv)$（牛顿第二定律）;$F = k\dfrac{m_1 m_2}{r^2}$（万有引力定律）。这些公式都是非常简洁的。例如,牛顿第二定律概括了力、质量、加速度之间的定量关系,简单清晰。

又如,爱因斯坦的质能公式用 $E = mc^2$ 揭示了自然界的质量和能量的转换关系,其外在形式也是非常简洁的。

（2）关于多面体的欧拉公式。

没人能说清楚现实中的多面体有多少种,但它们的顶点数 V、棱数 E、面数 F

都服从十分简洁的欧拉公式：$V-E+F=2$，令人惊叹，堪称简洁美的典范。

在数学中，形式简洁、内容深刻、作用很大的公式还有许多。事实上，数学中绝大部分公式都体现了"形式的简洁性，内容的丰富性"。

例 3（数学理论）　（1）佩亚诺定理。

著名的佩亚诺定理只用了三个不加定义的原始概念和五个不加证明的公理，显示了逻辑上的简洁。由此产生的自然数理论是现代数学基础研究的起点，这三个原始概念是：自然数，1，后继（数）；五个公理是：

公理一　1 是自然数；

公理二　任何自然数的后继也是自然数；

公理三　没有两个自然数有相同的后继；

公理四　1 不是任何自然数的后继；

公理五　若一个由自然数组成的集合 S 含有 1，且当 S 含有任一个自然数时，也一定含有它的后继，则 S 就含有全体自然数。

（2）构造公理系统的三性。

希尔伯特曾将欧氏几何原始的公理化方法推向了完善化和形式化的现代公理化方法阶段，其中给出了构造一个公理体系所要求的相容性、独立性和完备性这三个条件，充分体现了简洁性的美学因素，其中的独立性就要求将任何多余的公理去掉。

（3）欧几里得关于平行线的第五公设，与其他公理公设比较起来，内容和文字都显得复杂和累赘，远不如其他的简洁和自明，由此使得古代学者对第五公设产生怀疑，导致非欧几何的诞生，这既体现了数学家对冗长和不简明的数学的排斥，又体现了对几何系统简洁美的追求。

2. 对称美

法国数学家庞加莱曾指出："数学家非常重视他们的方法和理论是否优美，这并非华而不实的做法。那么到底是什么使我们感到一个解答、一个证明优美呢？那就是各部分之间的和谐、对称、恰到好处的平衡……"

所谓对称性，即指组成某一事物或对象的两个部分的对等性。从古希腊时代起，对称性就被认为是数学美的一个基本内容，是数学美的最重要特征。由于现实世界中处处有对称，既有轴对称、中心对称和镜像对称等的空间对称，又有周期、节奏和旋律的时间对称，还有与时空坐标无关的更为复杂的对称。作为研究现实世界的空间形式与数量关系的数学，自然会渗透着圆满和自然的对称美。

例 4（数学符号或表达式）　（1）初等数学中的符号。

四则运算中的"＋、－、×、÷"，比较大小的"＜、＞、＝"，这些符号都讲究上下左右对称的美。

（2）高等数学中的表达式。

多项式方程的虚根成对出现；代数式中的对称和轮换多项式；行列式、线性方程组的矩阵表示及克拉默法则等都呈现出某种对称性。

例 5（几何图形） 几何中具有对称性的图形很多，都给人们一种优美的感觉。几何中大量存在点对称、线对称、面对称图形。球面被认为是最完美的几何图形！毕达哥拉斯就曾说过："一切平面图形中最美的是圆，在一切立体图形中最美的是球形。"这正是基于这两种图形在多个角度下展现的对称特性。

另外，函数 $y=f(x)$ 与反函数 $y=f^{-1}(x)$ 的图像关于直线 $y=x$ 对称；在各种对称变换下仍然变为它自己的图形等都显示了数学中存在大量的具有某种对称性的几何图形。

例 6（概念或运算） 数学中的某些概念或运算也具有某种对称性。

（1）数学抽象概念：共轭复数、共轭空间。

数学命题：命题，逆命题，否命题，逆否命题。

（2）数学运算：加法（乘法）的交换律、加法（乘法）的结合律、函数与反函数运算、导数和不定积分的运算。

例 7（数学结构） 二项式定理的展开式中的系数构成的杨辉三角形：

$$1\ 1$$
$$1\ 2\ 1$$
$$1\ 3\ 3\ 1$$
$$1\ 4\ 6\ 4\ 1$$
$$1\ 5\ 10\ 10\ 5\ 1$$
$$1\ 6\ 15\ 20\ 15\ 6\ 1$$
$$\cdots\cdots$$

在杨辉三角形的图案中每一行除了首尾的数字是 1，其他的数字是左上角和右上角的数字的和，这样就构成了有规律的并且是成对称形状的三角图案了。

例 8（数学公式） 麦克斯韦的电磁波的波动方程。

数学上的和谐与对称，启发科学家揭示和发现了很多自然界的奥秘。19 世纪后半叶，英国物理学家麦克斯韦在法拉第通过试验获得的电磁方程

$$\mathrm{rot}E=-\frac{1}{c}\cdot\frac{\partial H}{\partial t},\quad \mathrm{div}H=0$$

的基础上，由电磁波的对称性即方程结构形式的对称性，大胆猜测出

$$\mathrm{rot}H=-\frac{1}{c}\cdot\frac{\partial E}{\partial t},\quad \mathrm{div}E=0。$$

其中，E,H,c 分别表示电场强度、磁场强度和光速，rot 表示向量场的旋度，div 表

示向量场的散度,这就是麦克斯韦的电磁波的波动方程。1863 年,麦克斯韦提出了表述电磁场普遍规律的四个方程:分别描述了电场的性质;磁场的性质;变化的磁场激发电场的规律;变化的电场激发磁场的规律,它在理论上揭示了电磁波的存在。1887 年,德国物理学家赫兹经过反复实验,发现了人们怀疑和期待已久的电磁波,轰动了全世界的科学界,证实了麦克斯韦的预言,对推动今天的通讯技术做出了划时代的贡献。

例 9(数学理论)　群理论。

数学理论中抽象群的概念本质上就是来源于描述客观事物的对称性这一美学因素,对称性的抽象分析在建立群概念以致发展群理论方面发挥了重要作用。

3. 和谐美

和谐美是数学美的又一侧面,它比对称美具有广泛性。我们生活的宇宙是和谐的,庄子(战国,约公元前 369~前 286)、毕达哥拉斯、柏拉图等均把宇宙的和谐比拟为音乐的和谐,德国天文学家开普勒甚至根据天体运行的规律把宇宙谱成一首诗。和谐也是数学美的特征之一,和谐即雅致、严谨或形式结构的无矛盾性。数学的和谐美具体表现为数学的部分与部分、部分与整体之间的和谐一致,以及数学和其他科学的和谐统一。因为一切客观事物都是相互联系的,所以,作为反映客观事物的数学概念、定理、公式、法则也是互相联系的,可能表面看来不相同,但在一定条件下可处于一个统一体之中。

例 10(数学概念)　在集合论建立之后,代数中的"运算",几何中的"变换",分析中的"函数"这三个不同领域中的基本而重要的概念,便可以统一于"映射"概念之下。

例 11(数学理论体系)　(1)数学中的公理化方法,使零散的数学知识用逻辑的链条串联起来,形成完整的知识体系,在本质上体现了部分和整体之间的和谐统一。例如,欧几里得的《几何原本》在点、线、面、体几个抽象概念和五条公设及五条公理的基础上演绎出一套公理化的理论体系,将他之前的古希腊数学成果尽收其中。

(2)布尔巴基学派的《数学原本》用结构的思想和语言来重新整理各个数学分支,从本质上揭示数学的内在联系,使之成为一个有机整体。

例 12(数学方法和结论)　(1)数学方法。

笛卡儿利用坐标的方法,使代数和几何在数学内部达到了横向的统一,建立了解析几何这门全新的学科,将几何图形与代数方程联系起来,把几何图形的直观性同代数方程的可计算性结合了起来,体现了数与形统一和谐的数学美。

(2)数学结论。

瑞士数学家欧拉在 1748 年出版的著作《无穷小分析引论》中详细研究了二次

曲线。他通过笛卡儿坐标变换,把平面上所有二次方程 $ax^2+2bxy+cy^2+dx+ey+f=0$ 所表示的二次曲线,化归为 9 种标准形式。其性质和类型取决于三个量:

$$h=a+c, \delta=\begin{vmatrix} a & b \\ c & d \end{vmatrix}, \Delta=\begin{vmatrix} a & b & d \\ b & c & e \\ d & e & f \end{vmatrix}, \delta, \Delta \text{ 是平移和旋转变换下的不变量,则有}$$

结论:

1) $\Delta \neq 0$ 时,当 $\delta>0$ 为椭圆,$\delta<0$ 为双曲线,$\delta=0$ 为抛物线;

2) $\Delta=0$ 时,当 $\delta>0$ 为椭圆,$\delta<0$ 为相交直线,$\delta=0$ 为平行或重合的两直线。

进而欧拉又把平面二次曲线标准化问题推广到空间二次曲面标准化问题,可以通过坐标变换,把空间二次曲面方程化归为 17 种标准形式。他的开创性工作说明,只要通过一定的坐标变换,任何一般方程就可以转变为标准方程,这就使得繁杂多样化为了统一。

例 13(数学公式) (1)代数中的算术平均值——几何平均值不等式、加权平均值不等式、幂平均不等式、加权幂平均不等式等著名不等式,都可以统一于一元下凸函数的琴森(J. Jensen,丹麦,1859~1925)不等式中。

下凸函数的琴森不等式:若 $f(x)$ 为区间 I 上的二阶可微下凸函数,则对任何 $x_1, x_2, \cdots, x_n \in I$,与满足条件 $\lambda_1+\lambda_2+\cdots+\lambda_n=1$ 的 n 个正数 $\lambda_1, \lambda_2, \cdots, \lambda_n$ 成立不等式

$$\lambda_1 f(x_1)+\lambda_2 f(x_2)+\cdots+\lambda_n f(x_n) \geqslant f(\lambda_1 x_1+\lambda_2 x_2+\cdots+\lambda_n x_n).$$

(2)复分析中著名的欧拉公式:$e^{i\pi}+1=0$ 将最基本的代数数 $0, 1, i$ 和超越数 e, π 用最基本的运算符号巧妙的组合在一起,可谓数学创造的艺术精品。数学中有许多常数,但 $0, 1, i, e, \pi$ 是最基本的:$0, 1, i$ 是代数学中最基本的数量,而 π 是几何中最为基本的数量,e 被称为自然常数,在描述变化率(出生率、死亡率等)的问题中经常出现,因而在分析学中扮演重要的角色。这五个最基本的常数以如此简洁的方式联系在一起,充分显示了数学内部的优美和谐。所以很多人认为欧拉公式是数学中最美的公式,极具影响力。

(3)18 世纪伟大的数学家拉格朗日的不朽著作《分析力学》被赞誉为"科学的诗"。其中包括今天称为动力系统运动的一般方程——拉格朗日方程:

$$\frac{\mathrm{d}}{\mathrm{d}t}\left(\frac{\partial T}{\partial \dot{q}_j}\right)-\frac{\partial T}{\partial q_j}=Q_j,$$

其中,t 为时间,q_j 为广义坐标,$\dot{q}_j$ 为广义速度($j=1, 2, \cdots, s$;s 为力学体系的自由度数),Q_j 为对应 q_j 的广义力,T 为力学体系的动能。这样这个公式就将牛顿力学数学化了。所以从数学形式上看,力学规律达到了尽善尽美的地步。而且拉格朗日分析力学方法的最大优点是可以选择广义坐标把各类形式的力学问题统一在一个类型之下来研究,变得十分简洁和方便。

例 14（比例）　"匀称性"的概念可以看成"对称性"的概念的自然发展,黄金分割是典型的例子。黄金分割是指事物各部分间的度量符合一定的数学比例关系:将整体一分为二,较大部分与较小部分度量之比等于整体与较大部分之比,其比值为 1∶0.618 或 1.618∶1,对线段而言,即长段为全段的 0.618。0.618 被公认为最具有审美意义的比例数字,研究表明,这种比例最能引起人产生"匀称美"的感觉,因此被称为黄金分割。

黄金分割也被誉为"人间最巧的比例"。世界上许多著名的建筑广泛采用黄金分割;一些名画的主体,电影画面的主体大多放在画面的 0.618 处,给人以舒适的美感;乐曲中较长一段一般是总长度的 0.618;弦乐器的声码放在琴弦的 0.618 处会使声音更甜美;黄金分割在优选法中也有重要的作用。

数学的和谐还表现为它能够为自然界的和谐、生命现象的和谐、人自身的和谐等找到最佳论证。哲学家卡洛斯(Poul Carus,德-美,1852～1919)曾说过:"没有哪一门科学能比数学更为清晰地阐明自然界的和谐性。"

人和动物的血液循环系统中,血管不断地分成两个同样粗细的支管,它们的直径之比,依据流体力学原理,由数学计算知,这种比在分支导管系统中,使液流的能量消耗最少。血液中的红细胞、白细胞、血小板等固体平均占血液的 44%,由数学计算可知 43.3% 是液体流动时所携带固体的最大含量。眼球视网膜上的影像经过"复对数变换"而成为视觉皮层上的"平移对称"图像,人们可以看到一个不失真的世界,这是数学变换,也是奥妙无穷的生命现象的优化。动物的头骨看上去似乎差异很大,其实它们是同一结构在不同坐标系下的表现,这是自然选择和生物进化的结果。数学在其中体现了自然界万事万物具有的和谐性。

4. 奇异美

奇异性是数学美的重要特征,这里的奇异指稀罕、出乎意料但引人入胜。

数学的发展史表明,凡在数学上使人感到奇异的结果,都是历史发展的必然,它是在已有的数学知识基础上产生出来的一种暂时还不被人们所完全理解的数学新论断,而这种新论断与已形成的传统的数学观念大相径庭。数学中的奇异性,与文学中那种奇峰突起的"神来之笔"相似,想法奇巧、怪异,却令人体会到一种奇异的美感,激发人们的探究欲望,这就是数学中的奇异美。

奇异美是数学发现、数学创新中的重要动力。数学中充满着奇异的概念、公式、图形和方法等,高度的奇异更是令人赏心悦目。

例 15（数学结论和证明）　奇异性常常和数学中的反例紧密相连,反例则往往导致人们的认识能够得以深化、数学理论得到重大发展。

（1）第一次数学危机中,无理数的发现打破了毕达哥拉斯学派"万物皆数"的观念,无疑是当时一个奇异的结果。

（2）17 世纪，人们以为一切函数都是连续的，连续性不被人所关注，当有间断点的函数出现，甚至有著名的狄利克雷函数：

$$D(x)=\begin{cases}1, & x \text{ 为有理数}, \\ 0, & x \text{ 为无理数}.\end{cases}$$

出现时，由于它在实数轴上处处有定义，但却处处间断，这种奇异性的发现使人们对连续性的美妙之处看得更清楚了。

（3）18 世纪后期的多数数学家认为，一元连续函数至少在某些点处可导（可微），然而德国数学家魏尔斯特拉斯却在 1872 年找到了一个处处连续而又处处不可导的一元函数，颠覆传统，这就给人以奇异感。人们认识到几何直观的不可靠性，从而对可微的概念有了更深刻的认识。

（4）黎曼函数

$$R(x)=\begin{cases}\dfrac{1}{q}, & \text{当 } x=\dfrac{p}{q},(q>0,p,q \text{ 为互质的整数}), \\ 0, & \text{当 } x \text{ 为无理数}.\end{cases}$$

也是一个带有奇异色彩的新发现，产生了一定的影响，黎曼函数表明存在着黎曼可积而又具有无穷多个间断点的函数。一个简单的例子，说明了一个结论，其构思令人惊叹。

例 16（数学理论） 19 世纪的代数领域、几何领域的新发现和进展同样带给人们以奇异之感，代数学中的四元数理论、几何学中非欧几何的出现等无不显示出数学的奇异美。诞生于 20 世纪的孤立子、分形与混沌理论一样挑战了传统的观点，带给人以奇妙同时引人深思的数学之奇异美。

某些数学对象的本质在没有充分暴露之前，带有某种奇异色彩，往往会产生神秘或不可思议感。例如，在历史上，虚数曾一度被看成"幻想中的数"和"介于存在和不存在之间的两栖物"；无穷小量曾长期被蒙上神秘的面纱，被英国大主教贝克莱称为"消失了量的鬼魂"；庞加莱把集合论比喻为"病态数学"；外尔则称康托尔关于基数的等级是"雾上之雾"；非欧几何在长达半个世纪的时间内被人称为"想象的几何"和"虚拟的几何"等。当然，当人们认识到这些数学对象的本质后，其神秘性也就自然消失了。

例 17（数学方法） 蒲丰投针试验是数学方法奇异性的一个典型例子。他事先在白纸上画好了一条条有等距离的平行线，将纸铺在桌上，取一些质量匀称长度为平行线间距离之半的小针，请人把针一根根随便仍到纸上，结果共投针 2212 次，其中与任意平行线相交的有 704 次，蒲丰做了一简单的除法 2212/704，然后他宣布这就是圆周率的近似值，还说投的次数越多越精确。这个试验使人震惊，圆周率和一个表面看来毫不相干的投针试验联系在一起。然而，这确实是有理论根据的。计算圆周率的这一方法新颖、奇妙而令人叫绝，充分显示了数学方法的奇异美。

新颖的方法往往带来意想不到的效果,化归法就体现了奇异美。欧拉求无穷级数 $\sum\limits_{n=1}^{\infty}\dfrac{1}{n^2}$ 和的方法、希尔伯特解决果尔丹问题(代数学中关于二次型不变量的问题)的存在性证明方法,都以其巧妙奇异且简单深刻而赢得学术界的高度赞美。

例 18(数学图形)　把一个圆形,分割成 8 份、16 份、32 份,相等的近似的三角形拼摆后,圆形神奇地转化成近似的长方形,所分的份数越多,所拼得图形越接近于长方形。曲与直的这种转化,在生活中可以找到它的实例:砌墙用的一块块方砖面是长方形,可以砌成横断面近似是圆形的烟囱;把用方砖砌成的横断面近似是圆形的烟囱拆开,又可以得到各面均为长方形的一块块方砖。

例 19(数学猜想)　勾股定理 $x^2+y^2=z^2$ 有非零的正整数解(例如,勾股数:3,4,5;5,12,13 等),其一般解为:$x=a^2-b^2$,$y=2ab$,$z=a^2+b^2$,其中 $a>b$ 为一奇一偶的正整数。那么三次不定方程 $x^3+y^3=z^3$ 有没有非零的整数解?

著名的费马定理的内容是:$x^n+y^n=z^n$,当 $n>2$ 时没有正整数解!法国数学家费马在读丢番图的《算术》时将之写在书的边上,在此后的 300 年一直是一个悬念。18 世纪最伟大的数学家欧拉证明了 $n=3,4$ 时定理成立。后来,有人证明当 $n<105$ 时定理成立。20 世纪 80 年代以来,费马定理取得了突破性的进展。1995 年,英国数学家维尔斯(A. Wiles,1953~)用 108 页论文证明了费马定理。

在解决费马定理的过程中,大量的数学方法、数学理论被挖掘,全新的数学思想被提出,希尔伯特评价费马定理是一只"会下金蛋的鸡"。对于数学奇异美的追求驱使人们继续猜测当 $n\geq4$ 时,不定方程 $x_1^n+x_2^n+\cdots+x_{n-1}^n=x_n^n$ 是否有非平凡整数解?

例 20(数学概念)　(1)无限数量的比较。

在初等数学中,常用数数的方法来区分有限和无限,用反证法来把握无限。在高等数学中,采用映射理论,通过建立两个集合之间的映射,提供了研究无限的方法。

自然数集合 $\{1,2,3,\cdots,n,\cdots\}$ 中元素的个数是无限的,偶数集合 $\{2,4,6,\cdots,2n,\cdots\}$ 中元素的个数也是无限的,而偶数集合是自然数集合的子集。数学上通过一一映射 $f(n)=2n$,神奇地发现自然数的个数与偶数的个数相等。同理,自然数集合与奇数集合也可以通过一一映射 $f(n)=2n-1$,得出两个集合的元素一样多的事实。这与有限世界中整体大于部分的概念迥然不同。

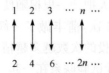

自然数的个数与偶数的个数相等

通过建立一一映射,还可以得到两条长度不同的线段上的点的个数一样多;两个半径不同的同心圆上的点一样多(图 7.2.1)。

进一步,还可以证明有理数的个数与自然数的个数一样多;(0,1)上点的个数比自然数的个数多;自然数的所有子集所成的集合个数与(0,1)上点的个数一样多。

数学上定义集合 A 与 B 基数相等是指如果 A,B 之间存在一一对应关系(一一映射),记为 $\overline{A}=\overline{B}$。显然基数概念推广了个数的概念。人们已经证明了自然数集合是基数最小的无穷集合。

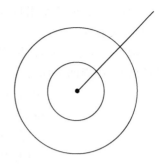

图 7.2.1 两个半径不同的同心圆上的点一样多

(2)正整数的奇异性质。

下面来了解一下正整数中的完美数、梅森数、回文素数、孪生素数的奇异与美妙,再由素数分布的若干特点体会人类对审美的追求,感受正整数中的美学价值。

1)完美数

如果一个正整数其各因数(不计它自己)之和恰为它本身,这种数称为**完美数**。6,28,496,8128 是人们在 2000 年前知道的四个依次从小到大排列的完美数。前 8000 多个正整数中才有四个完美数,很稀罕、很奇异。1538 年人们才发现第五个完美数 33550336,又过了 50 年,才发现第六个完美数 8589869056。到今天也只找到四十多个完美数。尽管目前完美数在现实生活中还没有发现有什么特别的用途,但是它的奇异特性吸引了许多人。

2)梅森(Mersenne)数

在探寻完美数时,欧几里得发现它可能是形如 $2^{n-1}(2^n-1)$ 的数。

对于 $C_n=2^{n-1}(2^n-1)$,易验证 $C_2=6,C_3=28,C_5=496,C_7=8128$,而 C_2,C_3,C_5,C_7 恰好是最小的四个完美数。而 C_8,C_9,C_{10},C_{11} 都不是完美数,$C_{13}=2^{12}(2^{13}-1)=33550336,C_{17}=2^{16}(2^{17}-1)=8589869056$ 才分别是第五、第六个完美数。

对这六个完美数的观察发现,$n=2,3,5,7,13,17$ 都是素数,此外,还可发现此时 2^n-1 都是素数。欧几里得曾猜测:若 n 和 2^n-1 同是素数时,$C_n=2^{n-1}(2^n-1)$ 是完美数。这样,形如 2^n-1 的素数就与完美数有十分密切的关系了。形如 2^n-1 的数被称为**梅森数**,并记为 $M_n=2^n-1$(如果梅森数为素数,则称为梅森素数)。

美国的一个研究小组于 2013 年初发现了第 48 个梅森素数——$2^{57885161}-1$,该素数也是目前已知的最大素数,有 17425170 位之多。2300 多年来,人类仅发现 48 个梅森素数。由于这种素数珍奇而迷人,因此被誉为"数海明珠"。梅森素数的研究在代数编码等应用学科中能派上用场。但是,长久以来,对这种素数的研究并非由应用而推动的,而常常出自人们对奇异美的欣赏与追求。

3) 回文素数

中国古诗作中有一种"回文诗",这种诗完全反过来念也成一首诗,例如,宋朝苏轼的《题金山寺回文体》:

> 潮随暗浪雪山倾,远浦渔舟钓月明。
> 桥对寺门松径小,槛当泉眼石波清。
> 迢迢绿树江天晚,霭霭红霞晓日晴。
> 遥望四边云接水,雪峰千点数鸥轻。

把这首诗从最后一个字"轻"起反过来念,即成:

> 轻鸥数点千峰雪,水接云边四望遥。
> 晴日晓霞红霭霭,晚天江树绿迢迢。
> 清波石眼泉当槛,小径松门寺对桥。
> 明月钓舟渔浦远,倾山雪浪暗随潮。

数学中也有"回文素数"。**回文素数**指既是素数又是回文数(一个数逆序以后还是这个数本身)的整数。例如,11,101,131,151,181,191,313,353,373,383,727,757,787,797,919,929 都是回文素数。人们以像做回文诗那样的兴趣去计算和研究回文素数。两位数的回文素数有 1 个,三位数的回文素数有 15 个,五位数的回文素数有 93 个,七位数的回文素数有 668 个,九位数的回文素数有 5172 个……究竟有多少回文素数,是否无穷多个,至今还不清楚。

4) 孪生素数

连续的两个奇数都是素数的情形引起人们极大的兴趣。例如,3 与 5,5 与 7,11 与 13 都是连着成对出现的素数,人们称这种连续出现的一对素数为**孪生素数**。数学化的说法便是:当 p 与 $p+2$ 同为素数时,称 p 与 $p+2$ 为一对孪生素数。如:29,31;71,73 是两位数的孪生素数;101,103;137,139 是三位数的孪生素数;3389,3391;4967,4969 是四位数的孪生素数;但要找出十位数以上的孪生素数就十分不容易了,如 99999999959,99999999961;1000000009649,1000000009651;20 世纪 70 年代末发现了更大的孪生素数:$297 \times 2^{546} - 1$,$297 \times 2^{546} + 1$,随之又发现 $1159142985 \times 2^{2304} - 1$,$1159142985 \times 2^{2304} + 1$。

已经知道,十万以内的孪生素数有一千多对,一亿以内的孪生素数有十万对以上。希尔伯特在 1900 年国际数学家大会上提出的 23 个问题中的第 8 个问题就包括了"孪生素数猜想"——存在无穷个孪生素数。很多人认为孪生素数猜想和哥德巴赫猜想是紧密相关的,其证明难度也相仿。2013 年 4 月,美籍华裔数学家张益唐(1955～)成功证明了存在无穷多个差值小于 7 千万的素数对,在数世纪无数世界顶尖数学家为之奋斗而未有本质进展的问题上迈出了一大步,首次证明了弱版本的孪生素数猜想,取得惊人突破。

5) 素数分布的若干特点

古希腊的欧几里得已经用反证法证明了素数有无穷多个。19 世纪，人们证明了对任何自然数 n，在 n 与 $2n$ 之间至少有一个素数。然而，人们还发现素数虽有无穷多个，分布却比较稀疏，素数的分布状况成了数学要研究的重要问题之一。显然，孪生素数的状况在一定程度上反映了素数分布的某种特点。

已知，当 $n=10$ 时，不超过 10 的素数有 4 个。把不超过 n 的素数个数记为 $\pi(n)$，那么，$\pi(10)=4$，$\pi(100)=25$，$\pi(1000)=168$，而且，马上可得出

$$\frac{\pi(10)}{10}=\frac{4}{10}\leqslant\frac{1}{2},$$

$$\frac{\pi(100)}{100}=\frac{25}{100}\leqslant\frac{1}{4},$$

$$\frac{\pi(1000)}{1000}=\frac{168}{1000}\leqslant\frac{1}{5},$$

以及

$$\frac{\pi(10000)}{10000}\leqslant\frac{1}{8},$$

$$\frac{\pi(100000)}{100000}\leqslant\frac{1}{10},$$

······

于是，比值 $\frac{\pi(n)}{n}$ 引人注目，这个比值既从一个重要的侧面反映了素数分布，又将进一步回答"素数有多少个"的问题。通过试验，人们发现 $\frac{\pi(n)}{n}$ 与 $\frac{1}{\ln n}$ 这两个数似乎是越来越靠近。高斯猜想：$\frac{\pi(n)}{n}\sim\frac{1}{\ln n}$（当 $n\rightarrow\infty$），这是一个十分卓著的发现，人们惊异于两个看起来毫无关联的概念，竟然如此密切地沟通起来。为了证明这一优美神奇的猜想，数学家们花了近百年的时间。现在，可以很准确地说，当 n 充分大时，前 n 个正整数中的素数约有 $\frac{n}{\ln n}$ 个，或约占 $\frac{1}{\ln n}$。

将素数的个数问题与一个对数值联系起来是猎奇，也是审美。在似乎是杂乱无章的素数分布上，人们看到了许多奇特的规律，数学奇异美的追求在其中绽放光芒。

7.2.2 数学美的地位和作用

数学美对数学本身及其他科学均起到重要的方法论的作用。数学美学理想是数学研究最有力、最高尚的动机。具有这种理想的人，对数学能够表现出极大的热忱和献身精神。在这种理想的指引下，数学家把自己的一生陶醉于数学理论的探

求之中。数学家的审美理想、审美能力,在数学研究中起着重要的作用。

1. 启迪自然科学的重要因素

数学家的创造发明从数学美那里得到契机,其他自然科学的发现也需要数学美的启迪。例如,英国著名物理学家狄拉克认为他的科学发现,都得力于对数学美的追求。1931 年,狄拉克出于对数学上的对称美的考虑,大胆地提出了反物质的假说,认为真空中的反电子就是正电子。1932 年,美国物理学家安德逊(C. D. Anderson,1905~1991)在宇宙线中发现了正电子,从而证实了狄拉克的这一科学假说。从数学美的完美程度还可以判断自然科学理论的真理性程度。狄拉克认为,相对论的数学特征是非欧几何,而量子力学的数学特征是非交换代数,这样根据数学上的完美程度,就可大致估计理论物理发展所达到的水平。

2. 评价数学理论的重要标志

在反映客观世界量的规律时,人们可以用不同的方法,建立起不同的数学理论体系。在这众多的理论体系之中,经过历史的进程,有的被淘汰,有的被流传下来,有的得到进一步的发展。如果某一数学理论符合数学美的一系列美学标准,那么这个理论就有更强大的生命力,就能得以流传和发展,否则就被遗弃和淘汰。例如,简洁性与和谐性是评价数学理论的两个重要美学标准,如果能从某个学科领域找到最少的原始概念和原始命题,并且由此出发,可以用逻辑演绎的方法导出这一学科领域的一切概念和一切命题,那么这些原始概念和命题,对这门学科来说,就是数学家寻求这门学科统一的基础,也是数学家所追求的美的境界。以概率论为例,由于人们对概率概念的不同理解,所以所建立起的理论体系也不完全一样。在这些理论体系中,最使人认同的是柯尔莫哥洛夫建立在公理集合论上的概率论体系。这个体系显示出了数学的简洁与和谐,把概率论建立在一个严格的逻辑基础上,给人以美的享受。

3. 驱动数学发展的内在动力

数学美给予数学探索者以内驱动力。非欧几何的创立就是一个有力的证明。两千年来,数学家为欧氏几何第五公设进行了艰苦的研究,最终导致非欧几何产生。根本原因在于第五公设不符合简洁性这一美学特征。对于集合论,目前存在两种公理系统:形式化公理系统和朴素的公理化集合论。关于数学公理化方法的研究,布尔巴基学派按照结构主义的观点来重新整理各个数学分支,希望建立一个囊括各数学分支的整体系统。对于这些高度抽象的理论体系,均需要受到几乎一切审美因素的支配。正如法国数学家阿达马所说:"数学家的美感犹如一个筛子,没有它的人,永远成不了发明家。"

数学美既然有这么重要的作用,我们应该注意数学审美能力的培养,一方面通过数学的学习、研究的实践形成,另一方面要自觉地通过数学的审美实践和审美教育来培养。譬如学习美学的基本知识,懂得一定的艺术规律。马克思说过:"你想得到艺术的享受,你本身必须是一个有艺术修养的人。"懂得基本的美学知识,掌握数学美的特点,你才能感受美,欣赏美,从而进一步理解美的真正含义。

如果说数学的真表征着数学的科学价值,数学的善表征着数学的社会价值,那么数学的美则表征着数学的艺术价值。培养数学的审美能力最重要的途径就是投身于数学的创造实践之中。研究数学是一种艰苦的创造性的劳动,创造是智慧的花朵,它需要勇气和毅力,它需要强烈的对美的追求和浓厚的数学审美意识。在与数学接触的过程中,如果具有广泛的审美活动,那么就会使我们更加热爱数学;如果这种活动不断深入,甚至会使我们产生充满活力的数学理想,进而有所成就。

中国古代曾是一个数学水平很高的国家,历史证明,中国人是擅长数学的。新的世纪里,有人预言中国将成为数学大国,繁荣昌盛的中国需要数学。

思 考 题

1. 从你所学的高等数学或初等数学中举例说明各种数学美。

2. (1) 用反证法证明$\sqrt{2}$是无理数,体会其中数学证明方法的简洁美;

　*(2) 说明为什么在复变函数论中一条直线可以看成是半径无穷大的圆,其中蕴涵了哪种数学美?

3. 阐述黄金分割在现实生活中的用途,特别是在优选法中的作用。

4. 单位圆周与直线上的点个数哪个多? $(0,1)$与$(0,+\infty)$中点的个数哪个多? 为什么?

5. 费马定理的内容是什么? 最终结果如何?

名 人 小 撰

1. 用群论观点统一几何学的数学家——克莱因(F. Klein,1849~1925),德国近代伟大的数学家。

在 19 世纪与 20 世纪之交,耸立着三位伟大的数学家——克莱因、庞加莱、希尔伯特,他们反射着 19 世纪数学的光辉,并照耀着 20 世纪数学前进的道路。

1849 年 4 月 25 日,克莱因出生于德国莱茵河畔的杜塞尔多夫村。16 岁进入波恩大学学习生物,其才能得到数学家普吕克(J. Plücker,1801~1868)的赏识。1866~1868 年,克莱因成为普吕克的博士,1869~1886 年历经哥廷根大学、柏林大学、爱尔兰根大学、慕尼黑工业大学、莱比锡大学,开始了他的数学家生涯。1886 年,克莱因受聘到哥廷根大学,一直工作到 1913 年退休。1908 年,他被选为在意大利罗马召开的国际数学家大会主席。1925 年 6 月 22 日,克莱因逝世。

在哥廷根大学工作期间,克莱因作为卓越的组织者,广揽人才,使哥廷根这所具有高斯、黎曼传统的德国大学更富有科学魅力,吸引了包括希尔伯特在内的一批有杰出才华的年轻数学家。不到 20 年,哥廷根大学成为了名副其实的世界数学中心。

1872 年,克莱因任爱尔兰根大学教授,发表了他的著名演讲《关于新近几何学研究的比较考察》,论述了变换群在几何中的主导地位,提出了爱尔兰根纲领,对几何学的发展产生了深远的影响,这是他最为人所知的贡献。克莱因的研究领域宽广,贯穿了几何、代数、复分析、群论和数学物理等多个方面,他一直主张纯粹数学与应用数学的统一,数学与物理、力学的统一,在数学内部则主张各个分支的统一。他认为自己最大的贡献正是在复分析、代数与几何的统一上所做出的努力。在方法论上,他主张逻辑思维与几何直觉的统一。他还特别关心数学教育的发展,例如他一百年前就倡导高中学生必须懂得微积分,他认为非如此就不可能接受当代科学的成就,这一点在 21 世纪开始之时已经成了全世界数学教育界的共识。

2. 19 世纪末 20 世纪初世界数学的领袖——庞加莱(H. Poincaré,1854~1912),法国近代伟大的数学家。

1854 年 4 月 29 日,庞加莱出生于法国南锡的一个显赫的家族里。他童年体弱多病,对数学的特殊兴趣大约开始于 15 岁,但很快就显露了非凡的才能。从此,他习惯于一边散步,一边解数学难题,并保持终生。1873 年,庞加莱进入巴黎综合工科学校,1875~1878 年,在国立高等矿业学校学习工程,准备当一名工程师,但与兴趣不符。1879 年,庞加莱在矿业学校取得采矿工程师学位,同年,关于微分方程的论文使他得到了巴黎大学科学博士学位。毕业后,他应聘到科恩大学任教,后转入巴黎大学,1882 年任巴黎大学的教授,1906 年当选为法国科学院主席,1908 年当选为法兰西学院院士,1912 年 7 月 17 日卒于巴黎。

庞加莱涉及数论、代数、几何、拓扑等许多领域,最重要的工作是在分析学方面,是继欧拉、柯西之后最多产的数学家——500 篇科学论文和 30 本科学专著,开辟了微分方程、动力系统、代数拓扑、代数几何等新方向的研究,成为 19 世纪末和 20 世纪初世界数学的领军人物,对数学及应用具有全面了解、能够纵观全局的最后一位大师。1905 年,匈牙利科学院颁发 10000 金克朗的鲍耶奖,以奖励在过去 25 年间为数学发展做出过最大贡献的数学家,此奖非庞加莱莫属。

庞加莱的哲学著作《科学与假设》《科学的价值》《科学与方法》文笔非常出色,得到广泛的赞赏,被译成多种文字出版,产生了重大的影响。在 1905 年出版的《科学的价值》一书中,庞加莱说:"追求真理应该是我们活动的目标,它是值得我们活动的唯一目的。毫无疑问,世界一日不灭,痛苦终身不能已。如果我们希望越来越多地使人们摆脱物质烦恼,那正是因为他们能够在对真理的研究和思考之中享受到自由。"

沃尔泰拉(V. Volterra,意,1860~1940)评价说:"我们确信,庞加莱一生中没有片刻的休息。他永远是一位朝气蓬勃、健全的战士,直至他逝世。"阿达马则认为:庞加莱整个地改变了数学科学的状况,在一切方向上打开了新的道路。

3. 哥廷根学派的灵魂人物——希尔伯特(D. Hilbert,1862~1943),德国近代伟大的数学家。

1862 年 1 月 23 日,希尔伯特出生于东普鲁士的哥尼斯堡。1880 年,他不顾父亲让他学习法律的意愿,而进入哥尼斯堡大学攻读数学。在大学期间,希尔伯特与赫尔维茨,闵可夫斯基结下了深厚友谊。1884 年获得博士学位,1893 年任哥尼斯堡大学教授。1895 年,转入哥廷根大学任教授,1902 年起一直担任德国《数学年刊》主编,1910 年荣获匈牙利科学院第二届鲍耶奖,1939 年获得由瑞典科学院第一次颁发的米塔-列夫勒奖。

希尔伯特是对 20 世纪数学有深刻影响的数学家之一。他与克莱因一道,使哥廷根这座因为高斯逝世而日渐衰落的大学恢复了青春,重新回到充满激情的时代。在他的身边,很快聚集了一大群年轻的数学家和物理学家,培养了一批对现代数学发展做出重大贡献的杰出数学家。他领导了著名的哥廷根学派,使哥廷根成为世界数学中心。希尔伯特的主要工作有:不变量理论、代数数域理论、几何基础、变分法与积分方程、物理学、一般数学基础等。

希特勒(A. Hitler,奥-德,1889~1945)上台后,疯狂迫害犹太人,曾经盛极一时的哥廷根学派衰落了,希尔伯特在极其孤寂的气氛下度过了生命的最后岁月,1943 年 2 月 14 日在悲愤交加中逝世。

1900 年,在第二届国际数学家大会上,希尔伯特作了大会报告,他提出的 23 个问题曾引领了数学的发展方向,但 20 世纪数学的发展远远超出了这些问题所涵盖的范围。这些问题没有包括拓扑学、微分几何等在 20 世纪成为前沿学科领域中的数学问题且很少涉及应用数学。希尔伯特在一次题为《认识自然和逻辑》演讲的最后说:"我们必须知道,我们必将知道。"这句话成为激励数学家们奋进的名言。库朗在纪念希尔伯特诞生 100 周年的演说中指出:"希尔伯特那有富于感染力的乐观主义,即使到今天也在数学中保持着它的生命力。唯有希尔伯特的这种精神,才会引导数学继往开来,不断成功。"

第8章 世界数学中心与数学国际

只有将数学应用于社会科学的研究之后,才能使得文明社会的发展成为可控制的现实。

——怀特黑德(A. N. Whitehead,1861~1947,英国数学家,逻辑学家)

学习数学史倒不一定产生更出色的数学家,但它产生更温雅的数学家,学习数学史能更丰富他们的思想,抚慰他们的心灵,并且培养他们高雅的素质。

—— 萨顿(G. Sarton,1884~1956,美籍比利时科学史家)

近代科学史表明,世界科学活动的中心曾相继停留在几个不同的国家。就数学而言,一个国家或地区一旦成为世界科学活动的中心,这个国家或地区就会数学人才辈出,数学发展走在前沿。

数学作为一门科学,没有国界,其发展需要国际交流与合作,所以国际数学组织、国际数学大会、国际数学奖、国际数学竞赛应运而生。

8.1 世界数学中心及其变迁

纵观数学史,在生产发展、社会变革、思想解放等诸多因素的影响和作用下,常常有这样的情形:一段时期,在某一个地域,集中了大批优秀的数学人才,数学在那里得到长足的发展,水平居世界领先。各地的数学工作者,向往和来到这一地域学习或工作。人们称这一地域为这一时期的"世界数学中心"。

历史上的世界数学中心,基本上与世界上政治、经济繁荣的地域是相吻合的。随着社会政治、经济中心的迁移,世界数学中心也往往会随之迁移。大致迁移的主线是:从公元前5世纪~公元3世纪的古希腊地区,到3世纪~15世纪的东方(中国、印度、阿拉伯地区),再到15世纪~21世纪的西方(意大利、英国、法国、德国、美国)。

以下是世界数学中心所在的地域、时期以及代表人物的大致情况。

1. 古希腊地区(公元前5世纪~公元3世纪)

公元前5世纪~公元3世纪,古希腊成为当时古代奴隶制社会鼎盛的中心。

代表人物:泰勒斯、毕达哥拉斯、阿拿萨哥拉(Anaxagoras,前488~前428)、欧多克索斯(Eudoxus of Cnidus,约前400~前347)、欧几里得、阿基米德、阿波罗尼奥斯、丢番图等。

公元 3 世纪以后,连年的战乱加之基督教在罗马被奉为国教后,希腊学术被视为异端邪说,对异教者大加迫害,学校遭到封闭、图书馆被付之一炬,古希腊数学辉煌不再,自此走向衰落。

2. 中国、印度、阿拉伯地区(3 世纪～15 世纪)

3 世纪～15 世纪,中国、印度、阿拉伯地区这些国家和地区是当时封建经济的繁荣地。

代表人物:

中国:刘徽、祖冲之、秦九韶、杨辉、沈括、李冶、朱世杰。

印度:阿耶波多第一、婆罗摩笈多、马哈维拉(Mahāvira,9 世纪)、婆什迦罗第二。

阿拉伯地区:花拉子米、奥马·海亚姆。

3. 意大利(15 世纪～17 世纪)

14 世纪至 16 世纪在欧洲兴起的文艺复兴运动带来了意大利科学的春天,意大利成为近代科学活动的第一个中心。

代表人物:达·芬奇、塔尔塔里亚、卡丹,弗尔拉里、卡瓦列利。

这一时期,法国也出现了一些世界著名的数学家,例如,韦达、笛卡儿和费马。

4. 英国(17 世纪～18 世纪)

17 世纪英国的资产阶级革命带来的海上霸权,使得英国成为了近代科学活动的第二个中心。在这个中心区,英国造就了以近代科学奠基人牛顿为代表的一大批杰出的数学家,就微积分这一数学领域而言,在这个时期做出重大贡献的除了牛顿,还有沃利斯、巴罗、泰勒、麦克劳林。还有早期发现对数的纳皮尔。

这一时期出现的数学家的杰出代表还有德国的莱布尼茨,瑞士的雅各布·伯努利、约翰·伯努利。

因为狭隘地固守自己的传统,18 世纪后期英国的世界数学中心的地位逐渐丧失。

5. 法国(18 世纪～19 世纪前半叶)

18 世纪法国的启蒙运动及资产阶级大革命引来了法国科学的繁荣,巴黎成为当时世界学术交流的中心。良好的学术环境,使得法国的数学人才大量涌现。

　　代表人物：达朗贝尔、拉格朗日、拉普拉斯、蒙日、勒让德、柯西、傅里叶、伽罗瓦等，他们取得的成果占当时世界重大数学成果总数的一半以上。

　　这一时期出现的数学家的杰出代表还有瑞士的数学大家欧拉、丹尼尔·伯努利、有"数学王子"之称的德国数学家高斯。

　　6. 德国（19 世纪后半叶～20 世纪 30 年代）

　　德国科学技术的起步比英国和法国都要晚，但在法国自 1830 年七月革命以后科学技术开始走向相对低潮的时候，德国的经济和社会变革却使它的革命技术迅速崛起。19 世纪 60 年代，德国的经济实力超过了英国和法国，1871 年统一战争的胜利，标志着近代德国已经跻身于资本主义强国之列。

　　代表人物：狄利克雷、黎曼、魏尔斯特拉斯、康托尔、克莱因、希尔伯特以及克莱因和希尔伯特共同创立的哥廷根学派（附录 1）。

　　此外，这个时期的法国数学仍很兴盛，代表人物包括勒贝格、庞加莱、嘉当等。

　　据统计，在这个数学中心，仅德国数学家做出的重大成果，就占当时世界重大数学成果总数的 42% 以上，杰出的数学家多如繁星。

　　7. 美国（20 世纪 40 年代～至今）

　　20 世纪初，美国向世界开放，广揽人才。高度发达的资本主义社会，优越的移民政策使得美国成为第二次世界大战后的世界数学中心。

　　杰出的代表人物和他们的研究领域如下：

冯·诺依曼（J. Von Neumann，匈-美，1903～1957）：数学、物理、计算机；

诺特（女，A. E. Noether，德，1882～1935）：代数；

波利亚（G. Pólya，匈-美，1887～1985）：数学教育；

外尔（H. Weyl，德，1885～1955）：数学、数学物理；

库朗（R. Courant，德-美，1888～1972）：数理方程、应用数学；

哥德尔（K. Gödel，奥-美，1906～1978）：数学、逻辑学、数学哲学；

韦伊（A. Weil，法，1906～1998）：数学、数学史；

陈省身（中-美，1911～2004）：微分几何，

等等。在美国学习和工作的数学家中有多人获得菲尔兹奖。

　　这期间，20 世纪 50～60 年代法国的布尔巴基学派（附录 1）也盛极一时。

　　从世界数学中心的大致迁移情况，我们不难看出：数学的发展离不开社会经济的发展，离不开稳定的社会环境，也离不开国家开明的政策和良好的用人机制，更离不开数学家们的刻苦钻研，开拓创新，无私奉献的精神。

8.2 国际数学组织与活动

8.2.1 国际数学联盟

1893 年,为纪念意大利航海家哥伦布(C. Colombo,1451~1506)发现美洲大陆 400 周年,美国芝加哥举办了"世界哥伦布博览会",安排了一系列的科学与哲学会议,共有 45 名数学家到会。德国哥廷根大学的著名数学家克莱因给大会带来了许多欧洲数学家的论文,并作了题为《数学的现状》的演讲,呼吁建立国际数学联盟,他说:"具有极高才智的人物在过去开始的事业,我们今天必须通过团结一致的努力和合作以求其实现⋯⋯数学家必须继续前进,他们必须建立数学联盟,而我相信当前芝加哥的这次国际会议将是在这一方向迈出的第一步。"

克莱因的报告产生了深远的影响,四年后第一届国际数学家大会召开。但克莱因所倡导的国际数学联盟的建立却历经曲折。

1920 年,在法国斯特拉斯堡举行的第六届国际数学家大会上,法、英等 11 个国家的代表发起成立了最早的国际数学联盟,但由于排斥了德国等第一次世界大战战败国的数学家参加,这个联盟并不具备真正的国际性,工作开展也不顺利,1932 年即宣告解体。第二次世界大战结束以后,1950 年,22 个国家的数学团体在美国纽约重新发起成立国际数学联盟(International Mathematical Union,IMU),1952 年,IMU 在意大利罗马正式举行了成立大会。

IMU 的宗旨是鼓励和支持有助于数学科学发展的国际数学研究与数学教育活动,促进国际间的数学研究合作,支持和资助四年一度的国际数学家大会和有关的学术会议。1962 年以后还负责组织召开国际数学家大会以及评选菲尔兹奖等。IMU 的执委会由选举产生,设主席 1 人,副主席 2 人,秘书长 1 人,执委 3~5 人,任期 4 年。

IMU 及其下属的委员会除了主办每四年一次的国际数学家大会外,每年还资助召开专业性或地区性学术会议。它的主要出版物有《国际数学联盟通报》和《世界数学家人名录》等。到 1995 年,就已有 59 个国家和地区成为该联盟的成员,目前,IMU 有 65 个成员国。今天的 IMU 在促进国际数学交流与合作方面发挥着核心作用。

中国是在 1986 年恢复了在 IMU 的合法地位,共有 5 票投票权(中国数学会占 3 票,中国台北数学会占 2 票),属于最高等级——第 V 等,第 V 等的国家还有美、俄、英、法、德、日六国,是数学研究和数学活动开展水平最高的国家。IMU 的第 14 次成员国代表大会于 2002 年 8 月 17~18 日在中国上海举行,46 个国家和地区的 110 名代表和观察员到会。中国方面参加会议的有中国数学会的代表马志明(1948~)、张恭庆(1936~)和李大潜(1937~)三位院士,以及中国台北数学会的两位代表和香港地区的一位代表。此次会议,两院院士(中国科学院与第三世界科学院)的马志明教授当选为 2003～2006 年度的 IMU 执委会委员,这是我国代表第一次进入该执委会。北京大学的张继平教授(1958～)当选为执委会下属的发展与交流委员会委员,中国科学院的李文林教授(1942～)当选为国际数学史委员会委员。

8.2.2 国际数学家大会

19 世纪末,数学取得了巨大的进展。数学研究领域不断深化,学科分支不断增加,数学杂志已有 900 种之多,新思想、新概念、新方法、新结果层出不穷。面对琳琅满目的文献,连第一流的数学家也深刻感受到加强国际交流与合作的重要性,他们迫切希望直接沟通,以便尽快把握发展态势。在众多数学家的努力和呼吁下,国际数学家大会应运而生。

1897 年元旦,瑞士苏黎世联邦工业大学教授闵可夫斯基等 21 位数学家发起召开国际数学家大会(International Congress of Mathematicians, ICM)。1897 年 8 月 8 日,首届 ICM 在瑞士的苏黎世召开,来自 16 个国家的 208 位代表与会,庞加莱和克莱因等数学家作了报告。在 3 天的会期中,代表们讨论确定了许多重大的问题,特别是确定了组织国际会议的主要目的:促进不同国家数学家的个人关系;探讨数学的各个分支的现状及其应用,提供一种研究特别重要问题的机会;提议下届会议的组织机构;审理如文献资料、学术术语等需要国际合作的各种问题。

20 世纪伊始,人们都把目光投向未来。科学技术在酝酿新的突破,政治势力在勾画新的国际阵营。数学的发展将是一个什么样的图景呢? 1900 年 8 月 6 日,第二届 ICM 在法国巴黎举行。8 月 8 日,年仅 38 岁的德国数学家希尔伯特走向讲台,他的第一句话就紧紧地抓住了所有的与会者:"我们当中有谁不想揭开未来的帷幕,看一看在今后的世纪里我们这门科学发展的前景和奥秘呢? ……一个伟大时代的结束,不仅促使我们追溯过去,而且把我们的思想引向那未知的将来。"接着,他向到会者,也是向国际数学界提出了 23 个数学问题(附录 2),这就是著名的希尔伯特演讲《数学问题》。这一演讲,已成为世界数学史的重要里程碑,为国际数学家大会的历史谱写了辉煌的一页! 100 多年来,人们把解决希尔伯特的问题,哪怕是其中的一部分,都看成至高无上的荣誉。现在,这 23 个问题约有一半已获得了解决,有一些已经取得了很大进展,有些则收效甚微,但仍然吸引数学家去寻找它的答案。

1900 年的 ICM 成为名副其实的迎接新世纪的会议,具有重大的意义。此后,ICM 除两次世界大战期间外(1916 年和 1940～1950 年中断举行),每隔四年举行一次。

1950 年,第二次世界大战后的第一届 ICM 在美国坎布里奇举行,共有 2000 多名代表参会,是 1897 年首届大会与会人数的 10 倍,这标志着 ICM 已真正成为世界性的会议。在这次会议前夕,国际数学联盟(IMU)成立,自此,ICM 走向正轨。

现在,ICM 已是规模最大,水平最高的全世界数学家最重要的学术交流盛会了,素有"国际数学奥运会"之称。每次大会的平均与会者达 3000 人左右。每次大会一般都邀请一批杰出数学家分别在大会上作 1 小时的学术报告和学科组的分组会上作 45 分钟学术报告,凡是出席大会的数学家都可以申请在分组会上作 10 分钟的学术报告,或将自己的论文在会上散发。会议邀请的 1 小时大会综述报告和专业组的 45 分钟学术报告,一般被认为代表了近期数学科学中最重大的成果与进展而受到高度重视。被指定作 1 小时综述报告是一种殊荣,报告者是当今最活跃的一些数学家,其中有不少是过去或未来的菲尔兹奖获得者。另外,每次大会开幕式上同时举行颇具声誉的菲尔兹奖的颁奖仪式,由东道国的重要人士(当地市长、所在国科学院院长、甚至国王、总统),或评委会主席颁奖,由权威的数学家来介绍得奖人的杰出工作,更使历届 ICM 成为数学界乃至舆论界瞩目的盛事。

熊庆来(1893~1969)曾出席 1932 年苏黎世 ICM,是中国数学家第一次参加 ICM。1986 年以前,华罗庚、陈景润、冯康(1920~1993)曾被邀请参加 ICM,均因中国代表权问题而未能成行。1986 年以后历届 ICM,都有中国学者与会及做 45 分钟报告。1986 年是吴文俊(1919~),1990 年是田刚(1958~)和林芳华(1959~),1994 年是张恭庆、马志明、励建书(1959~)和李骏,1998 年是张寿武(1962~)、阮勇斌(1963~)、夏志宏(1962~)和侯一钊(1962~)。

第 24 届 ICM(简称 ICM 2002)于 2002 年 8 月 20~28 日首次在中国北京举行,来自 104 个国家和地区的 4157 位数学家(其中我国内地数学家 1965 位)到会,是历届 ICM 最多的。时任中国国家领导人江泽民、李岚清、温家宝等出席了开幕式,江泽民主席应邀为本届菲尔兹奖获得者颁奖。陈省身任大会名誉主席,吴文俊任主席。大会期间,约 1300 名数学家作了学术报告,此外还安排了 46 个卫星会议。为了使公众更好地了解数学,加强数学与社会的联系,大会期间共组织了四场公众报告:我国首届国家最高科技奖获得者吴文俊院士,诺贝尔奖获得者、美国普林斯顿大学的约翰·纳什教授,美国纽约大学的玛丽·普瑞(M. Poovey)教授,世界著名科学家、英国剑桥大学的史蒂芬·霍金(S. Hawking)教授分别作了公众报告,这些报告产生了广泛而热烈的反响。中国作为东道主,中国籍数学家田刚院士和旅美华裔学者肖荫堂(1943~)、张圣蓉(1948~)在全体大会上作 1 小时报告,有 11 位中国内地数学家,8 位中国内地赴海外数学家,2 位旅居海外的华裔数学家在大会上作 45 分钟报告,数量是历届 ICM 中最多的,表明了中国数学地位的上升。ICM 2002 取得了巨大的成功,得到了国际数学界高度评价,它将以 21 世纪数学界的首次最高盛会和历史上第一次在发展中国家举办的数学家大会而载入史册(图 8.2.1 和图 8.2.2)。

图 8.2.1　第 24 届"国际数学家大会"会标　　　图 8.2.2　ICM2002 纪念邮资明信片 JP108

2010 年 8 月 19～27 日,第 26 届 ICM 在印度海德拉巴举行。中国科学院院士、山东大学的彭实戈教授(1947～)应邀在大会上做 1 小时报告,他因在"倒向随机微分方程理论及在金融数学中的应用"方面的贡献获此殊荣,在 ICM 历史上,彭实戈院士是第一位被邀请做 1 小时报告的大陆全职任教的数学家,这是中国数学家的荣誉,也说明中国在数学领域的研究已得到国际数学界的认同,是中国数学崛起过程中的一大步。

8.3　国际数学大奖

今天,国际上的数学奖共有数十种,其中影响最大、最受人关注、被认为是数学最高奖的是菲尔兹奖、沃尔夫奖。还有一些国际数学奖,因其不同的特点同样得到了公认,为数学科学的发展和进步做出了贡献。

8.3.1　菲尔兹奖

按照诺贝尔(A. B. Nobel,瑞典,1833～1896)的遗嘱,一年一度都要颁发举世瞩目的诺贝尔奖,其中设有物理学、化学、生理学和医学、文学、和平五个类别奖项(1969 年增设了经济学奖,1991 年增设地球奖)。诺贝尔奖为什么没设数学奖?人们对此一直有着各种猜测与议论。事实上,数学领域中也有一个国际大奖,其所带来的荣誉可与诺贝尔奖相媲美,这就是菲尔兹奖。

菲尔兹奖是以已故的加拿大数学家约翰·查尔斯·菲尔兹命名的。菲尔兹(J. C. Fields,1863～1932)1863 年 5 月 14 日生于加拿大的渥太华,他在加拿大的多伦多大学获数学学士学位,24 岁在美国约翰·霍普金斯大学获博士学位,两年后,在美国阿勒格尼大学任教授。1892～1902 年,菲尔兹游学欧洲,之后回多伦多大学执教。作为一位数学家,菲尔兹在代数函数方面有一定建树,成就不算突出,但作为一位数学事业的组织、管理者,菲尔兹却功绩卓著。

当时,世界数学中心在欧洲,北美的数学家差不多都要到欧洲学习或工作一段时间。1892~1902 整整十年,菲尔兹远渡重洋,到巴黎、柏林学习和工作,与一些著名数学家有密切的交往,这一段经历,大大地开阔了他的眼界。菲尔兹对于数学的国际交流的重要性,对于促进北美数学的发展,都有一些卓越的见解。为了使北美的数学迅速赶上欧洲,菲尔兹竭尽全力主持筹备了 1924 年在加拿大多伦多举办的第 7 届 ICM(这是在欧洲之外召开的第一次大会)。这次大会非常成功,对于北美的数学水平的提升产生了深远的影响。但菲尔兹在筹办会议同时精疲力竭,健康状况再也没有好转。

1924 年在多伦多举办 ICM 后,大会的经费有结余,菲尔兹提出设立一个数学奖,为此他积极奔走于欧美各国寻求广泛的支持,并打算在 1932 年于瑞士苏黎世召开的第 9 届 ICM 上亲自提出建议。但未等到大会开幕,1932 年 8 月 9 日菲尔兹不幸病逝,去世前他立下设立数学奖的遗嘱,并将一笔个人的捐款加进上述的剩余经费中,由多伦多大学将之转交第 9 届 ICM 组委会,大会决定接受这笔奖金。菲尔兹曾要求,奖金不要以任何个人、国家或机构来命名,而用"国际奖金"的名义,但是,大家仍然一致决定叫"菲尔兹奖",希望用这一方式来表达对菲尔兹的纪念。

菲尔兹奖的第一次颁奖是在 1936 年挪威奥斯陆的第 10 届 ICM 上进行的。第一次颁发菲尔兹奖及此后几次颁奖,并没有引起世人的特别关注,科学杂志一般也不报道。但从开始设奖的二、三十年之后,菲尔兹奖就逐渐被人们认为是"数学界的诺贝尔奖"。七十年后,每届 ICM 的召开,从数学杂志到一般的科学杂志,以至报纸都争相报道获得菲尔兹奖的人物。菲尔兹奖的声誉在不断提高。

菲尔兹奖的地位能与诺贝尔奖相提并论,这是因为:①它是由数学界的国际权威学术团体 IMU 主持,从全世界一流的青年数学家中遴选出来的,保证了评奖的准确、公正;②它在每四年召开一次的 ICM 上隆重颁发,每次至多 4 名获奖者(1966 年以前,每届获奖者为 2 人;1966 年以后,每届可增至 4 人),获奖机会比诺贝尔奖还少;③获奖的人才干出色,赢得了国际社会的声誉,他们都是数学界的青年精英,不仅在当时做出重大成果,而且日后将继续取得成果。

菲尔兹曾倡议,获奖者不但已获得重大成果,同时还有进一步获得成就的希望。因此,菲尔兹奖获得者一般是中青年,获奖时都不超过 40 岁,开始是不成文的规定,后来则对此作了明文规定。迄今,已有两位华人数学家获此殊荣。美籍华裔数学家丘成桐(1949~)由于 1976 年解决了微分几何领域里著名的"卡拉比猜想",以及解决了一系列与非线性偏微分方程有关的其他几何问题,并证明了广义相对论中的正质量猜想等杰出成就,于 1982 年获得菲尔兹奖。澳籍华裔数学家陶哲轩(1975~)因对偏微分方程、组合数学、混合分析和堆垒素数论的杰出贡献,于 2006

年获得菲尔兹奖。1994 年证明费马大定理的英国数学家维尔斯,当年刚过 40 岁,这使他错过了获菲尔兹奖的机会。在 1998 年第 23 届 ICM 上,他被授予了"菲尔兹特别贡献奖"。2014 年第 27 届 ICM 上,时年 36 岁的伊朗裔女数学家、斯坦福大学教授玛里亚姆•米尔扎哈尼(Maryam Mirzakhani)成为史上第一位获得菲尔兹奖的女性。从 1936 年开始至 2014 年菲尔兹奖的获得者已超过 50 人,他们都是朝气蓬勃的数学才俊,是数学天空中熠熠闪光的明星。

菲尔兹奖是一枚金质奖章和 1500 美元的奖金。奖章正面是古希腊数学家阿基米德的侧面头像,还有用拉丁文镌刻的"超越人类极限,做宇宙主人"的格言。奖章背面也用拉丁文镌刻了"全世界的数学家们:为知识做出新的贡献而自豪"一句话,背景为阿基米德的球体嵌进圆柱体内(图 8.3.1 和图 8.3.2)。

图 8.3.1　菲尔兹奖章的正面

图 8.3.2　菲尔兹奖章的背面

8.3.2　沃尔夫奖

菲尔兹奖只奖给 40 岁以下的青年数学家,旨在作为对其已有工作的认可,鼓励获奖者继续努力,进一步取得成就。菲尔兹奖因此有局限性,它不能对一位数学家一生的成就给予评价,致使年龄大的数学家没有获奖机会,另外一个数学奖——沃尔夫奖则弥补了这一遗憾,这个奖主要奖给那些在数学上终身成就突出的数学家。

沃尔夫(R. Wolf,1887～1981)是一个传奇式的人物,他生于德国的一个犹太家庭,青年时代曾在德国研究化学,并获得化学博士学位。第一次世界大战前,沃尔夫移居古巴,他用了将近 20 年的时间,经过大量试验,历尽艰辛,成功地发明了一种从炼钢废物中提取金属的工艺,获得成功并致富。1961～1973 年,他曾任古巴驻以色列大使,以后定居以色列并在那里度过余生。

1976 年,沃尔夫以"为了人类的利益,促进科学和艺术的发展"为宗旨,用家族成员捐赠的基金共 1000 万美元,发起成立了沃尔夫基金会,设化学、农业、医学、物理学、数学五个类别的奖项,从 1978 年开始颁发,一年一度,1981 年起增设了艺术(包括建筑、音乐、绘画、雕塑四大项目)奖,所有奖项中以沃尔夫数学奖影响最大。沃尔夫奖的每个领域的奖金均为 10 万美元,由获奖者均分。评奖章程规定获奖人的遴选应"不分国家、种族、肤色、性别和政治观点",评奖委员会每年聘请世界著名专家组成,颁奖仪式在耶路撒冷举行,由以色列总统亲自颁奖。

据统计,沃尔夫物理奖、化学奖和医学奖的获得者中,有近三分之一的人接着获得了相关领域的诺贝尔奖,因此沃尔夫奖的声誉越来越高,其影响力仅次于诺贝尔奖。1978年,美籍华裔物理学家吴健雄(女,1912~1997)获得首届沃尔夫物理学奖;"杂交水稻之父"袁隆平院士(1930~)、美籍台湾学者杨祥发(1932~2007)分别于1991年、2004年获得了沃尔夫农业奖;美籍华裔科学家钱永健(1952~)于2004年,2008年先后获得沃尔夫医学奖和诺贝尔化学奖;美籍香港学者邓青云(1947~)、台湾学者翁启惠(1948~)分别于2011年、2014年荣获沃尔夫化学奖。

沃尔夫数学奖具有奖励终身成就的性质,所以获奖的数学家一般年龄都在60岁以上,都是蜚声数坛、闻名退迩的当代数学大师,他们的成就在相当程度上代表了当代数学的水平和进展。美籍华裔著名数学家陈省身因在微分几何领域的贡献于1984年获得沃尔夫数学奖。美籍华裔数学家丘成桐因在几何分析方面的贡献和对几何和物理的许多领域产生深远且引人瞩目的影响而获得2010年度沃尔夫数学奖,是丘成桐继菲尔兹奖后,再次获得的国际最顶尖的数学大奖。菲尔兹奖和沃尔夫奖双奖得主,迄今只有13位。证明费马大定理的英国数学家维尔斯于1996年,年仅43岁成为最年轻的沃尔夫数学奖得主,是这项奖励年龄一般超过60岁的数学家的一个特例。

8.3.3 其他数学奖

1. 奈望林纳奖

奈望林纳奖于1981年由国际数学家大会执行委员会设立,1982年4月接受了芬兰赫尔辛基大学的馈赠,为纪念在前一年过世的曾任IMU主席的芬兰著名数学家奈望林纳(R. Nevanlinna,1895~1980)而命名。奈望林纳早年就读于芬兰的赫尔辛基大学,1919年获得博士学位,曾任赫尔辛基大学的校长,国际数学联盟主席。奈望林纳奖的设立是为表彰他对世界数学以及芬兰的计算机科学所作的贡献。因此,奈望林纳奖颁发给在计算机科学的数学方面(信息科学领域)做出卓越贡献的数学家。奖项为一面金牌和现金奖,与菲尔兹奖一样,每四年一次在ICM上颁发,也要求获奖者必须在获奖当年不超过40岁。

1983年在波兰华沙举行的第19届ICM上首次颁发了奈望林纳奖,美国数学家塔简(R. Tarjan)因在信息科学的数学方面的杰出成就,特别是在算法设计和算法分析方面有重要建树,成为该奖的第一位得主。

2. 高斯奖

为纪念有"数学王子"美誉的德国数学家高斯,IMU在2002年决定设立"高斯奖",奖金来自1998年在德国柏林举行的第23届ICM的盈余,主要用于奖励在应用数学方面取得成果者。高斯奖得主可获得一枚奖章和一笔奖金。与某些数学大奖不同,高斯奖不设年龄限制。高斯奖奖章的正面为高斯的肖像,背面为一条曲线穿过圆形和正方形的图案,代表高斯以最小二乘法算出谷神星的轨道。

2006 年在西班牙马德里举行的第 25 届 ICM 上首次颁发了高斯奖,日本著名的数学家伊藤清(Itŏ Kiyoshi,1915～2008)获此殊荣。1952 年任日本京都大学教授期间,伊藤清为解释布朗运动等伴随偶然性的自然现象,提出了著名的"伊藤公式",成为随机分析这个数学新分支的基础定理。伊藤清的成果于 20 世纪 80 年代以后在金融领域得到广泛应用,他因此被称为"华尔街最有名的日本人"。

3. 阿贝尔奖

1900 年,瑞典政府批准设置诺贝尔基金会,并从 1901 年开始,除因战事中断外,每年 12 月 10 日(诺贝尔逝世纪念日)都要颁发诺贝尔奖,并分别在瑞典首都斯德哥尔摩和挪威首都奥斯陆举行颁奖仪式(1814～1905 年,挪威划归瑞典,组成挪威-瑞典联盟)。诺贝尔奖没有作为各种科学基础被誉为"科学的王冠"的数学奖,一直是个遗憾。

2001 年 9 月,诺贝尔的祖国挪威政府宣布设立数学阿贝尔奖,以纪念挪威天才数学家阿贝尔 200 周年诞辰。阿贝尔是公认的 19 世纪数学界最伟大的巨星之一,在 5 次代数方程根式解的不存在性和椭圆函数研究方面贡献突出,但他的人生短暂且贫病交加,不到 27 岁就因肺结核而不幸去世。

阿贝尔奖旨在表彰在数学领域的杰出工作者,获奖者没有年龄的限制,设奖的宗旨在于提高数学在社会中的地位,同时激励青少年学习数学的兴趣。颁奖典礼于每年 6 月在奥斯陆举行,形式仿效诺贝尔奖,奖金为 600 万挪威克朗(约合 80 多万美元)。从奖金上看,有人认为这个奖相当于"诺贝尔数学奖"。2003 年首届阿贝尔奖颁给了巴黎法兰西学院的赛尔(J. P. Serre,法,1926～),他在赋予数学许多分支以现代的形式中起到了关键的作用,并为维尔斯证明费马大定理奠定了一定的基础工作。赛尔早在 1954 年就获得菲尔兹奖,2000 年获得沃尔夫奖。

4. 邵逸夫奖

邵逸夫奖是香港著名实业家邵逸夫(1907～2014)先生于 2002 年 11 月创立,由邵逸夫奖基金会管理,设有天文学奖、生命科学与医学奖、数学科学奖三个奖项,每年颁发一次,每项奖金为 100 万美元。

诺贝尔奖没有数学奖与天文学奖,而数学和天文学都是基础学科,21 世纪数学的地位越来越重要,21 世纪也是探索宇宙的黄金时代,为古老的天文学带来勃勃生机。邵逸夫奖中的生命科学与医学奖主要奖励为人类带来更好的健康和更高生活质量的成果的科学家。邵逸夫奖被称为"21 世纪东方的诺贝尔奖",它弥补了诺贝尔奖的不足,两者相得益彰。

首届邵逸夫奖于 2004 年 9 月 7 日在香港颁奖。陈省身因整体微分几何的贡献获邵逸夫数学奖。另外,2005 年,维尔斯因证明费马大定理获奖,2006 年,吴文俊因数学机械化的贡献获奖。

5. 苏步青奖

2003 年 7 月,国际工业与应用数学联合会(ICIAM)在悉尼召开第五届国际工业与应用数学大会,决定设立以我国已故著名数学家苏步青(1902~2003)先生命名的 ICIAM 苏步青奖。这是 ICIAM 继设立拉格朗日(Lagrange)奖、柯拉兹(Collatz)奖、先驱(Pioneer)奖及麦克斯韦(Maxwell)奖之后设立的第五个奖项,旨在奖励在数学对经济腾飞和人类发展的应用方面做出杰出贡献的个人。ICIAM 苏步青奖是以我国数学家命名的第一个国际数学大奖。

国际工业与应用数学大会开始于 1987 年,每四年举行一届,是最高水平的工业与应用数学大会。和其他四个奖项一样,ICIAM 苏步青奖由特设的国际评奖委员会负责评选,每四年颁发一次,每次一人。首届 ICIAM 苏步青奖于 2007 年在瑞士苏黎世举行的第六届国际工业与应用数学大会上颁发,美国麻省理工学院的斯特劳(G. Strang)博士获奖。

8.4　国际数学竞赛

8.4.1　国际数学奥林匹克竞赛

国际数学奥林匹克竞赛是国际中学生数学大赛,在世界上影响非常之大。通过举办世界性的竞赛,在青少年中发现和选拔人才,为各国进行科学教育交流创造条件,进而推动学科的发展,数学竞赛是最早的。

1959 年,国际数学奥林匹克(International Mathematics Olympic, IMO)由东欧国家发起,得到联合国教科文组织的资助。最初也只有东欧几个国家参与,第 1 届 IMO 由罗马尼亚主办,1959 年 7 月 22~30 日在布加勒斯特举行,罗马尼亚、保加利亚、前捷克斯洛伐克、匈牙利、波兰、前德意志民主共和国和苏联共 7 个国家参加竞赛。此后 IMO 都在每年 7 月举行(只在 1980 年中断过一次),参赛国从 1967 年开始逐渐从东欧扩大到西欧、亚洲、美洲,乃至全世界范围,截至 2014 年第 55 届 IMO,已先后有 101 个国家和地区参与此项赛事。

IMO 由参赛国轮流主办,每年由参赛国各推举一人,组成竞赛委员会,东道国代表任主席。参赛选手必须是不超过 20 岁的中学生,每支代表队 6 人。试题在各参赛国(东道国除外)提供的题目中挑选,每次 6 道试题。竞赛分两个上午进行,每次 4 小时,满分为 42 分。IMO 设一等奖(金牌)、二等奖(银牌)、三等奖(铜牌),比例大致为 1∶2∶3,获奖者总数不能超过参赛学生的半数。各届获奖的标准与当届考试的成绩有关。经过 50 多年的发展,IMO 的运转逐步制度化、规范化,有了一整套约定俗成的常规,并为历届东道主所遵循。

IMO 试题主要为数论、组合数学、数列、不等式、函数方程和几何等,但不局限于中学数学的内容,也包含部分微积分学的内容。随时间推移,试题难度也越来越大。试题的难度不在于需要多高深的知识,而在于对数学本质的洞察力、创造力和反应能力。在不少试题中,常出现某些数学的趣味问题。IMO 题目风格迥异,思维方式新颖,只有运用某一技巧才能解决,对这样的题目,通常的思维方式也就不可能引导出正确的解题思路。有些题目的解法对我们的启示,绝不限于是一种针对具体问题的具体技巧,而是一种精深的数学思想。

1986 年,我国第一次正式派出 6 人代表队参加 IMO,1989 年首次获得团体总分第一名,此后更是多次取得优异成绩。多年来,中国、美国、俄罗斯三国在 IMO 中一直成绩领先,表现突出。这也从一个侧面反映了一个国家青少年的聪明才智和数学教育的实力。

下面是两道我国提供并入选的 IMO 试题。

(1) 设 $S=\{1,2,3,\cdots,280\}$,求最小的自然数 n,使 S 的每个 n 元子集中都含有 5 个两两互素的数。

(2) 给定空间中的九个点,其中任何四点都不共面,在每一对点之间都连有一条线段,这条线段可染为红色或蓝色,也可不染色。试求出最小的 n 值,使得将其中任意 n 条线段中的每一条任意地染为红蓝两色之一时,在这 n 条线段的集合中都必然包含有一个各边同色的三角形。

8.4.2 国际大学生数学建模竞赛

20 世纪 70 年代末 80 年代初,英国剑桥大学专门为研究生开设了数学建模课程,并创设了牛津大学与工业界研究合作活动(Oxford Study Group with Industry,OSGI)。几乎同时,在欧美等工业发达的国家开始把数学建模的内容正式列入研究生、本科生乃至中学生的教学计划中,1983 年开始举行两年一度的"数学建模及应用数学教学国际会议"(International Conference on the Teaching of Mathematics Modelling and Applications,ICTMA)进行定期交流。此后,数学建模的教学活动发展迅速。

1985 年,在美国出现了一种称为 MCM 的一年一度大学生数学建模竞赛(Mathematical Contest in Modeling,MCM),由美国国家科学基金会、美国数学会、美国运筹与管理学会及其应用联合会联合举办,其宗旨是鼓励大学师生对各种实际问题予以阐明、分析并提出解决方法,实现完整的模型构造过程。每支参赛队由 3 人组成,有一位指导教师。比赛时间约 3 天,每次两个考题,竞赛的题目都来自于生产和科研中的实际问题,对竞赛题目的圆满解决不仅需要综合运用数学知识、计算机技术以及其他相关知识,还需要队员之间密切合作。MCM 不采用计分制,评阅者主要感兴趣的是论文所采用的方法的创新性,论文论述的清晰性方面,优秀论文将获得一定的奖励。

美国有 70 所大学的 90 支参赛队参加了 1985 年的第 1 届 MCM。此后,因为 MCM 能从一个侧面体现大学生的创新能力、实践能力和综合素质,越来越吸引了世界各地大学生纷纷参与其中,中国大学生是 1989 年开始参加 MCM 的,美国的 MCM 逐渐演变为国际大学生数学建模竞赛,并成为在世界上影响范围最大的高水平大学生学术赛事之一。2014 年共有来自哈佛大学、普林斯顿大学、麻省理工学院、清华大学、北京大学等全球著名学府的近 8000 支代表队参赛,是赛事举办以来参加人数最多的一年。中国在历年来的 MCM 中均取得了较好的成绩。

下面是一道 MCM 试题。

H 公司正在考虑建造从单幢住宅到公寓楼大小不同的住宅。公司关心房主定期支付的费用(特别是暖气和冷气的费用)最少的问题。建房地区位于全年温度变化不大的温带地区。

通过特殊的建筑技术,H 公司能建造不依靠对流(即不需要依靠开门开窗)来帮助调节温度的住宅。这些住宅是混凝土厚板地板为仅有基础的单层住宅。你们被雇用为顾问来分析混凝土厚板地板中的温度变化,由此决定地板表面的平均温度能否全年保持在指定的舒适范围内。如果可能,什么样的尺寸和形状能做到这点?

第一部分 地板温度

表 8.4.1 给出的每天温度的变化范围,试研究混凝土厚板中温度的变化。假设最高温度在中午达到,最低温度在午夜达到。试决定能否在只考虑辐射的条件下设计厚板使其表面的平均温度保持在指定的舒适范围内。一开始,先假定热是通过暴露在外的厚板的周边传入住宅的,而厚板的上、下表面是绝热的。试就这些假设是否恰当、假设的敏感性做出评价。如果你们不能找到满足表 8.4.1 条件的解,你们能做出满足表 8.4.1 的厚板的设计吗?

表 8.4.1

周围温度/°F	舒适温度/°F
最高 85	最高 76
最低 60	最低 65

第二部分 建筑物温度

试分析一开始所作假设的实用性,并将其推广到分析单层住宅内温度的变化。住宅内温度能否保持在舒适范围内?

第三部分 建筑费用

考虑到建筑的各种限制及费用,试提出一种考虑 H 公司降低甚至免去暖气和冷气费用这一目标的设计。

思　考　题

1. 简述世界数学中心的迁移规律,你从中得到怎样的启迪?
2. 成立国际数学联盟,召开国际数学家大会的目的是什么?
3. 哪一届的国际数学家大会首次在中国北京举行? 有何意义?
4. 菲尔兹奖有何特点? 为什么被称之为数学界的诺贝尔奖?
5. 国际数学大奖有哪些?

附录 1　著名的数学学派

1. 哥廷根学派

哥廷根是德国中部的小城,哥廷根大学创立于 1743 年。1795 年 18 岁的高斯进入哥廷根大学深造,并于 1807 年被邀请回到母校任天文学、数学教授,直到 1855 年去世,他终其一生在母校生活和工作,以卓越的成就改变了德国数学在 18 世纪初莱布尼茨逝世后的冷清局面,同时开创了哥廷根的数学传统。高斯的学生大数学家狄利克雷于 1855~1859 年、黎曼于 1846~1866 年在哥廷根大学工作,扩大了哥廷根大学的影响。

1872 年,克莱因发表几何学中的“爱尔兰根纲领”而声名鹊起。1886 年,克莱因受命来到哥廷根大学任数学教授,他巨大的科学威望吸引了世界各国的优秀学生,他以非凡的组织才能招揽了希尔伯特、闵可夫斯基、龙格(C. D. T. Runge,德,1856~1927)等大数学家来工作,对哥廷根数学的繁荣意义重大,开创了哥廷根学派 40 年的伟大基业,使哥廷根成为 20 世纪初的世界数学中心。“打起你的背包来,到哥廷根去!”成为 20 世纪初世界上学习数学、热爱数学的学生们听到的最鼓舞人心的劝告。

哥廷根学派坚持数学的统一性,对世界数学的发展产生过极其深远的影响。哥廷根之所以能成为 20 世纪初的数学圣地,著名数学家的摇篮,有它深刻的社会原因:罕见的全才为学术带头人,汇集富有开拓精神的学术骨干,创造自由、平等、协作的学术氛围等。闵可夫斯基就曾说过:“一个人哪怕只是在哥廷根作短暂的停留,呼吸一下那里的空气,都会产生强烈的工作欲望。”

20 世纪享有盛名的诺特、阿廷、哈代、范德瓦尔登的代数群体出自哥廷根;数学基础的主要代表策梅洛出自哥廷根;兰道(E. G. H. Landau,德,1877~1938)的工作使哥廷根成为数论的研究中心;特别是,冯·诺依曼当过希尔伯特的助教,库朗是克莱因的继承人,他们都是世纪性的代表人物。在哥廷根大学学习过的学生,著名的如波利亚、高木贞治(Takagi Teiji,日,1875~1960)、麦克莱恩(S. Maclane,美,1909~2005)等,与哥廷根大学有关的数学成就更是数不胜数。

1933 年希特勒上台后,掀起了疯狂的种族主义和迫害犹太人的风潮,使德国科学界陷于混乱,包括不同国籍、不同种族的哥廷根学派遭受的打击尤为惨重,大批科学家被迫移居国外,外尔、阿廷、库朗、诺特、冯•诺依曼、波利亚……希尔伯特的学生有的还惨遭盖世太保的杀害,曾经盛极一时的哥廷根学派衰落了。1943年,希尔伯特于极度悲愤和孤独中在哥廷根与世长辞。但是希尔伯特在演讲中曾说过的话:"我们必须知道,我们必将知道!"(德文:Wir müssen wissen,Wir werden wissen)作为强大的精神力量,将一直在历史深处发出永远的回响!

2. 布尔巴基学派

20 世纪 30 年代后期,法国数学期刊上发表了若干署名为尼古拉•布尔巴基的论文。1939 年,尼古拉•布尔巴基出版了现代数学的综合性丛书《数学原本》的第一卷。但没有人真正见到过作者,谁是尼古拉•布尔巴基? 成了法国数学界的一个谜。

在第一次世界大战中,巴黎高等师范学校的优秀学生有 2/3 是被战争毁掉的。20 世纪 20 年代,一些百里挑一的天才人物进入该校,但他们遇到的都是些著名的老迈学者,这些学者对 20 世纪数学的整体发展缺乏清晰的认识。而且,这个时期的法国人还故步自封,对突飞猛进的哥廷根学派的进展不甚了解,对其他的学派更是一无所知,只知道栖居在自己的函数论天地中。虽然函数论是重要的,但毕竟只是数学的一部分。

进入高师的年轻人,深刻认识到法国数学同世界先进水平的差距,不满法国数学的现状,不想看到法国 200 多年的优秀数学传统中断。这些有远见卓识的年轻人组成了布尔巴基学派,以尼古拉•布尔巴基为笔名发表论文和著作。恰恰是这些年轻人,使法国数学在二战后又能保持先进水平,而且影响着 20 世纪中叶以后现代数学的发展。

布尔巴基学派成员力图把整个数学建立在集合论的基础上。1935 年年底,布尔巴基学派提出了他们的重大发明:"数学结构"的观念。这一思想的来源是公理化方法,他们认为全部的数学基于三种母结构:代数结构、序结构、拓扑结构。数学的分类不再划分为代数、数论、几何、分析等分支,而是依据结构的相同与否来分类。

在 20 世纪 50~60 年代,结构主义观点盛极一时,60 年代中期,布尔巴基学派的声望达到了顶峰。他们在 20 世纪的数学发展过程中,承前启后,把长期积累的数学知识按照数学结构整理为一个井井有条、博大精深的体系,对数学的发展有着不可磨灭的贡献。但是客观世界千变万化,与古典数学的具体对象有关的学科及分支很难利用结构观念一一加以分析,更不用说公理化了。在 20 世纪 70 年代获得重大发展的分析数学、应用数学、计算数学等分支促使数学的发展,抛弃了布尔巴基学派的抽象的、结构主义道路,而转向了具体的、构造主义的、结合实际的、结合计算机的道路,布尔巴基学派的黄金时代落幕了。

3. 苏联数学学派

俄国资本主义的发展,与西欧各国相比发展较晚,科学技术的发展也相应地缓慢。但是,俄国的数学却有深厚的基础。1724 年,圣彼得堡科学院成立。随着俄国资本主义的发展,19 世纪下半叶,出现了切比雪夫为首的圣彼得堡学派。进入 20 世纪以后,叶戈洛夫(D. F. Egorov,1869~1931)和卢津(N. N. Luzin,1883~1950)创建了莫斯科学派,使得苏联(1917~1991)数学进入空前繁荣时期。

圣彼得堡学派也称切比雪夫学派,研究领域涉及数论、函数论、微分方程、概率论等多个方面。代表人物包括罗巴切夫斯基,杰出的女数学家柯瓦列夫斯卡娅(S. V. Kovalevskya,1850~1891),切比雪夫优秀的学生李雅普诺夫和马尔可夫,19 世纪下半叶和本世纪前叶的许多著名数学家,如科尔金(M. G. Krein,1907~1989)、斯捷克洛夫(V. A. Steklov,1864~1926)都属于这个学派。维诺格拉陀夫(I. M. Vinogradov,1891~1983)、伯恩斯坦都是该学派的直接继承者。

切比雪夫生于奥卡多沃,生来左脚有残疾,童年时养成了在孤寂中看书和思索的习惯。1841 年毕业于莫斯科大学,1850 年任圣彼得堡大学副教授,1859 年当选为圣彼得堡科学院院士,1860 年晋升为教授,在圣彼得堡大学一直工作到 1882 年。他一生发表了 70 多篇科学论文,内容涉及数论、概率论、函数逼近论、积分学等方面。他证明了贝尔特兰公式、自然数列中素数分布的定理、大数定律的一般公式以及中心极限定理。他不仅重视纯数学,而且十分重视数学的应用。

切比雪夫有两个优秀的学生李雅普诺夫和马尔可夫,前者以研究微分方程的稳定性理论著称于世,后者以马尔可夫过程扬名世界。他们将切比雪夫理论联系实际的思想发扬光大。

进入 20 世纪以后,以叶戈洛夫和卢津为首的莫斯科学派发展迅速,为世界数学的发展做出了巨大贡献,在当今世界上影响很大。在函数论方面,叶戈洛夫在 1911 年证明的关于可测函数的叶戈洛夫定理是苏联实变函数论的发端,它已列入任何一本实变函数论的教科书。卢津是叶戈洛夫的学生,1915 年他的博士论文《积分及三角级数》,成为莫斯科学派日后发展的起点。这一阶段的代表还有拓扑学方面:庞特里亚金(L. S. Pontryagin,1908~1988);泛函分析方面:盖尔范德;概率与随机过程方面:柯尔莫哥洛夫,辛钦;微分方程方面:索伯列夫(S. L. Sobolev,1908~1989);线性规划方面:康托洛维奇等。

20 世纪 20 年代以来,莫斯科学派取代法国数学学派跃居世界数学的首位。近年来,在解决世界难题方面,苏联或俄罗斯数学家人才辈出,而且都是年轻人。1970～1978 两届国际数学家大会上都有苏联数学家获菲尔兹奖。俄罗斯数学研究的后备力量很强,在世界数学研究领域还将继续称雄一个时期。

附录 2 希尔伯特在 1900 年国际数学家大会上提出的 23 个数学问题

1. 连续统假设问题;
2. 算术公理的相容性;
3. 两个等底等高的四面体体积相等问题;
4. 直线作为两点间最短距离的问题;
5. 不要定义群的函数的可微性假设的 Lie 群概念;
6. 物理公理的数学处理;
7. 某些数的无理性和超越性;
8. 素数问题(包括黎曼猜想,哥德巴赫猜想,孪生素数猜想);
9. 任意数域中最一般的互反律之证明;
10. 丢番图方程可解性的判别;
11. 系数为任意代数数的二次型问题;
12. 阿贝尔域上的克罗内克定理在任意代数有理域上的推广;
13. 不可能用仅有两个变量的函数解一般的七次方程;
14. 证明某类完全函数系的有限性;
15. 舒伯特(Schubert)计数演算的严格基础;
16. 代数曲线和曲面的拓扑问题;
17. 正定形式的平方表示式;
18. 由全等多面体构造空间;
19. 正则变分问题的解是否一定解析;
20. 一般边值问题;
21. 具有给定单值群的线性微分方程的存在性;
22. 通过自守函数使解析关系单值化;
23. 变分法的进一步发展。

第 9 章　数学的新进展之一——分形与混沌

在大多数学科里,一代人的建筑为下一代人所摧毁,一个人的创造被另一个人所破坏。唯独数学,每一代人都在古老的大厦上添砖加瓦。

——汉克尔(H. Hankel,1839～1873,德国数学史家)

在过去,一个人如果不懂得'熵',就不能说是在科学上有教养;在将来,一个人如果不熟悉分形,他就不能被认为是科学上的文化人。

——约翰·惠勒(J. A. Wheeler,1911～2008,美国物理学家)

第二次世界大战后,数学的面貌呈现四大变化:

(1) 计算机技术的介入改变了数学研究的方法,扩展了数学研究的领域,加强了数学与社会的联系。例如,四色问题的解决、数学实验的诞生、生物进化的模拟、股票市场的模拟等都与计算机技术密不可分。

(2) 数学直接应用于社会,数学模型的作用越来越大。

(3) 离散数学获得重大发展。人们可以在不懂微积分的情况下,对数学做出重大贡献。

(4) 分形几何与混沌学的诞生是数学史上的重大事件。

许多学者认为,20 世纪有四项发明、发现足以影响后世,那就是:相对论、量子论以及分形与混沌,其中前两项属于物理学领域,后两项属于数学领域。

9.1　分形几何学

9.1.1　海岸线的长度

19 世纪初,英国学者理查逊(L. F. Richardson,1881～1953)为了研究海岸线的长度,查阅了西班牙、葡萄牙、比利时、荷兰等国出版的百科全书,他发现很多相邻的两个国家对公共的过境河岸长度测定不同,而相差最多可达 20%。于是,他向全世界提出了海岸线长度问题。

1967 年,美籍法国数学家孟德尔布罗(B. Mandelbrot,1924～2010)在《科学》杂志上发表具有划时代意义的论文《英国的海岸线有多长? 统计自相似性与分数维数》。从数学的角度对海岸线问题做出了分析与回答:事实上,任何海岸线在某种意义下都是无限长的,答案源于海岸线形状的不规则及测量用尺的不同长度。可以通俗的解释为:原来,海岸线由于海水长年的冲刷和陆地自身的运动,形成了许多大大小小的海湾和海岬,弯弯曲曲极不规则。若用 1 公里长的尺子去测量海岸线,由于尺子是直的,则中间几米至几百米的弯曲就会被忽略掉;若用 1 米长的尺子去测量,上面忽略掉的弯曲可计入部分,但仍有几厘米,几十厘米的弯曲会被忽略;若用 1 厘米长的尺子去测量,则计入的部分会更多……采用的单位越小,得到海岸线的长度就越长,因而海岸线长度是不确定的。孟德尔布罗的研究结论是:当测量尺子无限变小时,海岸线长度会无限增大;当尺子的长度趋于零的时候,海岸线的长度趋于无穷大。

　　测量海岸线的长度与测量规则图形周长的情况很不一样。中国魏晋时期的数学家刘徽、南朝的祖冲之用"割圆术"求圆周率时,也想用尽量小的尺去量圆周长。想法是当尺的长度趋于零的时候,测量出的长度趋于圆的周长(图 9.1.1 和图 9.1.2)。

图 9.1.1　中国南朝时期数学家祖冲之　　　　　　图 9.1.2　割圆术

　　孟德尔布罗突破了欧氏几何的束缚,意识到长度并不能完全概括海岸线这类不规则图形的特征。海岸线还有一个非常重要的特征——自相似性:从不同比例尺的地图上,可以看出海岸线的形状大体相同,其曲折复杂程度是相似的,或者说,海岸线的任何一小部分都包含有与整体大致相似的细节,这就是所谓的分形。孟德尔布罗于 1975 年,由描述碎石的拉丁文 fractus 及英文 fractional,创造出分形fractal 一词,用以区分与欧氏几何中外形相仿的那些没有规则的几何图形。对于海岸线的形状,孟德尔布罗说:"整体中的小块,从远处看是不成形的小点,近处看则发现它变得轮廓分明,其外形大致和以前观察的整体形状相似。"他还举例说:"自然界提供了许多分形实例。例如,羊齿植物、菜花和硬花甘蓝,以及许多其他植物,它们的每一分支和嫩枝都与其整体非常相似。其生成规则保证了小尺度上的特征成长后就变成大尺度上的特征。"(图 9.1.3)图 9.1.4 是利用分形技术合成的照片。

图 9.1.3　羊齿植物的叶子　　　　　　图 9.1.4　利用分形技术合成的照片

9.1.2　柯克曲线及其他几何分形

1. 柯克曲线（柯克雪花）

早在孟德尔布罗发表文章前,1904 年,瑞典数学家柯克(H. von Koch,1870～1924)构造了今天称之为"柯克曲线"的几何对象。

其做法是:先给定一个边长为 1 的正三角形,然后在每条边中间的 1/3 处再向外凸出作一个正三角形,原三角形变为 12 边形,再在 12 边形每条边的中间的 1/3 处向外作一个正三角形,得到 48 边形,在 48 边形上重复前面产生正三角形的过程,依次类推,在每条边上都做类似的操作,以至于无穷。这样构造的图形其外形的结构越来越精细,它好像一片理想的雪花,称为柯克曲线,也称柯克雪花或雪花分形(图 9.1.5)。

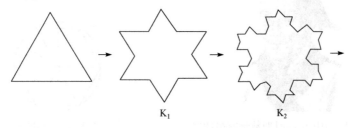

图 9.1.5　柯克曲线的形成过程

关于这个图形的周长和面积可以计算如下:

已知三角形周长为 $P_1 = 3$,面积为 $A_1 = \dfrac{\sqrt{3}}{4}$;

第一次分形的周长为 $P_2 = \dfrac{4}{3} P_1$,第一次分形的面积为 $A_2 = A_1 + 3 \cdot \dfrac{1}{9} \cdot A_1$;

依此类推,第 n 次分形的周长为 $P_n = \left(\dfrac{4}{3}\right)^{n-1} P_1$, $n = 1,2,\cdots$,第 n 次分形的面积为

$$A_n = A_{n-1} + 3 \cdot 4^{n-2} \cdot \left(\frac{1}{9}\right)^{n-1} \cdot A_1$$

$$= A_1 + 3 \cdot \frac{1}{9} \cdot A_1 + 3 \cdot 4 \cdot \left(\frac{1}{9}\right)^2 \cdot A_1 + \cdots + 3 \cdot 4^{n-2} \cdot \left(\frac{1}{9}\right)^{n-1} \cdot A_1$$

$$= A_1 \left[1 + \frac{1}{3} + \frac{1}{3}\left(\frac{4}{9}\right) + \cdots + \frac{1}{3}\left(\frac{4}{9}\right)^{n-2} \right], \quad n = 2,3,\cdots。$$

于是, $\lim\limits_{n\to\infty} P_n = \infty$, $\lim\limits_{n\to\infty} A_n = A_1 \left(1 + \dfrac{1}{3} \cdot \dfrac{1}{1 - \dfrac{4}{9}} \right) = \dfrac{2\sqrt{3}}{5}$。

所以,我们得到结论:柯克曲线是面积有限而周长无限的图形。柯克曲线处处不光滑,且具有自相似结构,这显然与我们在欧氏几何中见过的任何平面图形都不一样。

由于柯克曲线的作图步骤是无限的,所以当测量用尺的长度趋于零的时候,测量得到的柯克曲线的长度便趋于无穷大。这与孟德尔布罗从海岸线问题出发研究得到的结论(当测量用尺长度趋于零时,海岸线的长度趋于无穷大)本质上是相同的。孟德尔布罗独具慧眼,发现了传统数学的"病态"图形——柯克曲线可以作为海岸线的数学模型。

2. 康托尔三分集(康托尔尘埃)

1883 年,德国数学家康托尔构造了一个奇异的集合,即康托尔三分集:把线段 $[0,1]$ 分成三等份,把中间的 $\frac{1}{3}$ 区间 $\left(\frac{1}{3},\frac{2}{3}\right)$ 去掉,接着,把剩余的线段 $\left[0,\frac{1}{3}\right]$,$\left[\frac{2}{3},1\right]$ 再分别分成三等份,去掉中间的部分 $\left(\frac{1}{9},\frac{2}{9}\right)$,$\left(\frac{7}{9},\frac{8}{9}\right)$,如此下去,每次将余下的线段去掉其中间的 $\frac{1}{3}$,当这一做法重复无限次达到极限时所剩余的点的集合,称为康托尔三分集。

康托尔三分集也是一种自相似结构,它是由无穷多个离散的"点"组成的,但每个"点"经过放大后仍具有与整个集相同的结构。并且,在上述过程中,原线段长为 1,第一步后剩下的长度为 $\frac{2}{3}$,第二步后剩下 $\left(\frac{2}{3}\right)^2$……每一步去掉所余线段的 $\frac{1}{3}$,因此截去的长度之和为

$$\frac{1}{3}\left[1+\frac{2}{3}+\left(\frac{2}{3}\right)^2+\cdots\right]=\frac{1}{3}\cdot\frac{1}{1-\frac{2}{3}}=1。$$

换句话说,康托尔三分集是一个处处离散的"总长度"为 0 的集合,好像是尘埃一样,因此,又称之为康托尔尘埃(图 9.1.6)。

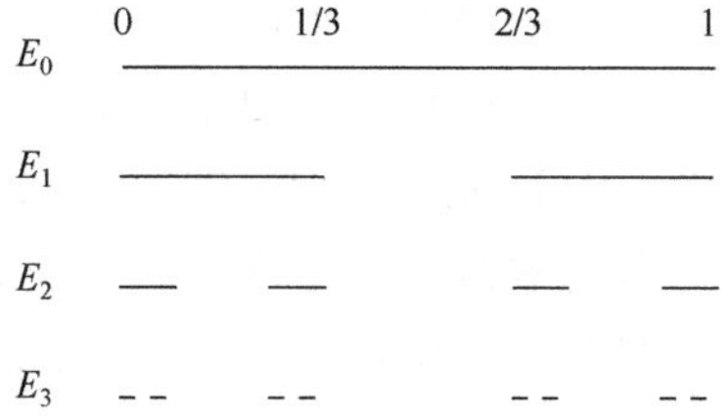

图 9.1.6 康托尔三分集的构造过程

3. 谢尔品斯基垫片(或地毯)

1915年,波兰数学家谢尔品斯基(W. F. Sierpinski,1882~1969)将康托尔三分集的构造思想推广到二维平面,构造了一种分形,后被称为谢尔品斯基垫片。

其构造方法如下:先将一个等边三角形各边中点的连线构成的中间的一个小等边三角形去掉,再将剩下的三个等边三角形按同样的方法去掉各自中间的一个小等边三角形,如此下去,无限重复这种做法,最终得到的极限图形就是谢尔品斯基垫片(图9.1.7)。

如果从一个正方形开始,将其分为9等份,去掉中间那部分,不断重复这种做法,最终得到的则是谢尔品斯基地毯(图9.1.8)。

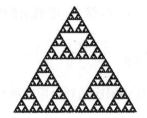
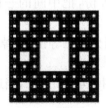

图9.1.7   谢尔品斯基垫片   图9.1.8   谢尔品斯基地毯

4. 佩亚诺曲线

1890年,意大利数学家佩亚诺(G. Peano,1858~1932)构造了一条奇怪的曲线,并最终能填满整个平面区域,这就是著名的佩亚诺曲线。

佩亚诺对区间[0,1]上的点和正方形上的点的对应作了详细的数学描述。实际上,正方形的这些点对于$t \in [0,1]$,可规定两个连续函数$x = f(t)$和$y = g(t)$,使得x和y取属于边长为1个单位的正方形的每一个值。后来,数学家希尔伯特做出了这条曲线。在传统概念中,平面曲线的维数是1,正方形的维数是2,这样一条一维的曲线竟然可以完全覆盖一个二维区域,或说,二维区域的点可以用一个实数表示,佩亚诺曲线对传统维数的概念提出了挑战。

这说明我们对维数的认识是有缺陷的,有必要重新考察维数的定义,这就是分形几何考虑的问题。在分形几何中,维数可以是分数,称分维。此外,佩亚诺曲线是连续的但处处不可导的曲线(图9.1.9)。

图9.1.9   佩亚诺曲线

5. 朱利亚集（J 集）和孟德尔布罗集（M 集）

1920 年法国数学家朱利亚（G. Julia，1893～1978）和法都（P. J. L. Fatou，1878～1929）研究了复平面上的二次映射

$$P_c(z)=z^2+c$$

的迭代行为，式中的 z 和 c 均为复数，令 $c=a+bi$，$z=x+yi$，a,b,x,y 为实数，则有

$$P_c(x+yi)=(x+yi)^2+(a+bi)=x^2-y^2+a+(2xy+b)i,$$

从而得到两个实变量的迭代方程

$$\begin{cases} x_{n+1}=x_n^2-y_n^2+a, \\ y_{n+1}=2x_ny_n+b. \end{cases}$$

取定一个复参数 $c=a+bi$，再在平面上任取一点 (x_0,y_0) 作为初始点代入迭代方程，可以发现从某些初始点出发的轨迹会趋向于无穷远处，这样的初始点的集合称为逃逸集；而从另一些初始点出发的轨迹则在有限的区域内，这样的初始点的集合称为填充集，逃逸集与填充集的分界线就是著名的朱利亚集（简称 J 集，图 9.1.10）。

通过参数 c 的不同选择，J 集展示了丰富多彩的结构，它们的外形花样繁多，兔子、海马、风车……层出不穷。通常以 $J(a,b)$ 表示与参数 $c=a+bi$ 相对应的 J 集。例如，取 $c=0$，$P_0(z)=z^2$，取定 z_0，则 $z_1=z_0^2,z_2=z_0^4,\cdots,z_n=z_0^{2n}$，易知当 $|z_0|<1$ 时，$z_n\to 0$；当 $|z_0|>1$ 时，$z_n\to\infty$；而当 $|z_0|=1$ 时，$|z_n|=|z_0|^{2n}=1$，因此，单位圆周外面是逃逸集，单位圆周内部是填充集，而单位圆周就是 J 集 $J(0,0)$。

填充集本身随着参数 c 的不同取值具有不同的形态。对于某些 c 值，填充集是连通的（一个集称为连通的是指其中任意两点之间总可以用一条完全属于该集的曲线相连），而对另一些 c 值则是不连通的。使得填充集为连通的参数 c 的集合称为孟德尔布罗集（简称 M 集）。研究发现，M 集只由这样的参数 c 组成：固定初始点 $z_0=0$，在 $P_c(z)=z^2+c$ 的迭代下，点的轨迹是有界

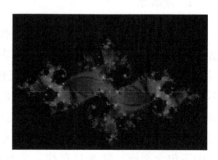

图 9.1.10　朱利亚集

的，即 $M=\{c\in\mathbf{C}\,|\,c,c^2+c,(c^2+c)^2+c,\cdots$ 有界$\}$，式中，$\mathbf{C}$ 表示复数集。

1980 年，孟德尔布罗在计算机上绘出了 M 集。它由一个主要的心形图与一系列圆盘形的"芽苞"突起连在一起构成，每一个芽苞又被更细小的芽苞所环绕。由其局部的放大图，可以看出，有的地方像日冕，有的地方像燃烧的火焰，有的地方像漩涡、繁星、闪电……无论将它的局部放大多少倍，都能展示出更加复杂与更加令人赏心悦目的新的局部，这些既与整体表现不同，又有某些相似的地方，使人感

到像是进入了一座具有无穷层次结构的雄伟建筑,它的每一角落,都存在无限嵌套的迷宫和回廊,如此复杂的现象竟然出现在一个十分简单的迭代之中,令人难以想象、叹为观止。特别地,如果在 M 集的某个"芽苞"上取一点(它对应着一个 c 值),然后将它放大,人们发现所得到的分形图形竟与该点处相应参数值 c 得到的 J 集极其相似。如今,M 集已成为最具代表性的分形,被认为是人类有史以来最复杂、最奇异、最瑰丽的几何图形(图 9.1.11)。

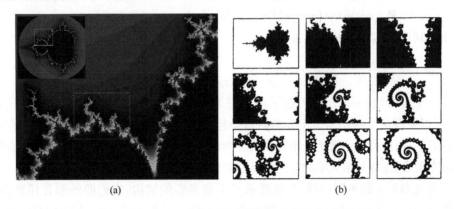

(a)   (b)

图 9.1.11　孟德尔布罗集及其局部放大图

9.1.3　分数维与分形几何

1. 分数维

维数和测量有着密切的关系,当我们画一根线段,如果用 0 维的点来量它,其结果为无穷大,因为线段中包含无穷多个点;如果用 2 维平面来量它,其结果是 0,因为线段中不包含平面。那么,用怎样的尺度来量它才会得到非零的有限值呢?不难想到,只有用与其同维数的小线段来量它才会得到非零的有限值,而这里线段的维数为 1(大于 0、小于 2)。对于前面提到的柯克曲线,其整体是一条无限长的线折叠而成,显然,用小直线段量,其结果是无穷大,而用平面量,其结果是 0(此曲线中不包含平面),那么只有找一个与柯克曲线维数相同的尺子量它才会得到非零的有限值,而这个维数显然大于 1、小于 2,则只能是小数了,所以存在分数维(简称分维)。

众所周知,欧氏空间中的维数都是整数,例如,点是零维的,直线是一维的,平面是二维的,空间有三维的,也有 n 维的(n 是正整数)。那么,如何描述分形图形的维数呢?孟德尔布罗发明了"分数维"的概念,用以度量图形的不规则性和破碎程度,即在不同的比例尺下图形的自相似性。现在有许多定义分形维数的不同方式,如自相似维数、容量维数、信息维数、盒子维数、豪斯多夫维数等,其中最容易理解的是自相似维数。

举例说明,如果将一条单位长 1 的线段分成 1/3 大小的线段,那么重新组成这条线段需要 3 段。组成面积为 1 的正方形需要 9(即 3^2)块边长为 1/3 的正方形。组成体积为 1 的立方体需要 27(即 3^3)块边长为 1/3 的立方体。

这里出现的 3 的幂次与涉及的形状的维数相同:直线是一维的,正方形是二维的,立方体是三维的(图 9.1.12)。一般而言,如果维数是 D,而且我们必须将 $1/n$ 大小的 k 段结合在一起重新组成原来的形状,那么有 $k=n^D$,两边求对数,得到

$$D=\ln k/\ln n。$$

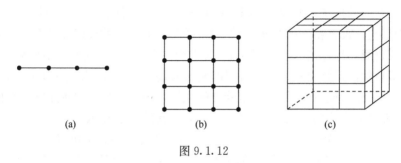

图 9.1.12

定义 9.1.1 如果某图形是由把全体缩小 $1/n$ 的 k 个相似图形构成时,则自相似维数为

$$D=\ln k/\ln n$$

根据自相似维数的定义,可以算出:

柯克曲线的维数 $D=\ln 4/\ln 3\approx 1.26$,

康托尔尘埃的维数 $D=\ln 2/\ln 3\approx 0.63$,

谢尔品斯基垫片的维数 $D=\ln 3/\ln 2\approx 1.58$。

特别地,佩亚诺曲线的维数 $D=\ln 4/\ln 2=2$,此值与正方形的维数一致,从而解决了前面指出的所谓矛盾。

其他目前已经估算出的分形维数有

海岸线的维数 $1<D<1.3$,

山地表面的维数 $2.1<D<2.9$,

河流水系的维数 $1.1<D<1.85$,

云的维数 $D=1.35$,

金属断裂的维数 $D=1.27\pm 0.02$,

人脑表面的维数 $2.73<D<2.79$,

人肺的维数 $D\approx 2.17$。

维数理论告诉我们:对任何一个有确定维数的几何对象,只能用与它有相同维数的量尺去测量它。量尺的维数更小,则结果为无穷大;量尺的维数更大,则结果

为零。因而用一维的欧氏测度去测量海岸线长度时，其结果必然为无穷大了。被传统数学家摒弃的"数学怪物"——柯克曲线、康托尔三分集、谢尔品斯基垫片等变成了构建充满新概念、新思想的分形几何学的基本材料。这些被搁置了近一个世纪之久的"病态"图形被重新审视，更值得称道的是，孟德尔布罗还敏锐地指出对于任何一种不规则的分形，都存在这样一个一般是分数的不变量，它就是可用于描绘分形不规则程度的分数维，这是几何学史上的又一件大事。

2. 分形几何的概念

欧氏几何的传统形状是三角形、正方形、圆、圆锥体、球等。这些形状比较简单，特别是它们没有精细的结构，例如，将圆放大，那么它的任何部分看上去都越来越像一条直线。地球的外形接近球形，对于很多研究而言，这种细节已经足够了。但是很多自然的形状要复杂得多，例如，起伏波动的海岸线、雪花的外形、参差不齐的山脉轮廓、变幻莫测的浮云、枝繁叶茂的大树……所有这些很难用欧氏几何来描述，它们都是分形几何学的研究对象，人们需要新的数学知识。

分形指具有多重自相似的对象，它可以是自然存在的，也可以是人为创造的。1982 年孟德尔布罗所著的《大自然的分形几何学》一书是这一学科的经典之作。

然而，分形的概念至今还没有确切的科学定义。1990 年，英国数学家福尔克纳(Falconer)出版了《分形几何的数学基础及应用》一书，对分形给出了如下的定义。

集合 F 是分形，如果它具有如下的一些特征：

(1) F 具有精细的结构，即在任意小的尺度下，它总具有复杂的细节。

(2) F 是如此的不规则，以至于它的整体与局部都不能用传统的几何语言来描述。

(3) F 通常有某种自相似性，可能是近似的或是统计的。

(4) 一般地说，F 的"分形维数"(以某种方式定义)大于它的拓扑维数。

这里解释一下拓扑维。对于抽象或复杂的对象，只要是它的每个局部可以和欧氏空间相对应，也可以确定出它的维数，并且在连续形变下保持维数不变，这样的维数称为拓扑维。例如，抛物线经过连续形变可以变为直线，所以它的拓扑维是1；椭圆经过连续形变可以变成正方形，所以它的拓扑维是 2。拓扑维与经典几何和物理中用到的维数一样是整数。

(5) 在大多数令人感兴趣的情形下，F 以非常简单的方法定义，可能由迭代产生。

事实上，在自然界中没有真正的分形，就像没有真正的圆和直线一样。通常我们将云彩的边界、地球表面的形状、海岸线等视为分形。但是如果用充分小的比例去观察它们，会发现它们的分形特征消失了。因而仅在一定的比例范围内，它们才表现出类似分形的特点。也只有在这种比例下,可以被看成是分形集合。因此,自然界中的分形与数学中的"分形集"是有区别的。

9.2 混沌动力学

9.2.1 洛伦兹的天气预报与混沌的概念

美国气象学家洛伦兹(E. N. Lorenz, 1917~2008)在天气预报中的发现是混沌认识过程中的一个里程碑。1963 年,他在麻省理工学院操作着一台当时比较先进的工具——计算机进行天气模拟,试图进行长期天气预报。结果发现了一个奇怪的现象。初值的小小差别,经过逐步的放大,结果却会引起后面很大的不同。1972 年,他提出了"蝴蝶效应"(附录 1),比喻长时间大范围的天气预报往往因为一点点微小的因素造成难以预测的严重后果。

1975 年,在美国马里兰大学攻读数学博士学位的台湾数学家李天岩(1945~)和他的导师约克(J. Yorke)在《美国数学月刊》上发表了一篇影响深远的论文《周期 3 蕴含混沌》(*Period three implies chaos*),该文在混沌发展的历史上起了极为重要的作用,这是"混沌"(chaos)一词第一次在数学文献中出现,自此,混沌不再是一个普通的名词,而是有确切数学内容的一个新的科学术语。

目前,混沌在数学上有各种不同的定义,下面的 Li-Yorke 定义则是在数学上第一个可操作的混沌定义(其中所用到的专业符号和术语需查专业书籍)。

定义 9.2.1 设 f 是区间 I 上的函数,$f(I) \subset I$。如果满足以下条件:

(1) f 的周期点的最小周期无上界;

(2) 存在 I 的不可列子集 S,对于 S 中的任意两点 $x, y, x \neq y$,满足以下要求:

(i) $\overline{\lim\limits_{n \to \infty}} |f^n(x) - f^n(y)| > 0$;(ii) $\underline{\lim\limits_{n \to \infty}} |f^n(x) - f^n(y)| = 0$,

则称由 f 迭代生成的动力系统为混沌。

混沌另外的容易理解的定性描述定义如下。

混沌是一种貌似无规则但实质上是有某种规律的运动,是确定性系统中出现的随机现象。它的一个显著特点是具有对初始条件敏感的依赖性,即运动状态会随着初始条件的微小变化而十分显著地改变。

20 世纪 60 年代初,洛伦兹在研究流体运动过程中,曾考察过含有 3 个变量的著名的洛伦兹方程组

$$\frac{dx}{dt} = \sigma(y - x),$$

$$\frac{dy}{dt} = (r - z)x - y,$$

$$\frac{\mathrm{d}z}{\mathrm{d}t}=xy-bz。$$

其中 t 是时间，x 正比于对流运动的强度，y 正比于水平方向运动变化，z 正比于竖直方向温度变化，$\sigma=10$，$b=8/3$，参数 $r>0$ 且可以改变。洛伦兹在计算机上运行发现其解的非周期现象，并且对于不同的 r 值，解的形态有很大的差别，特别地，当 $r>24.06$ 以后，一些轨道最终将形成围绕左右两个空穴不规则地交替运行，从而形成所谓的洛伦兹混沌吸引子，其形状如蝴蝶（图 9.2.1）。洛伦兹方程组是一个确定性的系统，但出现了不确定的解，洛伦兹于 1963 年将这一重要发现以题为《确定性的非周期流》发表在气象期刊上，数学家很少看到这一开创性的结果。1975年，Li-Yorke 定义出来不久，由气象学家法勒（A. Faller）将洛伦兹早年的论文介绍

图 9.2.1　洛伦兹混沌吸引子

给数学家约克，约克又将此文介绍给著名数学家斯梅尔（S. Smale，美，1930～），对于简单的确定性系统会导致长期行为对初值的敏感依赖性，斯梅尔将这一问题的关键归结为理解混沌的几何特性，即由系统内在的非线性相互作用在系统演化过程中所造成的"伸缩"与"折叠"变换。斯梅尔在所谓的"马蹄"问题的研究中，发现大多数的迭代序列是非周期的，即存在混沌现象。斯梅尔又将洛伦兹的工作向更多的学者作了介绍，1977 年，第一次国际混沌会议在意大利召开，兴起了全球对混沌理论的研究热潮。

*9.2.2　产生混沌的简单模型——移位映射

一个简单的迭代方程：

$$x_{n+1}=\begin{cases}2x_n, & 0\leqslant x_n<\dfrac{1}{2}, \\[2mm] 2x_n-1, & \dfrac{1}{2}\leqslant x_n\leqslant 1,\end{cases}\qquad n=0,1,2,\cdots。\qquad(*)$$

取定 $[0,1]$ 中的一个数值 x_0 作为初始值，代入该方程，可以得到 x_1，将 x_1 代入方程，又可以得到 x_2，如此下去，可以得到 $[0,1]$ 中的一串点列。

取 $x_0=0$，代入式（*），迭代得到点列：$0,0,\cdots,0,\cdots$。

取 $x_0=\dfrac{5}{2^4}$，则可依次得到点列：$\dfrac{5}{2^4},\dfrac{5}{2^3},\dfrac{1}{2^2},\dfrac{1}{2},0,0,\cdots,0,\cdots$，即经过 4 次迭代后数列各项全为 0。一般地，取 $x_0=\dfrac{p}{2^m}$（$p<2^m$ 且为奇数），经过 m 次迭代后数列各项全为 0，则称这类情形最终出现周期为 1 的解。

取 $x_0 = \dfrac{13}{28}$，则可依次得到点列：$\dfrac{13}{28}, \dfrac{13}{14}, \dfrac{6}{7}, \dfrac{5}{7}, \dfrac{3}{7}, \dfrac{6}{7}, \dfrac{5}{7}, \dfrac{3}{7}, \cdots$，即最后是 $\dfrac{6}{7}$,

$\dfrac{5}{7}, \dfrac{3}{7}$ 三数重复出现的点列,则称这类情形最终出现周期为 3 的解。

若将初始值 $x_0 = \dfrac{13}{28}$ 作一微小的改变,取为

$$\overline{x}_0 = \frac{13}{28}\left(1 - \frac{1}{8^{1000}}\right) = \frac{13(8^{1000}-1)}{7 \cdot 2^{3002}},$$ 将 $\overline{x}_0$ 代入式(*),经过 3002 次迭代后数列

各项全为 0,即出现周期为 1 的解。

由此看到,虽然只对初值作了十分微小的改变,但在充分长的时间之后,系统的状态竟发生了很大的变化,而且,若初始值 $x_0 = \dfrac{13}{28}$ 被微小改变为一个无理数

$\widetilde{x}_0 = \dfrac{13}{28}\left(1 - \dfrac{1}{\sqrt{2} \cdot 8^{1000}}\right)$,则通过式(*)迭代所得到的数列将不会出现周期解,而是无规则的运动。

若将 $[0,1]$ 中的数 x_0 用二进制表示,可以写成

$$0. a_1 a_2 \cdots a_n \cdots,$$

其中 $a_i (i=1,2,\cdots)$ 取 0 或 1,不难证明,将 x_0 代入式(*)后,得到 $x_1 = 0. a_2 a_3 \cdots a_n \cdots$,迭代 n 次后,得到 $x_n = 0. a_{n+1} a_{n+2} \cdots$,也就是说迭代方程(*)将 $[0,1]$ 中的二进制小数的小数点向右移了一位,并把小数点前的数字变为零,因此称方程(*)确定的变换为移位映射。

*9.2.3 倍周期分支通向混沌——逻辑斯蒂映射

来源于生物种群数量的数学模型——逻辑斯蒂(Logistic)方程

$$x_{n+1} = \lambda x_n (1 - x_n)$$

改写为连续变量,就是

$$f(x) = \lambda x(1-x) \qquad\qquad (* *)$$

当 $x \in [0,1]$, $0 < \lambda \leqslant 4$ 时, f 是从 $[0,1]$ 到 $[0,1]$ 的映射(称逻辑斯蒂映射),它的图像是抛物线,称为单峰映射。通常称满足 $f(x) = x$ 的点 x 为映射 f 的不动点。方程 $\lambda x(1-x) = x$ 恒有解 $x = 0$,当 $\lambda > 1$ 时还有解 $x = 1 - \dfrac{1}{\lambda}$,它们都是映射(* *)的不动点,即直线与抛物线交点的横坐标。

重复进行映射(* *),则有

$$f^2(x) = f[f(x)] = \lambda^2 x(1-x)[1 - \lambda x(1-x)], \cdots,$$
$$f^n(x) = f[f^{n-1}(x)], \quad n = 2, 3, \cdots.$$

若对某个值 x_0，有 $f^n(x_0)=x_0$，而当自然数 $k<n$ 时，均有 $f^k(x_0)\neq x_0$，则称 x_0 是 f 的一个 n-周期点，相应的点集 $\{x_0,f(x_0),\cdots,f^{n-1}(x_0)\}$ 称为 f 的一个 n-周期轨。显然 $x=0$ 与 $x=1-\dfrac{1}{\lambda}$ 是映射（＊＊）的 1-周期点。

容易证明，任取初始点 $x_0\in(0,1)$，在映射（＊＊）下，令 $n\to\infty$，则当 $0<\lambda\leqslant1$ 时，$x_n\to0$；当 $1<\lambda<3$ 时，$x_n\to1-\dfrac{1}{\lambda}$，即当 $0<\lambda<3$ 时最终都趋向于 1-周期点；但当 $\lambda\geqslant3$ 时会出现 2-周期点，4-周期点等。例如，$\lambda=3.2$ 时，取 $x_0=0.5$，反复迭代可以发现，当 $n\geqslant5$ 之后，x_n 交替地取 0.7995 和 0.5130（保留到 4 位小数），即出现了 2-周期点。

可以借助计算机作数值计算，来看清 λ 变化时，像点 x_n 的分布状况。先取定一个小于 3 的 λ 的值，再任取一个初始值 $x_0\in(0,1)$，在映射（＊＊）下，用计算机作 100 次左右的迭代，舍弃中间的运算数据，将最后所得的数值汇成一点。对于同一个 λ 值，绘 200 到 300 个点，再逐渐增加 λ 值，便得到变化的轨迹。如图 9.2.2 所示，当 $\lambda<3$ 时是一条单线，即 1-周期轨；在 $\lambda=3$ 处单线开始一分为二，出现了 2-周期点，得 2-周期轨，即出现倍周期分支；当 $\lambda=1+\sqrt{6}=3.4496\cdots$ 时，发生第二次倍周期分支，出现 4-周期点，得到稳定的 4-周期轨；到 $\lambda=3.54409\cdots$ 时，又产生第三次倍周期分支，出现 8-周期轨；随着 λ 的继续增大，倍周期分支出现在越来越窄的间隔里，经过 n 次倍周期分支，得到 2^n-周期轨，虽然这种过程可以无限继续下去，但参量 λ 却有个极限值 $\lambda_\infty\approx3.569945672\cdots$，这时由于周期无限长，从物理上看已经非周期解了，迭代点列的分布呈现出混沌的特征。当 λ 越过 λ_∞ 进入 $[\lambda_\infty,4]$ 的范围，便进入了混沌区。

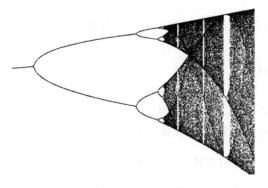

图 9.2.2　逻辑斯蒂映射

总结以上，我们发现：逻辑斯蒂映射对于取值不太大的 λ，不管初始值如何，多次迭代最后结果总是稳定的，而且稳定状态不依赖于初始值。但当 λ 超过 3 时，情况发生了变化,稳定状态变为两个数值。λ 继续增大到 3.444… 时,周期 2 的稳定状态也不再出现,出现周期 4 循环。当增大到 3.56,周期又加倍到 8;到 3.567,周期达到 16,此后便是更快速的 32,64,128… 周期倍增数列。这种倍周期分支速度如此之快,以至到 3.5699… 就结束了,倍周期分支现象突然中断:周期性让位于混沌。

上述的倍周期分支通向混沌的过程具有很大的普遍性,很多动力系统的混沌都是由倍周期分支产生的。

美国物理学家费根鲍姆(Feigenbaum,1944~)对倍周期分支序列 $\lambda_1,\lambda_2,\lambda_3,\cdots$ 进行了细致的观察、分析和研究,发现了其中的定量规律。1978 年他在《统计物理学杂志》上发表了引起世界轰动的题为《一类非线性变换的定量的普适性》的论文。他发现:若用 λ_n 表示出现第 n 次倍周期分支的分支值,则它们前后间距之比的序列

$$\delta_n = \frac{\lambda_n - \lambda_{n-1}}{\lambda_{n+1} - \lambda_n}$$

会很快收敛到一个无理数 $\delta = 4.66920\cdots$,该数被称为费根鲍姆第一常数(或费根鲍姆 δ 常数)。

费根鲍姆还发现:若用 Δ_n 表示直线 $x = \frac{1}{2}$ 与倍周期分支曲线的第 n 个交点到相应分支曲线的纵向距离,则前后比值的序列

$$\alpha_n = \frac{\Delta_n}{\Delta_{n+1}}$$

也趋向一个无理数的极限值 $\alpha = 2.50290\cdots$,该数被称为费根鲍姆第二常数(或费根鲍姆 α 常数)。

这两个常数是费根鲍姆用计算机算出来的。后来人们发现它们不仅是逻辑斯蒂映射所特有的,而且对相当一大类映射也成立,人们猜测它们像 π,e 一样是普适的常数,虽然迄今尚未对任意产生倍周期分支的映射证实这一猜测,但对于一大类函数而言这一猜测是对的。费根鲍姆的工作将对混沌现象的研究从定性分析推进到了定量计算的阶段。

9.3 分形与混沌的应用与价值

9.3.1 应用举例

1. 地震预报

地震预报是个古老而尚未解决的难题。地震的难以预测性以及对初始条件高度敏感性正是混沌动力学的特征。地震震级是根据仪器记录的地震波来测定的,

地震波又与释放出的能量的传播与分布有关,这就启发了人们引入地震能量分形的概念来预报地震。根据震级越大发生次数越少而得到地震次数随震波能量增大而减少的结论,地震学家得出能量分数维是 $\frac{2}{3}b$,并根据对实际地震的观测,确定 b 的取值范围是 $0.7 \leqslant b \leqslant 1.3$,在大地震发生前,中、小地震的 b 值往往有明显的变化,若 b 值下降,往往意味着中、小地震所释放的能量减少,也就是在积蓄能量,孕育大地震。

　　类似地,地震学家同时也把目光投向地震的时间与空间分布,发现大震前中、小地震的时间分维和空间分维也都存在低值异常的情况,从而把时间分维和空间分维也都作为地震预报的重要参数。如今,如何更好、更准确地运用混沌和分形理论定量描述地震活动的时空复杂性,寻找大地震发生的临界行为,已经成为人们探索地震预测的一个主要方向。

2. 疾病治疗

　　通过对生命现象进行精密的测量和研究发现,各种各样的生物节律既非完全周期,又不是纯粹随机的,它们既有与自然界周期(季节、昼夜等)协调的一面,又有着内在的复杂性质。例如,正常人的心率在时间上是混沌的,人脑也是复杂的多层次混沌动力系统,健康人的心电图、脑电图都表现为混沌运动,无周期而有序。近几年人们发现了心律不齐等病症与混沌运动的联系,心率出现有规律的周期振荡或变化程度降低,则可能出现心脏猝死或心搏骤停的危险。20 世纪 20 年代后期,人们用非线性电路模拟心脏搏动时发现,患癫痫病、帕金森氏病等精神失调的患者,发病时的脑电波呈明显的周期性,而正常人的脑电波近乎接近于混沌运动。如何理解健康人体的功能会显示混沌的特性尚有待进一步研究,也许正是由于混沌系统可以在十分广泛的条件下工作,具有高度的适应性和灵活性,从而系统才能应付多变环境中出现的种种突变。相反地,周期运动系统则无法应付多变环境,从而导致系统损伤和功能失调。虽然距离最终认清它们的道路也许还很遥远,但现在已有人利用混沌过程预测和控制心律不齐、癫痫病等病症。

3. 经济管理上的应用

　　目前将混沌理论应用到经济上的研究相当活跃。有些人认为,投资、生产、销售、股市、盈利、吞并、破产等有很大数量的人在参与,多种复杂的操作在进行,各种形式的经济行为在发生,这应该是一个混沌的过程、混沌的系统。所以,用传统理论去研究经济过程,可能不如用混沌理论研究它更加能够揭示本质。

　　宏观经济增长除了有一个大致随时间按指数方式增加的趋势外,还在其上叠加了一个类似于周期性的波动。1985 年,人们发现了经济中的混沌现象,由于经济系统的非线性性,使得宏观经济运动本身具有内在的不稳定性,不规则的经济周期是不可避免的。但对混沌经济模型的研究表明,只要调控得当,经济变量仍会是在一个较佳的范围内变动。

4. 其他

物理学中,受恢复力作用的单摆表现为周期振荡运动,但若加上强迫振荡而变成受迫振动摆,其运动状态就可能成为混沌。

化学反应中,某些成分的浓度可能会出现不规则的随时间变化的行为,即所谓的化学混沌,产生化学振荡系统,通过逐级分形,振荡频率越来越快,系统变得越来越复杂,最后呈现混沌状态。

天文学中,地球上流星的成因,现在知道是由于太阳系的混沌运动,火星与木星之间存在着一个小行星带,只有偏心率达到 57% 的小行星的轨道才能与地球轨道相交,而理论和具体计算证明,混沌运动确实可以使偏心率超过 57%,从而可以使小行星进入地球大气层而成为流星。

艺术创作中,萨克斯管的标准音调不是混沌的,但在吹奏出两种不同音高产生的复合音调中又呈现出混沌。当今有些作曲家已运用多种方法把简单方程解的涨落化为音调的序列来创作。类似的方法也已经运用到美术、影视技术中去了。1980 年,孟德尔布罗用计算机绘制出一张五彩缤纷、绚丽无比的分形图像。此后一些学者在研究分形的边界时,也做出了精美绝伦的图像,使分形图像成为精致的艺术品。

通信技术和交通管理中,基于混沌理论的保密通信、信息加密和信息隐藏技术的研究已成为国际前沿课题之一;而错综复杂的交通运动也是一种混沌运动,可以用混沌的理论去研究。

9.3.2 哲学思考

1. 分形与混沌的联系

分形讨论的是图形的复杂性,而混沌讨论的是过程的复杂性。虽然起源不同,发展过程也不同,但它们的本质与内涵决定了二者必然有着密不可分的联系。

混沌学研究的是无序中的有序,混沌事件在不同的时间标度下表现出相似的变化模式,与分形在空间标度下表现的相似性十分相像。混沌学主要讨论非线性动力系统的不稳定的发散的过程,但运动轨迹收敛于一定的吸引子又与分形的生成过程十分相像。

如果说混沌主要在于研究过程的行为特征,分形则更注重于吸引子本身结构的研究。分形几何学的发展受到混沌研究的促进,混沌吸引子就是分形集,某些分形集则是动力学系统中不稳定轨迹的初始点集合。有人算出洛伦兹吸引子的维数约为 2.06,通常又将吸引子维数是分数看成是出现混沌的一个表征。

混沌动力学与分形几何学都是学科交叉的结晶,它们的开拓者大都是知识渊博、兴趣广泛的学者。两大学科的产生与发展,很大程度上得益于计算机科学的进步。这两个新兴学科,不仅对纯粹数学和物理学的传统观念提出了挑战,而且大大加深了人们对自然界的认识,并触动了人们传统的世界观。

2. 关于分形的进一步思考

分形是对自然界复杂现象的一种几何描述。应当指出,前面讨论的分形有简单和确定的构造规则,称为确定性分形,但自然界中常见的分形是随机分形,它们不具有可重复性。典型的例子是布朗运动,这是英国植物学家布朗在 1826 年发现的,当固体的小颗粒悬浮在液体中时,在显微镜下可以看到不规则的复杂运动,运动的轨迹是一种处处连续而又处处不可导的曲线。随机分形在自然界中大量存在。这些过去无法刻画和研究的问题,利用分形、分维及计算机模拟,已经开始形成定量描述的理论。孟德尔布罗创立的这门从研究对象、特征长度、表达方式、描述方法都与欧氏几何不同的新几何学——分形几何学,以全新的概念、思想和方法颠覆了人们传统的认识,震撼了国际学术界,丰富了数学文化的内涵。

分形关于局部与整体、简单与复杂关系的新认识也丰富了人们的哲学观。正如恩格斯所指出的:"随着自然科学领域中每一个划时代的发现,唯物主义必然要改变自己的形式。"在传统的欧氏几何中,计算长 2 米,宽 3 米的长方形面积,是采用 $A = 2 \text{米} \times 3 \text{米} = 6 \text{米}^2$ 这样一道简单的算式。它表明,人们在计算长方形面积时,是先将长方形分成若干相等的部分(这里是将长、宽分别二、三等分,得 6 个面积都等于 1 平方米的小正方形)后,再将这些部分求和。这里包含的哲学观是,整体等于部分之和,部分是以与自身等同(整体被分成若干部分之间互相相等)的方式存在于整体之中。在分形理论中,分形是一种具有无限嵌套层次的结构,自相似是它最主要的特征。把分形分成大大小小不同的层次,各层次之间互相相似,并且都和整体相似。这里所包含的与处理前述长方形这种欧氏几何的"整形"不同的哲学观是,整体分成的部分之间不再是等同,而是相似,并且各个层次的部分都以不同的相似比存在于整体之中。分形的标志物——孟德尔布罗集的生成同样给人以哲学的启迪,这个十分复杂而美丽的图案却由简单的复数二次多项式迭代生成,这让人们再一次体会到简单中孕育复杂这一哲理。

3. 关于混沌的进一步思考

混沌是决定论系统的内在随机性,这种随机性与人们过去所了解的随机性现象有很大的区别。其特点是:首先,对初值的敏感依赖性。在线性系统中,小扰动只产生结果的小偏差,但对混沌系统,则是"失之毫厘,谬以千里"。其次,混沌是无序中的有序,但又不是简单的无序,更不是通常意义下的有序。

混沌的发现与数学史上的数学危机是不同的。数学危机是人们对于数学基础的质疑,而混沌则是人们在看似简单的问题中发现了复杂的现象。混沌绝不单单是有趣的数学现象,混沌是比有序更为普遍的现象,它使人们对物质世界有了更深一层的认识,为人们研究自然的复杂性开辟了一条道路,同时也引出了关于物质世界认识论上的一些哲学思考。例如,对于气象学研究方面,混沌动力学的发展似乎排除了长期预报的可能性。但另一方面,人们现在对于天气预报问题有了更符合实际的态度:对短期预报和长期预报的要求不同。对于短期预报,人们才更关心变化的细节,例如,明日某地区的气温和降雨情况等。对于长期预报,人们更注意各种平均量的发展趋势,例如,今后20年内华北夏季的年均温度和降水量的多少等。混沌动力学的进步,恰恰在这方面提高了人类的预报本领。

欧氏几何从公元前3世纪诞生直到18世纪末,在几何学领域一统天下。但它研究的只是用直尺和圆规画出的规则的"整形",这样的图形是"简单的、平滑的"。牛顿、莱布尼茨以后,由于微积分和几何学的结合,使较为复杂的形状得以表现,但这些形状仍然是具有特征长度的,光滑的。而自然界和社会系统中存在着大量的极不规则、极不光滑的形状。如何刻画与研究这类几何对象,分形几何提供了相应的思想和方法,这是数学史上一次重大的进步。

另一方面,社会的进步和科技的发展不断地对人类提出新的课题。自20世纪60年代洛伦兹发现混沌现象后,各领域的科学家陆续发现了这种现象的普遍性:物理学中的湍流,经济学中股票市场和商品价格的波动,生态学中物种种群的涨落,天体力学中太阳系小行星带柯克伍德间隙的形成等,而这类混沌现象的几何形态恰好能用分形来表征,这就又使分形几何成为现代科学各领域中强有力的数学工具。混沌理论与分形几何影响与推动了各学科的发展,在现代科学文化中起着不可小觑的重要作用。

思 考 题

1. 第二次世界大战后,数学的面貌呈现了哪些变化?
2. 关于海岸线的长度,有怎样惊人的结论?
3. 柯克曲线(柯克雪花)是如何形成的? 其面积和周长有怎样的结论?
4. 如何理解分数维数?
5. 洛伦兹从天气预报中发现混沌运动的两个重要特点是什么?
6. 举例说明分形和混沌理论在现代生产生活领域中的应用。

附录   蝴 蝶 效 应

美国气象学家洛伦兹发现"混沌理论"颇具戏剧性。那是在 1963 年冬季的某一天,他如往常一般在办公室操作电脑,进行关于天气预报的计算。平时,他只需要将温度、湿度、压力等有关的气象数据输入,电脑就会依据内建的微分方程式,计算出下一刻可能的气象数据,因此模拟出气象变化图。这一天,洛伦兹为了考查一个很长的序列,他走了一条捷径,没有令电脑从头运行,而是从中途开始,他把上次的输出直接打入作为计算的初值,让电脑计算出更多的后续结果。当时,电脑处理数据资料的速度不快,在结果出来之前,足够他下楼去喝杯咖啡并和友人闲聊一阵。一小时后,结果出来了,不过令他目瞪口呆。结果和原预报结果两相比较,初期数据还差不多,越到后期,数据差异就越大了,预报的结果完全不同。而问题并不出在电脑上,而是他输入的数据差了 0.000127,而这微小的差异却造成天壤之别。所以长期准确预测天气是不可能的。洛伦兹以此发现混沌运动的两个重要特点:①对初值极端敏感;②解并不是完全随机的。1972 年 12 月 29 日,在华盛顿召开的美国科学发展协会 139 次会议上,洛伦兹作了题为《可预报性:一只蝴蝶在巴西轻拍翅膀能够在美国德克萨斯州产生一场龙卷风吗?》的著名演讲,论述某系统如果初期条件差一点点,结果会很不稳定。后来,有人把这一演讲提出的问题称为"蝴蝶效应"。自此,混沌学的研究开始蓬勃发展。

参 考 文 献

[1] 张顺燕. 数学的美与理. 北京:北京大学出版社,2004

[2] 张顺燕. 数学的源与流. 2 版. 北京:高等教育出版社,2003

[3] 张顺燕. 数学的思想、方法和应用. 北京:北京大学出版社,2003

[4] 顾沛. 数学文化. 北京:高等教育出版社,2008

[5] 王元明. 数学是什么. 南京:东南大学出版社,2003

[6] 焦宝聪,陈兰平. 运筹学的思想方法及应用. 北京:北京大学出版社,2008

[7] 徐利治. 数学方法论选讲. 3 版. 武汉:华中理工大学出版社,2001.

[8] 张国楚,徐本顺,王立冬,等. 大学文科数学. 2 版. 北京:高等教育出版社,2007

[9] 李佐锋,王淑琴. 文科高等数学. 北京:高等教育出版社,2007.

[10] 周明儒. 文科高等数学基础教程. 北京:高等教育出版社,2005

[11] 王子兴. 数学方法论. 长沙:中南大学出版社,2002

[12] 韩雪涛. 数学悖论与三次数学危机. 长沙:湖南科学技术出版社,2007

[13] 克莱因. 古今数学思想. 张理京,张锦炎,等译. 上海:上海科学技术出版社,2002

[14] 柯朗,罗宾. 数学是什么. 左平,张饴慈,译. 北京:科学出版社,1985

[15] 李文林. 数学史概论. 北京:高等教育出版社,2000

[16] 谢季坚,邓小炎. 现代数学方法选讲. 北京:高等教育出版社,2006

[17] 张奠宙. 二十世纪数学经纬. 上海:华东师范大学出版社,2002

[18] 姚孟臣. 大学文科高等数学. 北京:高等教育出版社,2007

[19] 大连理工大学应用数学系. 大学数学文化. 大连:大连理工大学出版社,2008

[20] 纪志刚. 数学的历史. 南京:江苏人民出版社,2009

[21] 李改杨,罗德斌,吴洁,等. 数学文化赏析. 北京:科学出版社,2011

[22] 林寿. 文明之路——数学史演讲录. 北京:科学出版社,2010

[23] 德比希. 代数的历史:人类对未知量的不舍追踪. 冯速,译. 北京:人民邮电出版社,2010

[24] 徐献卿,纪保存. 数学方法论与数学教学. 北京:中国铁道出版社,2009

[25] 斯图尔特. 数学万花筒:五光十色的数学趣事和轶事. 张云,译. 北京:人民邮电出版社,2010

[26] 方延明. 数学文化. 2 版. 北京:清华大学出版社,2009

[27] 哈代. 一个数学家的辩白. 王希勇,译. 北京:商务印书馆,2007

[28] 莫里兹. 数学的本性. 朱剑英,译. 大连:大连理工大学出版社,2008

[29] 徐本顺,殷启正. 数学中的美学方法. 大连:大连理工大学出版社,2008

[30] 朱家生. 数学史. 2 版. 北京:高等教育出版社,2011

[31] 胡作玄. 数学是什么. 北京:北京大学出版社,2008

[32] 徐利治. 论无限——无限的数学与哲学. 大连:大连理工大学出版社,2008

[33] 李贤平. 概率论基础. 3 版. 北京:高等教育出版社,2010

[34] 姜启源,谢金星,叶俊. 数学模型. 4 版. 北京:高等教育出版社,2011

[35] 朱梧槚. 数学与无穷观的逻辑基础. 大连:大连理工大学出版社,2008

[36] 克里利. 影响数学发展的 20 个大问题. 王耀杨, 译. 北京：人民邮电出版社, 2012

[37] 张楚廷. 数学文化. 北京：高等教育出版社, 2000

[38] 伊莱·马奥尔. 无穷之旅——关于无穷大的文化史. 王前, 等译. 上海：上海教育出版社, 2000

[39] 蒋声, 蒋文蓓. 数学与美术. 上海：上海教育出版社, 2008

[40] 伊凡斯·彼得生. 数学与艺术——无穷的碎片. 袁震东, 林磊, 译. 上海：上海教育出版社, 2007

[41] 徐利治, 王光明. 数学方法论选读. 北京：北京师范大学出版社, 2010

[42] 张文俊. 数学欣赏. 北京：科学出版社, 2010

[43] 张景中, 彭翕成. 数学与哲学. 北京：北京师范大学出版社, 2010